严格依据应急管理部办公厅印发的考试大纲编写

2019

全国中级注册安全工程师职业资格考试辅导教材

安全生产专业实务（建筑施工安全）

○全国注册安全工程师职业资格考试研究中心 组织编写

CSE

中国大百科全书出版社

图书在版编目（CIP）数据

安全生产专业实务．建筑施工安全/全国注册安全工程师职业资格考试研究中心组织编写．—北京：中国大百科全书出版社，2019.6

全国中级注册安全工程师职业资格考试辅导教材

ISBN 978－7－5202－0510－8

Ⅰ．①安… Ⅱ．①全… Ⅲ．①建筑施工－安全技术－资格考试－自学参考资料 Ⅳ．①X93

中国版本图书馆 CIP 数据核字（2019）第 099182 号

项目统筹 鞠慧卿
责任编辑 葛漫丁
封面设计 志道文化
责任印制 魏　婷
出版发行 中国大百科全书出版社
地　　址 北京市阜成门北大街 17 号　　**邮政编码** 100037
电　　话 010－88390969
网　　址 http：//www.ecph.com.cn
印　　刷 北京君升印刷有限公司
开　　本 787 毫米×1092 毫米　1/16
印　　张 15
字　　数 360 千字
印　　次 2019 年 6 月第 1 版　2019 年 6 月第 1 次印刷
书　　号 ISBN 978－7－5202－0510－8
定　　价 49.00 元

全国中级注册安全工程师职业资格考试辅导教材

编 委 会

前　言

一、考试概览

自注册安全工程师制度实施以来，安全生产形势发生了深刻变化，对注册安全工程师制度建设提出了新要求。对此，中华人民共和国应急管理部、人力资源社会保障部共同制定了注册安全工程师职业资格制度，并加以实施。

根据《注册安全工程师分类管理办法》，注册安全工程师有高级、中级、初级（助理）三个级别。高级注册安全工程师采取考试与评审相结合的评价方式；中级注册安全工程师职业资格考试按照专业类别实行全国统一考试，由人力资源社会保障部、国家安全监管总局负责组织实施；初级注册安全工程师职业资格考试由各省、自治区、直辖市人力资源社会保障和应急管理部门会同有关行业主管部门，按照全国统一考试大纲要求和相关规定组织实施。其中，提高中级注册安全工程师的层次对于培养和打造一支适应新时期安全发展需要，规模适当、结构合理、素质过硬的注册安全工程师队伍有着极其重要的作用。

应急管理部、人力资源社会保障部发布的《注册安全工程师职业资格制度规定》详细规定了中级注册安全工程师职业资格考试的报名条件、考试科目和考试成绩滚动周期等相关信息，具体如下：

（一）报名条件

凡遵守中华人民共和国宪法、法律、法规，具有良好的业务素质和道德品行，具备下列条件之一者，可以申请参加中级注册安全工程师职业资格考试：

（1）具有安全工程及相关专业大学专科学历，从事安全生产业务满 5 年；或具有其他专业大学专科学历，从事安全生产业务满 7 年。

（2）具有安全工程及相关专业大学本科学历，从事安全生产业务满 3 年；或具有其他专业大学本科学历，从事安全生产业务满 5 年。

（3）具有安全工程及相关专业第二学士学位，从事安全生产业务满 2 年；或具有其他专业第二学士学位，从事安全生产业务满 3 年。

（4）具有安全工程及相关专业硕士学位，从事安全生产业务满 1 年；或具有其他专业硕士学位，从事安全生产业务满 2 年。

（5）具有博士学位，从事安全生产业务满 1 年。

（6）取得初级注册安全工程师职业资格后，从事安全生产业务满 3 年。

（二）考试科目

中级注册安全工程师职业资格考试的考试科目、题型、总分、考试时间等信息见下表。

中级注册安全工程师职业资格考试科目、题型等相关信息

<table>
<tr><th colspan="2">考试科目</th><th colspan="2">考试题型</th><th>总分</th><th>考试时间</th></tr>
<tr><td>公共科目</td><td>安全生产法律法规
安全生产管理
安全生产技术基础</td><td colspan="2">单项选择题（70分）
多项选择题（30分）</td><td rowspan="3">100分</td><td rowspan="3">2.5小时</td></tr>
<tr><td rowspan="2">专业科目</td><td rowspan="2">煤矿安全
金属非金属矿山安全
化工安全
金属冶炼安全
建筑施工安全
道路运输安全
其他安全（不包括消防安全）</td><td>专业安全技术</td><td>单项选择题（20分）</td></tr>
<tr><td>安全生产案例分析</td><td>选择题
（包括单选、多选，10分）
综合案例分析题（70分）</td></tr>
</table>

注：考生在报名时可根据实际工作需要选择一个专业科目。

（三）考试成绩滚动周期

中级注册安全工程师职业资格考试成绩实行4年为一个周期的滚动管理办法，参加全部4个科目考试的人员必须在连续的4个考试年度内通过全部科目，免试1个科目的人员必须在连续的3个考试年度内通过应试科目，免试2个科目的人员必须在连续的2个考试年度内通过应试科目，方可取得中级注册安全工程师职业资格证书。

二、本书特点

为帮助广大读者科学、高效地掌握中级注册安全工程师职业资格考试的相关知识，全国注册安全工程师职业资格考试研究中心在对中级注册安全工程师考试深入研究的基础上，对应急管理部办公厅印发的考试大纲进行了深入剖析，紧抓考试的重点难点，精心编写了本套辅导教材。

本套辅导教材的主要特点有：

（一）紧扣大纲，内容全面

本套教材在编写过程中，严格依据全新考试大纲，涵盖了大纲要求的重点、难点，内容全面。《安全生产法律法规》通过对安全生产法律体系的讲解，使读者深刻领会安全生产相关法律、法规、规章和标准的有关规定，增强分析、判断和解决安全生产实际问题的能力。《安全生产管理》通过讲解安全生产管理基础理论和方法、安全制度和规程制定，以及生产安全事故调查、统计、分析等知识，提高读者的安全生产管理业务能力。《安全生产技术基础》通过讲解机械、电气、特种设备、防火防爆、危险化学品等安全生产技术知识，提高读者运用安全生产技术消除、降低事故风险的能力。专业实务科目通过讲解相关安全生产专业实务知识，使读者掌握专业安全技术，提高分析和解决安全生产问题的能力。作为重要的补充，《安全生产事故案例分析》通过对大量案例题的分析，帮助读者应对专业科目中安全生产案例部分的题目。

（二）脉络清晰，重点突出

本套教材的体系科学、完备，讲解深入浅出、层次分明、逻辑清楚，有助于读者理清复习思路，构建完整的知识体系。此外，本套教材在每章前设置了“本章考试内容及要求”栏目，旨在提醒读者在学习过程中应当把握哪些重点，如何突破难点，从而提升学习效率，达到最佳的学习效果。

（三）学练结合，高效备考

为让读者能通过练习及时查漏补缺，本套教材设置了“典型例题”“本章练习”等栏目。“典型例题”设置在知识点讲解结束后，读者可以通过做典型例题，了解自己对于该知识点的掌握情况；“本章练习”设置在每章讲解结束后，读者可以通过做本章练习，把握重点，全面复习。通过大量做题，读者可以快速检验对知识点的掌握程度和学习效果，科学、高效备考。

在编写过程中，虽经反复推敲核证，仍难免有不妥之处，恳请广大读者提出宝贵意见，同时希望本书能够帮助大家顺利通过考试！

全国注册安全工程师职业资格考试研究中心

2019 年 6 月

目 录

第一章 建筑施工安全技术基础

考试内容及要求

掌握建筑施工安全生产特点和管理知识。熟悉施工过程中危险因素的辨识方法，建筑施工生产安全事故类型和预防措施。运用工程施工组织设计和危险性较大的分部分项工程专项施工方案，规范施工安全生产。

第一节 施工安全生产的特点和管理

施工安全管理涉及建筑生产的每一个环节，并且关系到整个工程的安全性。在现代社会，建筑施工企业的建筑工程管理必须以“安全第一、预防为主、综合治理”为核心理念，不断完善组织体系，强化施工安全管理，才有助于打造具有安全性的建筑工程项目。建筑工程施工作业多数处于露天高空、现场情况多变，施工人员复杂、工程工期紧，作业环境差，施工过程危险源多、作业人员的安全意识普遍偏低。所以必须了解施工安全生产的特点、难点，做好施工安全的现场管理，进而实现安全施工。

一、建筑施工安全生产的特点

（一）产品固定，人员流动

建筑施工最大的特点就是产品固定，人员流动。任何一栋建筑物、构筑物等一经选定了地址，破土动工兴建后就会固定不动，但生产人员要围绕着它进行生产活动，建筑产品体积大、生产周期长，有的持续几个月或一年，有的需要三五年或更长的时间，这就形成了在有限的场地上集中了大量的操作人员、施工机具、建筑材料等进行作业的特点，这与其他产业的人员固定、产品流动的生产特点截然不同。

建筑施工人员流动性大，在一项工程中，当一座厂房、一栋楼房完成后，施工队伍就要转移到新的地点去建设新的厂房或住宅。这些新的工程可能在不同的街区，甚至是在另一个城市，施工队伍要相应在街区、城市内或者地区间流动。改革开放以来，由于用工制度的改革，施工队伍中绝大多数施工人员来自农村，他们不但要随工程流动，而且还要根据季节的变化流动，给安全管理带来很大的困难。

（二）露天高处作业多，手工操作，繁重体力劳动

建筑施工绝大多数为露天作业，一栋建筑物从基础、主体结构、屋面工程到室外装修的环节施工中，露天作业约占整个工程的70%。建筑物都是由低到高构建起来的，以民用住宅每层高2.9m计算，现在的住宅一般都是七层以上，甚至是十几层几十层，施工人员都要在十几米、几十米甚至百米以上的高空从事露天作业，工作条件很差。

目前，我国建筑业虽然有了很大发展，但至今大多数工种如：抹灰工、瓦工、混凝土工、架子工等仍以手工操作为主。劳动繁重、体力消耗大，加上作业环境恶劣，如受光线、雨雪、风霜、雷电等影响，导致操作人员注意力不集中或由于心情烦躁违章操作的现象十分普遍。

（三）建筑施工变化大，规则性差，不安全因素随着形象进度的变化而改变

每栋建筑物由于用途不同、结构不同、施工方法不同等，危险、有害因素不相同；同样类型的建筑物，因工艺和施工方法不同，危险、有害因素也不同；在一栋建筑物中，从基础、主体到装修，每道工序不同，危险、有害因素也不同；同一道工序，由于工艺和施工方法不同，危险、有害因素也不同。因此，建筑施工变化大，规则性差。施工现场危险、有害因素，随着工程形象进度的变化而不断变化，每个月、每天，甚至每小时都在变化，给安全防护带来诸多困难。

从上述的特点可以看出，在施工现场必须随着工程进度的发展，及时调整和补充各项防护设施，才能消除隐患，保证安全。

二、施工安全生产管理

（一）施工安全生产管理现状

建筑工程施工安全生产首要原则是“管生产必须管安全”。工程项目各级领导和全体员工在生产过程中必须坚持在抓生产的同时抓好安全工作。它体现了安全和生产的统一，生产和安全是一个有机的整体，两者不能分割更不能对立起来，应将安全寓于生产之中。其次是“安全具有否决权”的原则。安全生产工作是衡量工程项目管理的一项基本内容，它要求在对项目各项指标考核、评优创新时，首先必须考虑安全指标的完成情况。安全指标没有实现，即使其他指标顺利完成，仍无法实现项目的最优化，安全具有一票否决的作用。职业安全卫生技术措施及设施应与主体工程同时设计、同时施工、同时投产使用，以确保工程项目投产后符合职业安全卫生要求。最后是事故处理“四不放过”的原则。国家法律法规要求，在处理事故时必须坚持和实施“四不放过”原则，即事故原因分析不清不放过、事故责任者和群众没有受到教育不放过、没有整改预防措施不放过、事故责任者和领导不处理不放过。

施工单位应当建立健全安全生产责任制度和安全生产教育培训制度，制定安全生产规章制度和操作规程，保证本单位安全生产条件所需资金的投入，对所承担的建设工程进行定期和专项安全检查，并做好安全检查记录，做到资料齐全、规范。

城区主要路段的施工现场周围必须连续设置高度不低于 2.5m 的围挡，一般路段的施工现场周围连续设置高度不低于 1.8m 的围挡。围挡材料采用硬质材料，应该做到坚固、平稳、整洁、美观。施工现场进出口应设置大门，门头设置企业标志，并设置灯箱或霓虹灯，夜间要保证亮起来。施工现场应制定门卫管理制度，进出口设置警卫室，有专职门卫值班。施工现场的大门进口处应设置“七牌两图”，适当位置设置宣传栏读报栏、黑板报和安全标语等。施工现场应针对作业条件在危险部位规范、整齐地悬挂统一内容和式样的安全标志牌。

施工现场管理人员和作业人员上岗时应整齐佩戴企业统一制作的工作卡，并持证上岗。施工现场宜有循环干道。道路上不得堆放构件、材料，保持畅通。施工现场门口处应设运输车辆冲洗设施，保证不带泥上路。施工现场的道路、作业场地、脚手架和塔吊等基础应设排水设施，形成排水网络，保证排水畅通。施工现场拆除下来的模板、支撑、脚手架料、垂直提升设备等杆件和施工余料，应及时分类运往规定地点堆放，不能马上运走的应堆放整齐。

（二）施工安全管理内容

安全生产管理是一个系统性、综合性的管理，其管理的内容涉及建筑生产的各个环节。因

此，建筑施工企业在安全管理中必须坚持“安全第一，预防为主，综合治理”的方针，制定安全政策、计划和措施，完善安全生产组织管理体系和检查体系，加强施工安全管理。

1. 建筑施工安全管理的目标

（1）建筑施工企业应依据企业的总体发展规划，制订企业年度及中长期安全管理目标。

（2）安全管理目标应包括生产安全事故控制指标、安全生产及文明施工管理目标。

（3）安全管理目标应分解到各管理层及相关职能部门和岗位，并应定期考核。

（4）施工企业各管理层及相关职能部门和岗位应根据分解的安全管理目标，配置相应的资源，并应有效管理。

2. 建筑施工安全管理组织体系与管理制度

（1）安全生产组织与责任体系：施工企业应建立和健全与企业安全生产组织相对应的安全生产责任体系，并应明确各管理层、职能部门、岗位的安全生产责任。施工企业各管理层、职能部门、岗位的安全生产责任应形成责任书，并经责任部门或责任人确认。责任书的内容应包括安全生产职责、目标、考核奖惩标准等。

（2）安全生产管理制度：施工企业应依据法律法规，结合企业的安全管理目标、生产经营规模、管理体制建立安全生产管理制度。施工企业安全生产管理制度应包括：安全生产教育培训，安全费用管理，施工设施、设备及劳动防护用品的安全管理，安全生产技术管理，分包（供）方安全生产管理，施工现场安全管理，应急救援管理，生产安全事故管理，安全检查和改进，安全考核和奖惩等制度。

3. 建筑施工安全生产教育培训

（1）施工企业安全生产教育培训应贯穿于生产经营的全过程，教育培训应包括计划编制、组织实施和人员持证审核等工作内容。安全教育和培训的类型应包括各类上岗证书的初审、复审培训，三级教育（企业、项目、班组）、岗前教育、日常教育、年度继续教育。

（2）安全生产教育培训的对象应包括企业各管理层的负责人、管理人员、特殊工种以及新上岗、待岗复工、转岗、换岗的作业人员。

（3）施工企业的从业人员上岗应符合下列要求：

1）企业主要负责人、项目负责人和专职安全生产管理人员必须经安全生产知识和管理能力考核合格，依法取得安全生产考核合格证书。

2）企业的各类管理人员必须具备与岗位相适应的安全生产知识和管理能力，依法取得必要的岗位资格证书。

3）特殊工种作业人员必须经安全技术理论和操作技能考核合格，依法取得建筑施工特种作业人员操作资格证书。

（4）施工企业新上岗操作工人必须进行岗前教育培训，教育培训应包括下列内容：

1）安全生产法律法规和规章制度。

2）安全操作规程。

3）针对性的安全防护措施。

4）违章指挥、违章作业、违反劳动纪律产生的后果。

5）预防、减少安全风险以及紧急情况下应急救援的基本知识、方法和措施。

（5）施工企业每年应按规定对所有从业人员进行安全生产继续教育，教育培训应包括下列内容：

1）新颁布的安全生产法律法规、安全技术标准规范和规范性文件。

2）先进的安全生产技术和管理经验。

3）典型事故案例分析。

4. 建筑施工安全生产费用管理

（1）安全生产费用管理应包括资金的提取、申请、审核审批、支付、使用、统计、分析、审计检查等工作内容。

（2）施工企业应按规定提取安全生产所需的费用。安全生产费用应包括安全技术措施、安全教育培训、劳动保护、应急准备等，以及必要的安全评价、监测、检测、论证所需费用。

5. 建筑施工安全技术管理

（1）施工企业安全技术管理应包括对安全生产技术措施的制订、实施、改进等管理。

（2）施工企业各管理层的技术负责人应对管理范围的安全技术管理负责。

（3）施工企业应根据施工组织设计、专项安全施工方案（措施）编制和审批权限的设置，分级进行安全技术交底，编制人员应参与安全技术交底、验收和检查。

6. 分包方安全生产管理

（1）施工企业对分包单位的安全生产管理应符合下列要求：

1）选择合法的分包（供）单位。

2）与分包（供）单位签订安全协议，明确安全责任和义务。

3）对分包单位施工过程的安全生产实施检查和考核。

4）及时清退不符合安全生产要求的分包（供）单位。

5）分包工程竣工后对分包（供）单位安全生产能力进行评价。

（2）施工企业对分包（供）单位检查和考核，应包括下列内容：

1）分包（供）单位安全生产管理机构的设置、人员配备及资格情况。

2）分包（供）单位违约、违章情况。

3）分包（供）单位安全生产绩效。

（3）施工企业可建立合格分包（供）方名录，并应定期审核、更新。

7. 施工现场安全管理

（1）施工企业的工程项目部应根据企业安全生产管理制度，实施施工现场安全生产管理，应包括下列内容：

1）制订项目安全管理目标，建立安全生产组织与责任体系，明确安全生产管理职责，实施责任考核。

2）调拨满足安全生产、文明施工要求的费用，配备从业人员、设施、设备、劳动防护用品及相关的检测器具。

3）编制安全技术措施、方案、应急预案。

4）落实施工过程的安全生产措施，组织安全检查，整改安全隐患。

5）组织施工现场场容场貌、作业环境和生活设施安全文明达标。

6）确定消防安全责任人，制订用火、用电、使用易燃易爆材料等各项消防安全管理制度和操作规程。设置消防通道、消防水源，配备消防设施和灭火器材，并在施工现场入口处设置明显标志。

7）组织事故应急救援抢险。

8）对施工安全生产管理活动进行必要的记录，并保存应有的资料。

（2）项目专职安全生产管理人员应按规定到岗，并应履行下列主要安全生产职责：

1）对项目安全生产管理情况应实施巡查，阻止和处理违章指挥、违章作业和违反劳动纪律等现象，并应做好记录。

2）对危险性较大的分部工程应依据方案实施监督并做好记录。

3）应建立项目安全生产管理档案，并应定期向企业报告项目安全生产情况。

8. 应急救援管理

（1）施工企业的应急救援管理应包括建立组织机构，应急预案编制、审批、演练、评价、完善和应急救援响应工作程序及记录等内容。

（2）施工企业应建立应急救援组织机构、应急物资保障体系。

（3）施工企业应根据施工管理和环境特征，组织各管理层制订应急救援预案。应急救援预案应包括下列内容：

1）紧急情况、事故类型及特征分析。

2）应急救援组织机构与人员及职责分工、联系方式。

3）应急救援设备和器材的调用。

4）企业内部相关职能部门和外部政府、消防、抢险、医疗等相关单位与部门的信息报告、联系方法。

5）抢险急救的组织、现场保护、人员撤离及疏散等活动的具体安排。

（4）施工企业各管理层应对全体从业人员进行应急救援预案的培训和交底，接到相关报告后应及时启动预案。

（5）施工企业应根据应急救援预案，定期组织专项应急演练；针对演练、实战的结果，对应急预案的适宜性和可操作性组织评价，必要时应进行修改和完善。

典型例题

下列属于建筑施工安全生产特点的是（　　）。

A. 生产岗位不固定、流动作业多

B. 手工作业多、劳动强度小

C. 人员流动性小、作业技能参差不齐

D. 分包作业多，总、分包之间以及各分包队伍之间的企业安全文化背景不同，但不会形成文化冲突

【答案】 A

【解析】 建筑施工安全生产的特点：生产岗位不固定、流动作业多，作业环境不断变化，作业人员随时面临着新隐患的威胁；手工作业多、劳动强度大；人员流动性大、作业技能参差不齐；分包作业多，总、分包之间以及各分包队伍之间的企业安全文化背景不同，容易形成文化冲突。

第二节　危险因素的辨识

危险源是指可能导致人员伤害或疾病、物质财产损失、工作环境破坏或这些情况组合的根源或状态的因素。危险因素与危害因素同属于危险源。危险源是安全管理的主要对象。

一、两类危险源

根据危险源在安全事故发生发展过程中的机理，一般把危险源划分为两大类，即第一类危险源和第二类危险源。

（1）第一类危险源：能量和危险物质的存在是危害产生的最根本原因，通常把可能发生意外释放的能量或危害物质称作第一类危险源。此类危险源是事故发生的物理本质，一般来说，系统具有的能量越大，存在的危险物质越多，其潜在的危险性和危害性也就越大。

（2）第二类危险源：造成约束、限制能量和危险物质措施失控的各种不安全因素称为第二类危险源。该类危险源主要体现在设备故障或缺陷、人为失误和管理缺陷等几个方面。

（3）危险源与事故：事故的发生是两类危险源共同作用的结果。第一类危险源是事故发生的前提，第二类危险源是第一类危险源导致事故的必要条件。

二、危险源的辨识

危险源辨识是安全管理的基础工作，主要目的就是从组织的活动中识别出可能造成人员伤害或疾病、财产损失、环境破坏的危险或危害因素，并判定其可能导致的事故类别和导致事故发生的直接原因的过程。

（一）危险源的类型

为做好危险源的辨识工作，可以把危险源按工作活动的专业进行分类，如机械类、电器类、辐射类、物质类、高坠类、火灾类和爆炸类等。

（二）危险源辨识的方法

危险源辨识的方法有很多，常用的方法有：安全检查表法、危险与可操作性研究法、事件树分析法和故障树分析法等。

1. 安全检查表法

为了查找工程、系统中各种设备设施、物料、工件、操作、管理和组织措施中的危险、有害因素，事先把检查对象加以分解，将大系统分割成若干小的子系统，以提问或打分的形式，将检查项目列表逐项检查，避免遗漏，这种用安全检查表进行安全检查的方法称为安全检查表法。

2. 危险与可操作性研究法

它的基本过程是以关键词为引导，找出过程中工艺状态的变化（即偏差），然后分析找出偏差的原因、后果及可采取的对策。其侧重点是工艺部分或操作步骤各种具体值。

危险和可操作性研究法所基于的原则是，背景各异的专家们若在一起工作，就能够在创造性、系统性和风格上互相影响和启发，能够发现鉴别更多的问题，这样做要比他们独立工作并分别提供结果更为有效。

3. 事件树分析法

事件树分析是用来分析普通设备故障或过程波动（称为初始事件）导致事故发生的可能性。

在事件树分析中，事故是典型设备故障或工艺异常（称为初始事件）引发的结果。与故障树分析法不同，事件树分析法是使用归纳法提供记录事故后果的系统性方法，并能确定导致事件后果与初始事件的关系。

4. 故障树分析法

故障树分析法是系统安全工程中的重要的分析方法之一，用来描述事故的因果关系。它能对各种系统的危险性进行识别评价，既适用于定性分析，又能进行定量分析，具有简明、形象化的特点，体现了以系统工程方法研究安全问题的系统性、准确性和预测性。

（三）施工现场采用危险源提问表时的设问范围

（1）在平地上滑倒（跌倒）。

（2）人员从高处坠落（包括从平地坠入深坑）。

（3）工具、材料等从高处坠落。

（4）头顶以上空间不足。

（5）用手举起搬运工具、材料等有关的危险源。

（6）与装配、试车、操作、维护、改造、修理和拆除等有关的装置、机械的危险源。

（7）车辆危险源，包括场地运输和公路运输。

（8）火灾和爆炸。

（9）邻近高压线路和起重设备伸出界外。

（10）吸入的物质。

（11）可伤害眼睛的物质或试剂。

（12）可通过皮肤接触和吸收而造成伤害的物质。

（13）可通过摄入（如通过口腔进入体内）而造成伤害的物质。

（14）有害能量（如电、辐射、噪声以及振动等）。

（15）由于经常性的重复动作而造成的与工作有关的上肢损伤。

（16）不适的热环境（如过热等）。

（17）照度。

（18）易滑、不平坦的场地（地面）。

（19）不合适的楼梯护栏和扶手。

（20）合同方人员的活动。

（四）典型危险因素

建筑施工常见的危害事故包括：高处坠落、触电事故、机械伤害、物体打击、坍塌事故五大类，事故统计如下图 1-1 所示：

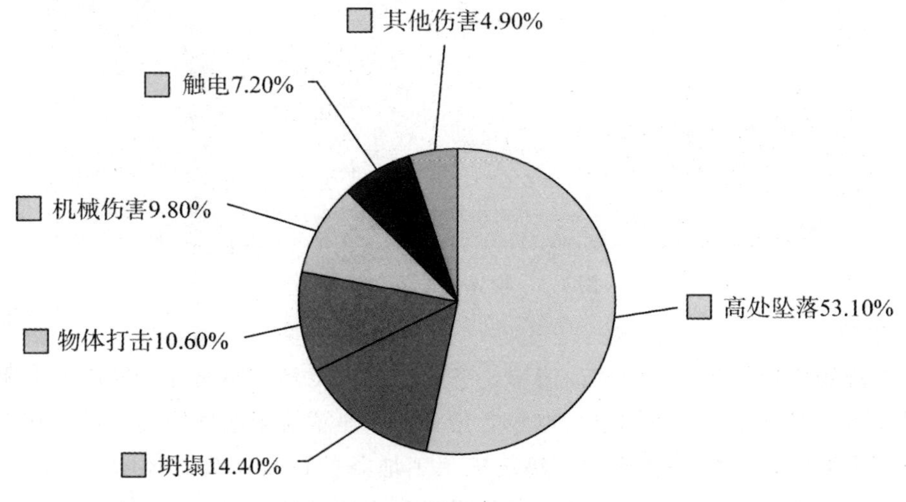

图 1-1　常见建筑事故统计

1. 高处坠落

所谓高处作业是指操作者在坠落高度基准面 2m 以上（含 2m）有可能坠落的高处进行的作业。建筑业中涉及高处作业的范围很广。在建筑安装登高架设作业过程中，脚手架、吊篮处使用梯子登高作业时，以及悬空高处作业时，高处坠落事故最易发生。其次在“四口五临边”处，轻型屋面处拆除工程时和其他作业时，高处坠落也会发生。如下图 1-2 所示为一工地施工电梯坠落事故。

图 1-2 施工电梯坠落事故

2. 物体打击

施工现场在施工过程中经常会有很多物体从上面落下来，击中下面或旁边的作业人员，即产生物体打击事故。凡在施工现场作业的人，都有被击中的可能，特别是在一个垂直平面下的上下交叉作业，最容易发生物体打击事故。如下图 1-3 所示为某作业工人被高空抛掷的钢管砸中。

图 1-3 物体打击致亡事故

3. 触电事故

电是施工现场各种作业的主要动力来源，各种机械、工具、照明等主要依靠电驱动。触电事故主要是设备、机械、工具等漏电，电线老化破皮，违章使用电气用具，对在施工现场周围的外电线路不采取防护措施等造成的。建筑施工工地条件比较恶劣，风吹、雨淋、日晒、水溅、沙土等不利条件，加之工地上机动车辆的运行和机械设备的应用引起的对电气设备的撞击和振动，均易导致电气故障的发生。触电事故的不安全因素如下图 1-4 所示。

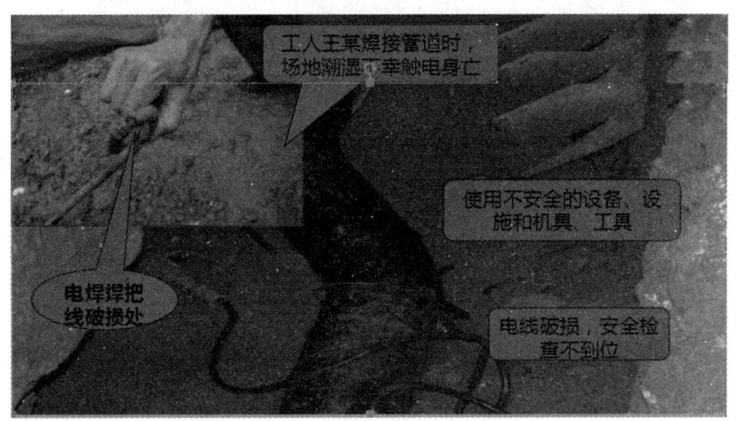

图 1-4 触电事故的不安全因素

建筑施工工地的施工人员在工作时往往受雨淋、水溅，使皮肤潮湿，导致人体阻抗下降；这些人员中大多数为非电气人员，缺乏用电安全知识；同时工地的供电线路又属临时线路，大部分为架空或明敷设线路，这些因素凑在一起则易造成电击事故。

对一般的建筑物来说，通常是在建筑物内实施总等电位联结保护，以消除产生电击事故的危险隐患。而建筑施工工地常常处于总等电位联结保护区以外，尤其当工地实行由低压公用电网供电且又采用 TN－C 系统时，产生电击危险的隐患更大。另外，因为在建筑物内因实施了总等电位联结，使设备的金属外壳、金属构件（或管道）等都处在同一故障电压水平上，没有电位差，则无从产生电击危险因素。而施工工地上，电气设备金属外壳带有故障电压，所以施工人员触及这些设备外壳时极易发生电击事故。

4. 机械伤害

主要是垂直运输机械设备、吊装设备、各类桩机等，钢筋加工机械和拉直机、弯曲机等，电焊机、搅拌机、各种气瓶及手持电动工具等在使用中，因缺少防护和保险装置对操作者造成的伤害。建筑机械一般分为 9 类：挖掘机械、起重机械、铲土运输机械、压实机械、路面机械、桩工机械、混凝土机械、钢筋加工机械和装修机械。建筑工地常用的中小型机械有混凝土搅拌机、砂浆搅拌机、卷扬机、机动翻斗车、蛙式打夯机、磨石机、混凝土振捣器等。

5. 坍塌事故

主要是指在土方开挖中或深基坑施工中的土石方坍塌；拆除工程、在建工程及临时设施等部分或整体坍塌。尤其是在地下水位较高或大土方开挖遇降大雨时更容易发生塌方。坍塌事故的直接原因一般是工程质量原因造成的，间接原因有设计缺陷、偷工减料、安全和质量责任制不落实等。

建筑物的坍塌事故分为整体坍塌事故，毗邻建筑因无保护措施而坍塌的事故以及楼板坍塌事故。

2009 年 3 月 19 日 13：35 分左右，位于西宁市城西区南商业巷的佳豪广场 4 号楼工地发生一起基坑边坡坍塌事故，造成 8 名施工人员死亡。如下图 1-5 所示：

图 1-5　坍塌事故现场图

三、重大危险源控制系统的组成

重大危险源控制的目的，不仅是要预防重大事故的发生，而且要做到一旦发生事故，能将事故危害限制到最低程度。由于工业活动的复杂性，需要采用系统工程的思想方法控制重大危险源。

重大危险源控制系统主要由以下几个部分组成。

（一）重大危险源的辨识

防止重大工业事故发生的第一步，是辨识或确认高危险性的工业设施（危险源）。政府管理部门和权威机构在物质毒性、燃烧、爆炸特性基础上，制定出了危险物质及其临界量标准。通过危险物质及其临界量标准，可以确定哪些是可能发生事故的潜在危险源。

（二）重大危险源的评价

根据危险物质及其临界量标准进行重大危险源辨识和确认后，就应对其进行风险分析评价。一般来说，重大危险源的风险分析评价包括以下几个方面：

（1）辨识各类危险因素及其原因与机制。

（2）依次评价已辨识的危险事件发生的概率。

（3）评价危险事件的后果。

（4）进行风险评价，即评价危险事件发生概率和发生后果的联合作用。

（5）风险控制，即将上述评价结果与安全目标值进行比较，检查风险值是否达到了可接受水平，否则需要进一步采取措施，降低危险水平。

（三）重大危险源的管理

企业应对工厂的安全生产负重要责任。在对重大危险源进行辨识和评价后，应针对每一个重大危险源制定出一套严格的安全管理制度，通过技术措施（包括化学品的选择、设施的设计、建造、运转、维修以及有计划的检查）和组织措施（包括对人员的培训与指导；提供保证其安全的设备；工作人员水平、工作时间、职责的确定；以及对外部合同工和现场临时工的管理），对重大危险源进行严格控制和管理。

（四）重大危险源的安全报告

要求企业在规定的期限内，对已辨识和评价的重大危险源向政府主管部门提交安全报告。如属新建的有重大危害性的设施，则应在其投入运转之前提交安全报告。安全报告应详细说明重大危险源的情况，可能引发事故的危险因素以及前提条件，安全操作和预防失误的控制措施，可能发生的事故类型，事故发生的可能性及后果，限制事故后果的措施，现场事故应急救援预案等。

（五）事故应急救援预案

事故应急救援预案是重大危险源控制系统的重要组成部分，企业应负责制订现场事故应急救援预案，并且定期检验和评估现场事故应急救援预案和程序的有效程度，以及在必要时进行修订。场外事故应急救援预案，由政府主管部门根据企业提供的安全报告和有关资料制定。事故应急救援预案的目的是抑制突发事件，减少事故对工人、居民和环境的危害。因此，事故应急救援预案应提出详尽、实用、明确和有效的技术措施与组织措施。政府主管部门应保证将发生事故时应采取的安全措施和正确做法的有关资料散发给可能受事故影响的公众，保证公众充分了解发生重大事故时的安全措施，一旦发生重大事故，应尽快报警。并于适当的时间修订和重新散发事故应急救援预案宣传材料。

（六）工厂选址和土地实用规划

政府有关部门应制定综合性的土地使用政策，确保重大危险源与居民区、工作场所、机场、水库、其他危险源和公共设施的安全隔离。

（七）重大危险源的监察

政府主管部门必须派出经过培训的、合格的技术人员定期对重大危险源进行监察、调查、评估和咨询。

典型例题

1. 在坠落高度基准面（　　）m以上有可能坠落的高处进行的作业。

A. 1　　B. 2　　C. 3　　D. 4

【答案】 B

【解析】 所谓高处作业是指操作者在坠落高度基准面2m以上（含2m）有可能坠落的高处进行的作业。

2. 高处作业最容易发生（　　）事故。

A. 高处坠落　　B. 机械伤害　　C. 物体打击　　D. 触电

【答案】 A

【解析】 建筑业中涉及高处作业的范围很广。在建筑安装登高架设作业过程中，脚手架、吊篮处使用梯子登高作业时，以及悬空高处作业时，高处坠落事故最易发生。其次在“四口五临边”处，轻型屋面处，拆除工程时和其他作业时，高空坠落也会发生。

第三节　建筑施工生产安全事故类型和预防措施

一、建筑施工生产安全事故类型

（一）按事故的原因及性质分类

从建筑活动的特点及事故的原因和性质来看，建筑安全事故可以分为四类，即生产事故、质量问题、技术事故和环境事故。

1. 生产事故

生产事故主要是指在建筑产品的生产、维修、拆除过程中，操作人员违反有关施工操作规程等而直接导致的安全事故。这类事故一般都是在施工作业过程中出现的，事故发生的次数比较频繁，是建筑安全事故的主要类型之一。目前我国对建筑安全生产的管理主要是针对生产事故。

2. 质量问题

质量问题主要是指由于设计不符合规范或施工达不到要求等原因而导致建筑结构实体或使用功能存在瑕疵，进而引起安全事故的发生。不符合规范标准的设计，主要是一些没有相应资质的单位或个人私自出图和设计本身存在安全隐患。施工达不到设计要求的，一是施工过程违反有关操作规程留下的隐患；二是有关施工主体偷工减料的行为导致的安全隐患。质量问题可能发生在施工作业过程中，也可能发生在建筑实体的使用过程中。特别是在建筑实体的使用过程中，质量问题带来的危害是极其严重的，如果在外加灾害（如地震、火灾）发生的情况下，其危害后果不堪设想。质量问题也是建筑安全事故的主要类型之一。

3. 技术事故

技术事故主要是指由于工程技术原因而导致的安全事故，技术事故的结果通常是毁灭性的。技术是安全的保证，曾被确信无疑的技术可能会在突然之间出现问题，起初微不足道的瑕疵可能导致灾难性的后果，很多时候正是由于一些不经意的技术失误才导致了严重的事故。在工程技术领域，人类历史上曾发生过多次技术灾难，如切尔诺贝利核事故、“挑战者”号航天飞机爆炸事故等。在工程建设领域，这方面惨痛的教训同样也是深刻的，如 1981 年 7 月 17 日美国密苏里州发生的海厄特摄政通道垮塌事故。技术事故的发生，可能发生在施工生产阶段，也可能发生在使用阶段。

4. 环境事故

环境事故主要是指建筑实体在施工或使用的过程中，由于使用环境或周边环境原因而导致的安全事故。使用环境原因主要是对建筑实体的使用不当，比如荷载超标、静荷载设计而动荷载使用以及使用高污染建筑材料或放射性材料等。对于使用高污染建筑材料或放射性材料的建筑物，一是给施工人员造成职业病危害，二是对使用者的身体带来伤害。周边环境原因主要是一些自然灾害方面的，比如山体滑坡等。在一些地质灾害频发的地区，应该特别注意环境事故的发生。环境事故的发生，我们往往归咎于自然灾害，其实是缺乏对环境事故的预判和防治能力。

（二）按事故类别分类

按事故类别分，建筑业相关职业伤害事故可以分为 12 类，即：物体打击、车辆伤害、机械伤害、起重伤害、触电、灼烫、火灾、高处坠落、坍塌、爆炸、中毒和窒息及其他伤害。

（三）按事故严重程度分类

可以分为轻伤事故、重伤事故和死亡事故 3 类。

二、伤亡事故

（1）伤亡事故是指职工在劳动过程中发生的人身伤害、急性中毒事故，即职工在本岗位劳动或虽不在本岗位劳动，但由于企业的设备和设施不安全、劳动条件和作业环境不良、管理不善以及企业领导指派到企业外从事本企业活动中发生的人身伤害（轻伤、重伤、死亡）和急性中毒事件。当前伤亡事故统计中除职工以外，还应包括企业雇用的农民工、临时工等。

（2）建筑施工企业的伤亡事故，是指在建筑施工过程中，由于危险有害因素的影响而造成的工伤、中毒、爆炸、触电等，或由于其他原因造成的各类伤害。

（3）按国务院2007年4月9日发布的《生产安全事故报告和调查处理条例》（国务院令第493号），根据生产安全事故（以下简称事故）造成的人员伤亡或者直接经济损失，把事故分为如下几个等级：

1）特别重大事故，是指造成30人以上死亡，或者100人以上重伤（包括急性工业中毒，下同），或者1亿元以上直接经济损失的事故。

2）重大事故，是指造成10人以上30人以下死亡，或者50人以上100人以下重伤，或者5000万元以上1亿元以下直接经济损失的事故。

3）较大事故，是指造成3人以上10人以下死亡，或者10人以上50人以下重伤，或者1000万元以上5000万元以下直接经济损失的事故。

4）一般事故，是指造成3人以下死亡，或者10人以下重伤，或者1000万元以下直接经济损失的事故。

条例中所称的"以上"包括本数，所称的"以下"不包括本数。

三、建筑工程最常发生事故的类型

根据对全国伤亡事故的调查统计分析，建筑业伤亡事故率仅次于矿山行业。其中高处坠落、物体打击、机械伤害、触电、坍塌为建筑业最常发生的五种事故，近几年来已占到事故总数的80%～90%，应重点加以防范。

四、事故发生的主要原因

（一）人的不安全因素

人的不安全因素可分为个人的不安全因素和个人的不安全行为两大类。

1. 个人的不安全因素

（1）心理上的不安全因素，是指人在心理上具有影响安全的性格、气质和情绪，如懒散、粗心等。

（2）生理上的不安全因素，包括视觉、听觉等感觉器官，体能、年龄及疾病等不适合工作或作业岗位要求的影响因素。

（3）能力上的不安全因素，包括知识技能、应变能力、资格等不能适应工作和作业岗位要求的影响因素。

2. 个人的不安全行为

（1）操作失误，忽视安全、忽视警告。

（2）造成安全装置失效。

（3）使用不安全设备。

（4）用手代替工具操作。

（5）物体存放不当。

（6）冒险进入危险场所。

（7）攀坐不安全位置。

（8）在起吊物下作业、停留。

（9）在机器运转时进行检查、维修、保养等工作。

（10）有分散注意力行为。

（11）没有正确使用个人防护用品、用具。

（12）不安全装束。

（13）对易燃、易爆等危险物品处理错误。

（二）物的不安全状态

物的不安全状态主要包括：

（1）防护等装置缺乏或有缺陷。

（2）设备、设施、工具、附件有缺陷。

（3）个人防护用品缺少或有缺陷。

（4）施工生产场地环境不良——现场布置杂乱无序、视线不畅、沟渠纵横、交通阻塞、材料工具乱堆乱放、机械无防护装置、电器无漏电保护、粉尘飞扬、噪声刺耳等使劳动者生理、心理难以承受环境因素必然诱发安全事故。

（三）管理上的不安全因素

管理上的不安全因素也称管理上的缺陷，主要包括对物的管理失误，如技术、设计、结构上的缺陷，作业现场环境的缺陷，防护用品的缺陷等；对人的管理失误，如教育、培训、指示和对作业人员的安排等方面的缺陷；管理工作的失误，如对作业程序、操作规程、工艺过程的管理失误以及对采购、安全监控、事故防范措施的管理失误。

（四）典型事故原因分析

1. 高空坠落事故

（1）临边、洞口坠落。

（2）脚手架坠落。主要是搭设不规范。

（3）悬空高处作业时坠落。主要是在安装、拆除脚手架、井架、塔吊和在吊装屋架、梁板等高处作业时的作业人员，没有系安全带也无其他防护设施或作业时用力过猛身体失稳而坠落。

（4）在轻型屋里和顶棚上铺设管道、电线或检修作业中坠落。

（5）拆除作业时坠落。

（6）登高过程中坠落。

（7）在梯子上作业坠落。

不包括以其他事故类别作为诱发条件的坠落事故，如触电坠落事故。

2. 触电事故

（1）外点线路触电事故主要是指事故中碰触事故现场周边的架空线路而发生的触电事故。

（2）施工机械漏电造成事故。

3. 物体打击

（1）高处落物伤害。

（2）滚物伤害。

（3）从物料堆上取物时，物料散落、倒塌造成伤害。

不包括因机械设备、车辆、起重机械、坍塌、爆炸等引起的物体打击。

4. 机械伤害

（1）违章指挥。

（2）违章作业。

（3）没有使用和不正确使用个人劳动保护用品。

（4）没有安全防护和保险装置或不符合要求。

（5）机械不安全状态（已列入其他项事故类别的机械设备造成的机械伤害除外）。

5. 坍塌

（1）基坑、基槽开挖及人工扩孔桩施工过程中的土方坍塌。

（2）楼板、梁等结构和雨棚等坍塌。

（3）房屋拆除坍塌。

（4）模板坍塌。

（5）脚手架坍塌。

（6）塔吊倾翻、井字架倒塌。

不适用于矿山冒顶片帮事故，或因爆炸、爆破引起的坍塌事故。

五、预防措施

（一）安全技术管理措施

（1）必须在安全危险源识别、评估基础上，编著施工组织设计和施工方案，制订安全技术措施和施工现场临时用电方案；对危险性较大的分部分项工程，编制专项安全施工方案。

（2）项目负责人、技术负责人和专项安全员应按分工负责安全技术措施和专项方案交底、过程监督、验收、检查、改进等工作内容；应对全体施工人员进行安全技术交底，并签字保存记录。

（3）技术交底应符合下列规定：

1）项目工程开工前，项目部的技术负责人必须向有关人员进行安全技术交底。

2）结构复杂的分部分项工程施工前，项目部的安全（技术）负责人应进行安全技术交底。

3）项目部应保存安全技术交底记录。

（二）安全教育培训

（1）职业健康安全教育是项目安全管理工作的重要环节，是提高全员安全素质、安全管理水平和防止事故，从而实现安全生产的重要手段。按照行业管理及法律规定，项目职业健康安全教育培训率要实现100％。

（2）教育与培训对象包括以下五类人员：

1）项目负责人（经理）、项目生产经理、项目技术负责人：必须经过上级主管部门组织的职业健康安全教育培训。

2）项目基层管理人员：项目基层管理人员每年必须接受公司职业健康安全生产培训，经考试合格后持证上岗。

3）分包单位负责人、管理人员：接受政府主管部门或总包单位的职业健康安全培训，经考试合格后持证上岗。

4）特种作业人员：必须经过专门的职业健康安全理论培训和技术实际操作训练，经理论和实际操作的双重考核合格后，持“特种作业操作证”上岗作业。

5）操作人员：新进场操作作业人员必须经过三级职业健康安全教育，考试合格后持证上岗。

（3）教育与培训主要以职业健康安全生产思想、安全知识、安全技能和法制教育四个方面的内容为主。主要形式有：

1）三级安全教育、安全技术交底：对进场作业人员必须进行三级安全教育，时间不少于4h。经考试格者方可进入生产岗位。施工作业前必须进行施工安全技术交底。

2）转场安全教育：新转入现场的工人接受转场安全教育，教育时间不少于8h。

3）变换工种安全教育：改变工种或调换工作岗位的工人必须接受教育，时间不少于4h，考核合格后方可上岗。

4）特种作业安全教育：从事特种作业的人员必须经过专门的安全技术培训，经考试合格取得操作证后方准独立作业。

5）班前安全活动交底：各作业班组长在每班开工前对本班组人员进行班前安全活动交底。将交底内容记录在专用记录本上，各成员签名。

6）季节性施工安全教育：在雨期、冬期施工前，现场施工负责人组织分包队伍管理人员、操作人员进行季节性安全技术教育，时间不少于2h。

7）节假日安全教育：一般在节假日到来前进行，以稳定人员思想情绪，预防事故发生。

8）特殊情况安全教育：当实施重大安全技术措施、采用“四新”技术、发生重大伤亡事故、安全生产环境发生重大变化和安全技术操作规程因故发生改变时，由项目负责人（经理）组织有关部门对施工人员进行安全生产教育，时间不少于2h。

（三）设备管理

（1）工程项目要严格进行设备进场验收工作，中小型机械设备由施工人员会同专业技术管理人员和使用人员共同验收；大型设备、成套设备在项目部自检自查基础上报请企业有关管理部门，组织企业技术负责人和有关部门进行验收；门式起重机等特种设备应组织相关资质的单位进行验收。检查技术文件包括各种安全保险装置及限位装置说明书、维修保养及运输说明书、产品鉴定及合格证书、安全操作规程等内容，并建立机械设备档案。

（2）项目部应根据现场条件设置相应的管理机构，配备设备管理人员。

（3）设备操作和维护人员必须经过专业技术培训，考试合格取得相应操作证后，持证上岗。机械设备使用实行定机、定人、定岗位责任的“三定”制度。

（4）按照安全操作规程要求作业，任何人不得违章指挥和作业。

（5）施工过程中项目部要定期检查和不定期巡回检查，确保机械设备正常运行。

（四）安全技术措施

（1）现场道路平整、坚实、保持畅通。危险地点悬挂安全标志和符合安全规定的标牌。施工现场设置大幅安全宣传标语。

（2）现场的生产、生活区设置足够的消防水源和消防设施网点。消防器材有专人管理，不乱拿乱放。每作业队组成一个由15～20人的义务消防队。所有施工人员要熟悉并掌握消防设备的性能和使用方法。

（3）各类房屋、库棚、料场等安全消防距离符合有关规定，现场的易燃杂物随时清理，严禁在有火种的场所或其近旁堆放易燃物品。

（4）施工现场的临时用电严格按照《施工现场临时用电安全技术规范》（JGJ46—2012）的规定执行。

（5）施工中如发现危及地面建筑物或有危险品时立即停工，待处理完毕后方可施工。

（6）从事爆破、电力、高处作业及起重作业等特殊作业人员，各种机械操作人员及机动车辆驾驶人员，必须经过劳动部门专业培训并考试取得合格证书后，方准持证独立操作。

（7）施工现场设立安全标志。危险地区必须悬挂“危险”或“禁止烟火”等标志，夜间设红灯警示。

（8）所有道路的便桥在桥头设立标志，注明载重能力和限制速度。

（9）加强爆破器材的领取。运输、使用、退库管理，严禁爆破器材流失。

（五）雷电期间作业安全措施

（1）施工场地的油库、料库、变电站、通风设施及其他所有临时设施均设置防雷设施，定期检查接地电阻，防止雷击。

（2）雷电将临时，应立即停止所有炸药运输和短程搬运，所有人员应立即撤至安全地点，并将雷电来临和雷电已过的信号，通知工作人员。

（3）爆破作业已完成的地段，安装雷电监控器和自动报警灯。

六、安全应急预防措施

（一）触电预防措施

（1）做好安全用电技术措施、保护接地、保护接零、设漏电保护器。

（2）特殊场所应使用安全电压照明。

（3）电器设备的设置应符合要求并应做好防护。

（4）电器设备的操作维修人员必须符合要求。

（5）建立电工岗位责任制度及技术交底制度、电器维修制度、安全检查和安全教育培训制度。

（6）操作工人严格执行临时用电施工组织设计和相应的技术措施。

（二）高处坠落预防措施

（1）做好“四口”“五临边”防护。

（2）无外脚手架或用单排脚手架和工具式脚手架高处作业时，首层四周必须固定水平网，水平网安全接口处必须连接严密。无法支搭水平网的，必须逐层设立网全封闭。支搭的水平安全网，直至没有高处作业时方可拆除。

（3）严格使用安全网防护。

（4）搞好大模板、钢结构等构件安装作业安全防护。

（5）吊、挑、挂及堆料架等特殊脚手架必须做到有设计计算、搭设方案、详细图纸、荷载计算，有专人管理和维修。

（6）项目部制定高处作业防护的指导书并监督操作工人的执行情况。

（三）坍塌预防措施

（1）土方工程执行有关规定，做好基槽（坑）和管沟边坡。

（2）土方工程施工严格按照安全防护要点施工，技术员制订具体的施工方案和安全技术措施交底。

（3）施工现场应采取可靠支护或放坡，防止坍塌事故的发生。

（四）机械伤人事故预防措施

（1）施工机械使用过程中应有定期检测方案。

（2）施工现场应有施工机械安装、使用、检测、自检记录。

（3）机械设备不用时立即拉闸关电。

（4）做好定期设备运转记录。

（5）建立定期维修检查制度。

（五）暴雨、洪水、雷击等自然灾害预防控制

（1）向职工普及避震、避雷知识。

（2）应急领导小组将防洪、防暴雨、防雷工作纳入职责范围，做好有关方面的物资准备和相关知识的培训。

（3）提前收听气象信息、尽量避免人员伤亡和环境破坏。

（4）做好防洪、防风、防雷工作，避免人员伤亡和环境破坏。

（六）火灾事故预防监控措施

1. 施工现场发生火灾的主要原因

（1）电气线路超过负荷或线路短路引起火灾。

（2）电热设备、照明灯具使用不当引起火灾，大功率照明灯具与易燃物距离过近引起火灾，电弧、电火花等引起火灾。

（3）电焊机、点焊机使用时电气弧光、火花等引燃周围物体，引起火灾。

（4）工人生活、住宿临时用电拉设不规范，有乱拉乱接现象。

（5）工人在宿舍内生火引燃易燃物质等。

2. 预防措施

（1）做施工组织设计时要根据电器设备的用电量正确选择导线截面，导线架空敷设时其安全间距必须满足规范要求。

（2）电气操作人员要认真执行规范，正确连接导线，接线柱要压牢、压实。

（3）现场用的电动机严禁超载使用，电机周围无易燃物，发现问题及时解决，保证设备正常运转。

（4）施工现场内严禁使用电炉。使用碘钨灯时，灯与易燃物间距要大于 30cm。室内不准使用功率超过 60W 的灯泡。

（5）使用焊机时要执行用火证制度，并有人监护。施焊周围不能存在易燃物体，并配备防火设备。电焊机要放在通风良好的地方。

（6）做好施工现场的高大设备防雷接地工作。

（7）存放易燃气体、易燃物仓库内的照明装置一定要采用防爆型设备，导线敷设、灯具安装、导线与设备连接均应满足有关规范要求。

（七）防止易燃、易爆危险品引起火灾、爆炸事故的预防监控措施

1. 产生原因

（1）施工现场由于易燃、易爆物品使用引起火灾、爆炸的主要施工环节是使用油漆、汽油等涂料或溶剂。

（2）使用挥发性、易燃性溶剂稀释涂料时使用明火或吸烟。

（3）焊、割作业点与氧气瓶、乙炔发生器等危险品的距离过小。

2. 预防措施

（1）使用易燃、易爆危险品的现场不得使用明火或吸烟，同时应加强通风，使作业场所有害气体浓度降低。

（2）焊、割作业点与氧气瓶、乙炔发生器等危险品的距离不得少于 10m，与易燃、易爆物品的距离不得少于 30m。

典型例题

1. 建筑施工安全事故（危害）通常分为（　　）五大类。

A. 高空坠落、中毒、物体打击、机械伤害、坍塌事故

B. 高空坠落、触电、物体打击、机械伤害、坍塌事故

C. 高空坠落、中毒、物体打击、机械伤害、火灾事故

D. 高空坠落、触电、火灾事故、机械伤害、坍塌事故

【答案】B

【解析】建筑施工安全事故（危害）通常分为五大类：高空坠落、触电、物体打击、机械伤害、坍塌事故。

2. 施工安全技术措施是施工组织设计中的重要组成部分，是工程施工中安全生产的（　　）文件。

A. 指令性　　B. 指导性　　C. 参考性　　D. 系统性

【答案】A

【解析】建筑施工企业在编制施工组织设计时，应当根据建筑工程的特点制定相应的安全技术措施。因此，施工安全技术措施是工程施工中安全生产的指令性文件，在施工现场管理中具有安全生产法规的作用，必须认真编制和贯彻执行。

第四节　建筑施工组织设计

一、施工组织设计的作用

施工组织设计是以施工项目为对象编制的，用以指导施工的技术、经济和管理的综合性文件。若施工图设计是解决造什么样的建筑物产品，则施工组织设计就是解决如何建造的问题。

施工组织设计是对施工活动实行科学管理的重要手段。其作用是：通过施工组织设计的编制，明确工程的施工方案、施工顺序、劳动组织措施、施工进度计划、资源需用量与供应计划，明确临时设施、材料和机具的具体位置，有效地使用施工场地，提高经济效益。

施工组织设计还具有统筹安排和协调施工中各种关系的作用。

二、施工组织设计的类型

施工组织设计按设计阶段和编制对象不同，分为施工组织总设计、单位工程施工组织设计和施工方案三类。

（一）施工组织总设计

施工组织总设计是以若干单位工程组成的群体工程或特大型项目为主要对象编制的施工组织设计。施工组织总设计一般在建设项目的初步设计或扩大初步设计批准之后，总承包单位在总工程师领导下进行。建设单位、设计单位和分包单位协助总承包单位工作。

施工组织总设计对整个项目的施工过程起统筹规划、重点控制的作用。其任务是确定建设项目的开展程序，主要建筑物的施工方案，建设项目的施工总进度计划和资源需用量计划及施工现场总体规划等。

（二）单位工程施工组织设计

单位工程施工组织设计是以单位（子单位）工程为主要对象编制的施工组织设计，对单位

（子单位）工程的施工过程起指导和约束作用。单位工程施工组织设计是施工图纸设计完成之后、工程开工之前，在施工项目负责人领导下编制的。

（三）施工方案

施工方案是以分部分项工程或专项工程为主要对象编制的施工技术与组织方案，用以具体指导其施工过程。施工方案由项目技术负责人负责编制。

对重点、难点分部分项工程和危险性较大工程的分部（分项）工程，施工前应编制专项施工方案；对于超过一定规模的危险性较大的分部（分项）工程，应当组织专家对专项方案进行论证。

三、施工组织设计的编制依据

（1）重视工程的组织对施工的作用。

（2）提高施工的工业化程度。

（3）重视管理创新和技术创新。

（4）重视工程施工的目标控制。

（5）积极采用国内外先进的施工技术。

（6）充分利用时间和空间，合理安排施工顺序，提高施工的连续性和均衡性。

（7）合理部署施工现场，实现文明施工。

四、施工总平面图的现场管理

施工总平面图应随施工组织设计内容一起报批，过程修改应及时并履行相关手续。施工平面图现场管理要点有：

（1）目的：使场容美观、整洁，道路畅通，材料放置有序，施工有条不紊，安全文明，相关方都满意，管理方便、有序。

（2）总体要求：满足施工需求、现场文明、安全有序、整洁卫生、不扰民、不损害公众利益、绿色环保。

（3）施工现场管理：施工现场应实行封闭管理，并应采用硬质围挡。市区主要路段的施工现场围挡高度不应低于2.5m，一般路段围挡高度不应低于1.8m。围挡应牢固、稳定、整洁、美观。距离交通路口20m范围内占据道路施工设置的围挡，其0.8m以上部分应采用通透性围挡，并应采取交通疏导和警示措施。

（4）出入口管理：现场大门应设置门卫岗亭，安排门卫人员24h值班，检查人员出入证、材料运输单等，以达到管理有序、安全生产的目的。同时，在施工现场出入口还应标有企业名称或企业标识，主要出入口明显处应设置工程概况牌，大门内应有施工现场总平面图和安全管理、环境保护、绿色施工、消防保卫管理人员名单及监督电话等制度牌及宣传栏，车辆出入口处还应设置车辆冲洗设施。

（5）规范场容：

1）施工平面图设计应科学、合理，临时建筑、物料堆放与机械设备定位应准确，施工现场场容绿色环保。

2）在施工现场周边按相关规范要求设置临时维护设施。

3）现场内沿临时道路设置畅通的排水系统。

4）施工现场的主要道路及材料加工地面应进行硬化处理，如采取铺设混凝土、钢板、碎石等方法。裸露的场地和堆放的土方应采取覆盖、固化或绿化等措施。

5）施工现场作业应有防止扬尘的措施，主要道路视气候条件洒水并定期清扫。

6）建筑垃圾应设定固定区域封闭管理并及时清运。

7）温暖季节可根据现场情况进行绿化布置。

（6）环境保护：

工程施工可能对环境造成的影响有：大气污染、室内空气污染、水污染、土壤污染、噪声污染、光污染、垃圾污染等。对这些污染源均应按有关环境保护的法规和相关规定进行预防和防治。

（7）消防保卫：

1）必须按照《中华人民共和国消防法》的规定，建立消防管理制度，制订消防措施。

2）现场道路应符合施工期间的消防要求。

3）设置符合要求的防火设施和报警系统。

4）在火灾易发生区域施工和储存、使用易燃易爆器材，应采取特殊消防安全措施。

5）现场严禁吸烟。

6）施工现场严禁焚烧各类废弃物。

7）严格现场动火证的管理。

（8）卫生防疫管理：

1）应建立卫生防疫责任制度，并落实到人。

2）加强对工地食堂、炊事人员和炊具的管理。食堂必须有卫生许可证，炊事人员必须持身体健康证上岗且着装应符合要求，炊具配置应符合相关规定的要求。确保卫生防疫，杜绝传染病和食物中毒事故的发生。

3）根据需要制订和执行防暑、降温、消毒、防病等措施。

典型例题

1. 施工方案由（　　）负责编制。

A. 设计单位负债人　　B. 施工总承包单位项目技术负责人

C. 建设单位项目负责人　　D 总监理工程师

【答案】B

【解析】施工方案：施工方案是以分部分项工程或专项工程为主要对象编制的施工技术与组织方案，用以具体指导其施工过程。施工方案由项目技术负责人负责编制。

本章练习

1. 建筑施工绝大多数为露天作业，一栋建筑物从基础、主体结构、屋面工程到室外装修等环节的施工中，露天作业约占整个工程的（　　）。

A. 50%　　B. 60%　　C. 70%　　D. 80%

【答案】C

【解析】建筑施工绝大多数为露天作业。一栋建筑物从基础、主体结构、屋面工程到室外装修等环节的施工中，露天作业约占整个工程的70%。建筑物都是由低到高构建起来的，以民用住宅每层高2.9m计算，两层就是5.8m，现在一般都是七层以上，甚至是十几层几十层的住宅，施工人员都要在十几米、几十米甚至百米以上的高空从事露天作业，工作条件很差。

2. 建筑施工企业在安全管理中必须坚持（　　）的方针。

A. 安全第一　　B. 综合治理　　C. 分责追究　　D. 实事求是

E. 预防为主

【答案】 ABE

【解析】 安全生产管理是一个系统性、综合性的管理，其管理的内容涉及建筑生产的各个环节。因此，建筑施工企业在安全管理中必须坚持“安全第一，预防为主，综合治理”的方针，制定安全政策、计划和措施，完善安全生产组织管理体系和检查体系，加强施工安全管理。

3. 导致触电事故的主要原因（　　）。

A. 电器损坏　　B. 误操作　　C. 设备漏电　　D. 设计失误

【答案】 C

【解析】 电是施工现场各种作业的主要动力来源，各种机械、工具、照明等主要依靠电驱动。触电事故主要是由设备、机械、工具等漏电、电线老化破皮，违章使用电气用具，对施工现场周围的外电线路不采取防护措施等原因造成的。

4. 在雨期、冬期施工前，现场施工负责人组织分包队伍管理人员、操作人员进行季节性安全技术教育，时间不少于（　　）。

A. 1h　　B. 2h　　C. 3h　　D. 4h

【答案】 B

【解析】 季节性施工安全教育：在雨期、冬期施工前，现场施工负责人组织分包队伍管理人员、操作人员进行季节性安全技术教育，时间不少于2h。

5. 建筑施工单位编制施工组织设计时，应综合考虑防火要求、建筑物性质、施工现场周围环境等因素。在进行平面布置设计时，易燃材料库（场）与构筑物和防护目标的最小距离不得小于（　　）。

A. 15m　　B. 20m　　C. 25m　　D. 30m

【答案】 B

【解析】 易燃、可燃材料堆料场及仓库与在建工程和其他区域的距离应不小于20m。

6. 施工组织设计的类型（　　）

A. 施工组织总设计　　B. 单位工程施工组织设计

C. 施工方案　　D 组织任务分工表

E. 施工文件

【答案】 ABC

【解析】 施工组织设计按设计阶段和编制对象不同，分为施工组织总设计、单位工程施工组织设计和施工方案三类。

7. 下列事故原因中，属于人的不安全行为的有（　　）。

A. 操作失误，忽视安全、忽视警告

B. 在起吊物下作业、停留

C. 个人防护用品缺少或有缺陷

D. 对作业程序、操作规程、工艺过程的管理失误

E. 物体存放不当

【答案】ABE

【解析】人的不安全行为在施工现场的类型包括：（1）操作失误，忽视安全、忽视警告；（2）造成安全装置失效；（3）使用不安全设备；（4）用手代替工具操作；（5）物体存放不当；（6）冒险进入危险场所；（7）攀坐不安全位置；（8）在起吊物下作业、停留；（9）在机器运转时进行检查、维修、保养等工作；（10）有分散注意力行为；（11）没有正确使用个人防护用品、用具；（12）不安全装束；（13）对易燃、易爆等危险物品处理错误。

第二章　建筑施工机械安全技术

考试内容及要求

熟悉建筑施工机械的主要安全装置和作业方法。掌握特种设备及起重机械的验收、管理程序和作业人员的安全管理要求。运用建筑施工机械安全技术知识和相关标准，分析建筑施工机械在施工过程中的危险、有害因素，制定相应的安全技术措施。

第一节　施工机械安全操作的基本规定

一、一般规定

（1）机械操作人员必须经过安全技术培训，考核合格后，持证上岗。

（2）操作人员必须经体检，凡患有高血压、心脏病、癫痫病和有碍安全操作的疾病与生理缺陷，不得从事此项操作。严禁酒后作业。

（3）机械进入现场前，必须查明行驶路线上的桥梁、涵洞的通行高度和承载能力。严禁在桥面上急转向和紧急刹车。通过桥洞前必须注意限高，确认安全后低速通过。

（4）作业前应依照安全技术措施交底检查施工现场，查明地上、地下管线和构筑物的状况，不得在距民道等周围 2m 以内作业。

（5）机械设备在沟槽附近行驶时应低速，作业中必须避开管线和构筑物，并与沟槽边保持不小于 15m 的安全距离。

（6）配合机械清底、平地、修坡等人员必须在机械回转半径以外作业。如必须在回转半径内作业时，应停止机械回转并制动好后方可开始。机上、机下人员应随时取得密切联系。

（7）作业中遇到下列情况，应立即停止：

1）作业区土体不稳定，有坍塌可能。

2）发生暴雨、雷电、水位暴涨及山洪暴发。

3）施工标记及防护设施被破坏。

4）出现其他不能保证作业和行使安全的情况。

（8）机械在场外公路上行驶时必须遵守交通管理部门的有关规定。

（9）自行式机械作业前，必须进行检查，制动、转向、信号及安全装置应齐全有效。

（10）坡道停机时，不得横向停放。纵向停放时，必须挡掩，并将工作装置落地辅助制动，确认制动可靠后，操作人员方可离开。雨季施工时，机械作业完毕应停放在较高的坚实地面上。

（11）机械设备在发电站、变电站、配电室等附近作业时，不得进入危险区域。与高压线的距离应符合有关安全距离的规定。

（12）机械挖掘基坑时，必须根据土质和深度采取防坍塌措施，严禁盲目冒险作业。

（13）机械运转时，不得进行任何紧固、保养、润滑、检查等作业。

（14）机械作业时，人员不得上下机械。

二、建筑机具安全操作规程的要点

建筑机具是建筑施工的重要组成部分，要根据实际情况合理选用施工机具。在施工机具的使用中常涉及的法律法规及安全技术规程有：《中华人民共和国特种设备安全法》（2014 年 1 月 1 日起施行）、《建筑机械使用安全技术规程》（JGJ 33—2012）、《龙门架及井架物料提升机安全技术规范》（JGJ 88—2010）。

（一）塔吊的安全控制要点

（1）塔吊的轨道基础和混凝土基础必须经过设计验算，验收合格后方可使用；基础周围应修筑边坡和排水设施，并与基坑保持一定的安全距离。

（2）塔吊的拆装必须配备下列人员：

1）持有安全生产考核合格证书的项目负责人和安全负责人、机械管理人员。

2）具有建筑施工特种作业操作资格证书的建筑起重机械安装拆卸工、起重司机、起重信号工、司索工等特殊作业操作人员。

（3）拆装人员应穿戴安全保护用品，高处作业时应系好安全带，熟悉并认真执行拆装工艺和操作规程。

（4）顶升前必须检查液压顶升系统各部件连接情况。顶升时严禁回转臂杆和其他作业。

（5）塔吊安装后，应进行整体技术检验和调整，经分阶段及整机检验合格后，方可交付使用。在无载荷情况下，塔身与地面的垂直度偏差不得超过 4/1000。

（6）塔吊的金属结构、轨道及所有电气设备的外壳应有可靠的接地装置，接地电阻不应大于 4Ω，并设立避雷装置。

（7）作业前，必须对工作现场周围环境、行驶道路、架空电线、建筑物以及构件重量和分布等情况进行全面了解。塔吊作业时，塔吊起重臂杆起落及回转半径内不得有障碍物，与架空输电导线的安全距离应符合规定。

（8）塔吊的指挥人员、操作人员必须持证上岗，作业时应严格执行指挥人员的信号，如信号不清或错误时，操作人员应拒绝执行。

（9）在进行塔吊回转、变幅、行走和吊钩升降等动作前，操作人员应检查电源电压是否达到 380V，变动范围不得超过 370V～400V，送电前启动控制开关应在零位，并应鸣声示意。

（10）塔吊的动臂变幅限制器、行走限位器、力矩限制器、吊钩高度限制器以及各种行程限位开关等安全保护装置，必须安全完整、灵敏可靠，不得随意调整和拆除。严禁用限位装置代替操作机构。

（11）塔吊机械不得超荷载和起吊不明质量的物件。

（12）突然停电时，应立即把所有控制器拨到零位，断开电源开关，并采取措施将重物安全降到地面，严禁起吊重物后长时间悬挂空中。

（13）起吊重物时应绑扎平稳、牢固，不得在重物上悬挂或堆放零星物件。零星材料和物件必须用吊笼或钢丝绳绑扎牢固后方可起吊。严禁使用塔吊进行斜拉、斜吊和起吊地下埋设或凝结在地面上的重物。

（14）遇有6级及以上的大风或大雨、大雪、大雾等恶劣天气时，应停止塔吊露天作业。在雨雪过后或雨雪中作业时，应先进行试吊，确认制动器灵敏可靠后方可进行作业。

（15）在起吊荷载达到塔吊额定起重量的90%及以上时，应先将重物吊起离地面不大于20cm，然后进行下列项检查：起重机的稳定性、制动器的可靠性、重物的平稳性、绑扎的牢固性，确认安全后方可继续起吊。

（16）重物提升和降落速度要均匀，严禁忽快忽慢和突然制动。左右回转动作要平稳，当回转未停稳前不得作反向动作。非重力下降式塔吊，严禁带载自由下降。

（二）土石方机械的安全控制要点

（1）土石方机械作业前，应查明施工场地明、暗设置物（电线、地下电缆、管道、坑道等）的地点及走向，并采用明显记号标识。严禁在离电缆1m距离以内作业。

（2）机械运行中，严禁接触转动部位和进行检修。在修理（焊、铆等）工作装置时，应使其降到最低位置，并应在悬空部位垫上垫木。

（3）在施工中遇下列情况之一时应立即停工，待符合作业安全条件时，方可继续施工：

1）填挖区土体不稳定，有发生坍塌危险时。

2）气候突变，发生暴雨、水位暴涨或山洪暴发时。

3）在爆破警戒区内发出爆破信号时。

4）地面涌水冒泥，出现陷车或因下雨发生坡道打滑时。

5）工作面净空不足以保证安全作业时。

6）施工标志、防护设施损毁失效时。

（4）配合机械作业的清底、平地、修坡等人员，应在机械回转半径以外工作。当必须在回转半径以内工作时，应停止机械回转并制动后，方可作业。

（5）推土机行驶前，严禁有人站在履带或刀片的支架上，机械四周应无障碍物，确认安全后，方可开动。

（6）铲运机作业中，严禁任何人上下机械，传递物件，以及在铲斗内、拖把或机架上坐立。非作业行驶时，铲斗必须用锁紧链条挂牢在运输行驶位置上，机上任何部位均不得载人或装载易燃、易爆物品。

（7）蛙式夯实机进行夯实机作业时，应一人扶夯，一人传递电缆线，且必须戴绝缘手套和穿绝缘鞋。递线人员应跟随夯机后或两侧调顺电缆线，电缆线不得扭结或缠绕，且不得张拉过紧，应保持有3～4m的余量。

（8）电动冲击夯应装有漏电保护装置，操作人员必须戴绝缘手套，穿绝缘鞋。作业时，电缆线不应拉得过紧，应经常检查线头安装，不得松动及引起漏电。严禁冒雨作业。

（9）风动凿岩机严禁在废炮眼上钻孔和骑马式操作，钻孔时，钻杆与钻孔中心线应保持一致。在装完炸药的炮眼5m以内，严禁钻孔。

（10）电动凿岩机电缆线不得敷设在水中或在金属管道上通过。施工现场应设标志，严禁机械、车辆等在电缆上通过。

（三）施工电梯的安全控制要点

（1）凡建筑工程工地使用的施工电梯，必须是通过省、市、自治区以上主管部门鉴定合格和有许可证的制造厂家的合格产品。

（2）在施工电梯周围5m内，不得堆放易燃、易爆物品及其他杂物，不得在此范围内挖沟开槽。电梯 2.5m 范围内应搭坚固的防护棚。

（3）严禁利用施工电梯的井架、横竖支撑和楼层站台牵拉悬挂脚手架、施工管道、绳缆、标语旗帜及其他与电梯无关的物品。

（4）司机必须身体健康，并经过专业培训、考核合格，取得主管部门颁发的机械操作合格证后，方能独立操作。

（5）经常检查基础是否完好，是否有下沉现象。检查导轨架的垂直度是否符合出厂说明书要求，说明书无规定的就按高度为 80m 的偏差不大于 25mm，高度为 100m 的偏差不大于 35mm 检查。

（6）检查各限位安全装置情况，经检查无误后先将梯笼升高至离地面 1m 处停车检查制动是否符合要求，然后继续上行试验楼层站台、防护门、上限位以及前、后门限位，并观察运转情况，确认正常后，方可正式投入使用。

（7）若载运熔化沥青、剧毒物品、强酸、溶液、笨重构件、易燃物品和其他特殊材料时，必须由技术部门会同安全、机务和其他有关部门制定安全措施，并向操作人员交底后方可载运。

（8）运载货物应做到均匀分布，防止偏载，物料不得超出梯笼之外。

（9）运行到上下尽端时，不准以限位停车（检查除外）。

（10）凡遇有下列情况时应停止运行：天气恶劣，如雷雨、6 级及以上大风、大雾、导轨结冰等情况；灯光不明，信号不清；机械发生故障，未彻底排除；钢丝绳断丝磨损超过规定。

（四）物料提升机（龙门架、井字架）的安全控制要点

（1）提升机宜选用可逆式卷扬机，高架提升机不得选用摩擦式卷扬机。卷筒边缘必须设置防止钢丝绳脱出的防护装置。

（2）钢丝绳端部的固定采用绳卡时，绳卡应与绳径匹配，其数量不得少于 3 个且间距不小于钢丝绳直径的 6 倍。绳卡滑鞍放在受力绳的一侧，不得正反交错设置绳卡。

（3）提升机应具有下列安全防护装置并满足其要求：安全停靠装置、断绳保护装置、楼层口停靠栏杆（门）、吊篮安全门、上料口防护棚、上极限限位器、下极限限位器、紧急断点开关、信号装置、缓冲器、超载限制器、通信装置。

（4）提升机基础应有排水措施。距基础边缘 5m 范围内。开挖沟槽或进行较大振动的施工时，必须有保证架体稳定的措施。

（5）附墙架与架体及建筑之间，均应采用刚性件连接，并形成稳定结构，不得连接在脚手架上，严禁使用钢丝绑扎。

（6）缆风绳应在架体四角有横向缀件的同一水平面上对称设置，使其在结构上引起的水平分力处于平衡状态。

（7）物料提升机经验收合格后方可使用，操作时应遵守有关安全技术标准、规范、规程和使用说明书中的有关规定。

（五）桩工机械的安全控制要点

（1）打桩机类型应根据桩的类型、桩长、桩径、地质条件、施工工艺等因素综合考虑选择。打桩机作业区内无高压线路。作业区应有明显标志或围栏，非工作人员不得进入。桩锤在施打过程中，操作人员必须在距离桩锤中心 5m 以外监视。

（2）严禁桩机吊桩、吊锤、回转或行走等动作同时进行。打桩机在吊有桩和锤的情况下，操作人员不得离开岗位。

（3）悬挂振动桩锤的起重机，其吊钩上必须有防松脱的保护装置。振动桩锤悬挂钢架的耳环上应加装保险钢丝绳。

(4) 压桩时，非工作人员应离机 10m 以外。起重机的起重臂下严禁站人。

(5) 夯锤落下后，在吊钩尚未降至夯锤吊环附近前，操作人员不得提前下坑挂钩。从坑中提锤时，严禁挂钩人员站在锤上随锤提升。

（六）混凝土机械的安全控制措施

(1) 固定式搅拌机的操纵台，应使操作人员能看到各部位工作情况。

(2) 作业前，应先启动搅拌机空载运转，进行料斗提升实验，观察并确认离合器、制动器灵活可靠。

(3) 进料时，严禁将头或手伸入料斗与机架之间。运转中，严禁用手或工具伸入搅拌筒内扒料、出料。

(4) 搅拌机作业中，当料斗升起时，严禁任何人在料斗下停留或通过；当需要在料斗下检修或清理基坑时，应将料斗提升至上止点，并用铁链或插入销锁牢。

(5) 插入式振捣器电缆线应满足操作所需的长度。电缆线上不得堆压物品或让车辆挤压，严禁用电缆线拖拉或吊挂振动器。

（七）钢筋加工机械的安全控制要点

(1) 室外作业应设置机棚，机械旁应有堆放原材料、半成品的场地。

(2) 冷拉场地应在两端地锚外侧设置警戒区，并应安装防护栏及警告标志。无关人员不得在此停留。操作人员在作业时必须离开受拉钢筋 2m 以外。

(3) 用延伸率控制的装置，应装设明显的限位标志，并应有专人负责指挥。

（八）铆焊设备的安全控制要点

(1) 焊接操作及配合人员必须按规定穿戴劳动防护用品，并必须采取防止触电、高空坠落、瓦斯中毒和火灾等事故的安全措施。

(2) 对承压状态的压力容器及管道、带电设备、承载结构的受力部位和装有易燃、易爆物品的容器严禁进行焊接和切割。

(3) 气焊电石起火时必须用干砂或二氧化碳灭火器，严禁用泡沫、四氯化碳灭火器或水灭火。电石粒末应在露天销毁。

(4) 未安装减压器的氧气瓶严禁使用。

（九）气瓶的安全控制要点

(1) 施工现场使用的气瓶应按标准色标涂色。

(2) 气瓶的放置地点，不得靠近热源和明火，可燃、助燃性气体气瓶与明火的距离一般不小于 10m，应保证气瓶瓶底干燥；禁止敲击、碰撞；禁止在气瓶上进行电焊引弧；严禁用带油的手套开气瓶。

(3) 氧气瓶和乙炔瓶在室温下，满瓶之间的安全距离至少为 5m；气瓶距明火的距离至少为 10m。

(4) 瓶阀冻结时，不得用火烘烤；夏季要有防日光暴晒的措施。

(5) 气瓶内的气体不能用尽，必须留有剩余压力或重量。

(6) 气瓶必须配好瓶帽、防震圈（集装气瓶除外）；旋紧瓶帽，轻装，轻卸，严禁抛、滑、滚动或撞击。

（十）木工机械的安全控制要点

(1) 按照有轮必有罩、有轴必有套，锯片有罩锯条有套，刨（剪）、切有挡，安全器送料的要求，各种木工机械应配置相应的安全防护装置，尤其徒手操作接触危险部位的，一定要有安全防护措施。

(2) 对产生噪声、木粉尘或挥发性有害气体的机械设备，要配置与其机械运转相连接的消声、吸尘或通风装置，以消除或减轻职业危害，维护职工的安全和健康。

(3) 木工机械的刀轴与电气应有安全联控装置，在装卸或更换刀具及维修时，能切断电源并保持断开位置，以防误触电源开关或突然供电启动机械而造成人身伤害事故。

(4) 针对木材加工作业中的木料反弹危险，应采用安全送料装置或设置分离刀、防反弹安全屏护装置，以保障人身安全。

(5) 在装设正常启动和停机操纵装置的同时，还应专门设置遇事故需紧急停机的安全控制装置。按此要求，对各种木工机械应制定与其配套的安全装置技术标准。国产定型的木工机械，在供货的同时，必须带有完备的安全装置，并供应维修时所需的安全配件，以便在安全防护装置失效后予以更新。对缺少安全装置或安全装置失效的木工机械，应禁止或限制使用。

(十一) 手持电动工具的安全控制要点

(1) 使用刃具的机具，应保持刃磨锋利，完好无损，安装正确，牢固可靠。使用砂轮的机具，应检查砂轮与接盘间的软垫并安装稳固，凡受潮、变形、裂纹、破碎、磕边缺口或接触过油、碱类的砂轮均不得使用，并不得将受潮的砂轮片自行烘干使用。

(2) 在潮湿地区或在金属构架、压力容器、管道等导电良好的场所作业时，必须使用双重绝缘或加强绝缘的电动工具。

(3) 非金属壳体的电动机、电器，在存放和使用时不应受压、受潮，并不得接触汽油等溶剂。

(4) 机具启动后，应空载运转，应检查并确认机具转动灵活无阻。作业时，加力应平稳，不得用力过猛。

(5) 严禁超载使用。作业中应注意声响及温升，发现异常应立即停机检查。在作业时间过长，机具温升超过 60℃时，应停机，自然冷却后再行作业。

(6) 作业中，不得用手触摸刃具、模具和砂轮，发现其有磨钝、破损情况时，应立即停机或更换，然后再继续进行作业。机具转动时，不得撒手不管。

典型例题

机械设备在沟槽附近行驶时应低速，作业中必须避开管线和构筑物，并与沟槽边保持不小于（　　）m 的安全距离。

A. 10　　B. 15　　C. 20　　D. 30

【答案】 B

【解析】 施工机械安全操作的基本规定：机械设备在沟槽附近行驶时应低速，作业中必须避开管线和构筑物，并与沟槽边保持不小于 15m 的安全距离。

第二节　起重机械安全技术

一、起重机械安全操作规程

(1) 操作人员必须熟悉电动行车、手拉葫芦、钢丝绳、吊环、卡环等起重工具的性能、最大允许负荷、使用、保养等安全技术要求，同时还要掌握一定的捆扎、吊挂知识。

(2) 起重作业前，要严格检查各种设备、工具、索具是否安全可靠，若有裂纹、断丝等现象，必须更换有关器件，不得勉强使用。

(3) 起重作业前，应事先清理起吊地点及通道上的障碍物。作业人员选择恰当的作业位置，并通知其余人员注意避让。吊运重物时，严禁人员在重物下站立或行走，重物也不得长时间悬在空中。

(4) 选用钢丝扣时长度应适宜，多根钢丝绳吊运时，其夹角不得超过 60°。吊运物体有油污时，应将捆扎处的油污擦净，以防滑动，锐利棱角应用软物衬垫，以防割断钢丝绳或链条。

(5) 起重作业时，禁止用手直接校正已被重物拉紧的钢丝扣，发现捆扎松动或吊运机械发出异常声响，应立即停车检查，确认安全可靠后方可继续吊运。翻转大型物件，应事先放好枕木，操作人员应站在重物倾斜相反的方向，严禁面对倾斜方向站立。

(6) 起重作业时，根据所吊物件的重量、形状、尺寸、结构，应正确选用起重机械，吊运时，操作人员应密切配合，准确发出各项指令信号。吊运物体剩余的绳头、链条，必须绕在吊钩或重物上，以防牵引或跑链。

(7) 起重作业时，拉动手链条或钢丝绳应用力均匀、缓和，以免链条或钢丝绳跳动、卡环。手拉链条、行车钢丝绳拉不动时，应立即停止使用，检查修复后方可使用。

(8) 起重作业时，要注意观察物体下落中心是否平衡，确认松钩不致倾倒时方可松钩。

(9) 起重作业时，操作人员注意力要集中，不得随意接电话或离开工作岗位，如与其他人员协同作业，指令信号必须统一。

(10) 各类起重机械应在明显位置悬挂最大起重负荷标识牌，起吊重物时不得超出额定负载，严禁超载使用。

(11) 手拉葫芦、电动行车在－10℃以下使用时，起重设施额定负载减半，从而确保安全使用。

(12) 吊运物品要检查缆绳的可靠性，同时使用防止脱钩装置的钓钩和卡环。

(13) 手拉葫芦在起吊重物前应估计重量是否超出了本机的额定负载，严禁超载使用。使用前须对机件以及润滑情况仔细检查，完好无损后方可使用；在起吊过程中，无论重物上升或下降，拉动手链条时，用力均匀、缓和，不要用力过猛，以免手链条跳动或卡环；在起吊重物时，严禁人员在重物下做任何工作或行走；操作者如发现拉不动时不可猛拉，经检查修复后方可使用。

二、起重机械检查规则

（一）日常检查

1. 日检

由司机负责作业的例行保养项目。主要内容为清洁卫生，润滑传动部位，调整和紧固工作。通过运行测试安全装置灵敏可靠性，监听运行中有无异常声音。

2. 周检

由维修工和司机共同进行。除日检项目外，主要内容是外观检查，检查吊钩、取物装置、钢丝绳等使用的安全状态，制动器、离合器、紧急报警装置的灵敏、可靠性，通过运行观测传动部件有无异常响声及过热现象。

3. 月检

由设备安全管理部门组织检查、与使用部门有关人员共同进行。除周检内容外，主要对起重机械的动力系统、起升机构、回转机构、运行机构、液压系统进行状态检测，更换磨损、变形、裂纹、腐蚀的零部件，检查电气控制系统的用电装置、控制器、过载保护、安全保护装置是否可靠。通过测试运行检查起重机械的泄漏、压力、温度、振动、噪声等，寻找引起故障的征兆。对起重机运行状态下的结构、支承、传动部位进行主观检测，了解掌握起重机整机技术状态，检查确定异常现象的故障源。

4．年检

由单位领导组织，设备安全管理部门挑头，同有关部门共同进行。除月检项目外，主要对起重机械进行技术参数检测，可靠性试验。通过检测仪器，对起重机械，各工作机构运动部件的磨损、金属结构的焊缝、测试探伤；通过安全装置及部件的试验，对起重设备运行技术状况进行评价。安排大修、改造、更新计划。

（二）起重机安全技术检查内容

起重机械安全技术检验方法有两种，一种是感官检查；另一种是利用测试仪器、仪表对设备测控。

1．感官检查

起重机械安全技术检查很大部分凭检验人员通过看、听、嗅、问、摸来进行。《起重机械检验规程》（2002）296号所规定的起重机械检验项目中占，70％以上的项目是感官检验。通过感官的看、听、嗅、问、摸对起重机械进行全面的直观诊断，并获得所需的信息和数据。

看：根据起重机械结构特点，观察其重要传动部位、承力结构要点，发现故障现象。

听：分析出起重机械设备各部位运行声音是否正常，判断异常声音出自部位，了解病因，找出病源。

嗅：分辨起重机械运动部位现场气味，辨别零部件的过热、磨损、过烧的位置。

问：向司机及有关人员询问起重机运行过程中的易出故障点和发生故障的经过、类别。判定起重机安全技术状况。

摸：用手触摸起重机运行部件，根据温度变化、振动情况，判断故障位置和故障性质。

2．测试仪器的检查

根据国内外起重机械发展趋势，现代化的应用状态监测和故障诊断技术已在起重机械的设计和使用中广泛推广。在起重机械运作状态下，利用监测诊断仪器和专家监控系统，对起重机械进行检（监）测，随时掌握起重机技术状况，预知整机或系统的故障征兆及原因，把事故消除在萌芽状态。

3．起重机通用部件的安全检查

（1）吊钩

检查吊钩的标记和防脱装置是否符合要求，吊钩有无裂纹、剥裂等缺陷；吊钩断面磨损和开口度的增加量、扭转变形是否超标；吊钩颈部及表面有无疲劳变形、裂纹及相关销轴、套磨损情况。

（2）钢丝绳

检查钢丝绳规格、型号与滑轮卷筒匹配是否符合设计要求。钢丝绳固定端的压板、绳卡、楔块等钢丝绳固定装置是否符合要求。钢丝绳的磨损、断丝、扭结、压扁、弯折、断股、腐蚀等是否超标。

（3）制动装置

制动器的设置和型式是否符合设计要求，制动器的拉杆和弹簧有无疲劳变形、裂纹等缺陷；销轴、心轴、制动轮、制动摩擦片是否磨损超标，液压制动是否漏油；制动间隙调整和制动能力能否符合要求。

（4）卷筒

卷筒体、筒缘有无疲劳裂纹、破损等情况；绳槽与筒壁磨损是否超标；卷筒轮缘高度与钢丝绳缠绕层数能否相匹配；导绳器、排绳器工作情况是否符合要求。

（5）滑轮

滑轮是否设有防脱绳槽装置；滑轮绳槽、轮缘是否有裂纹、破边、磨损超标等状况，滑轮转动是否灵活。

（6）减速机

减速机运行时有无剧烈金属摩擦声、振动、壳体辐射噪声等异常声音；轴端是否密封完好，固定螺栓是否松动有缺损等状况；减速机润滑油选择，油面高低，立式减速机润滑油泵运行，开式齿轮传动润滑等是否符合要求。

（7）车轮

车轮的踏面、轮轴是否有疲劳裂纹现象，车轮踏面轮轴磨损是否超标。运行中是否出现啃轨现象。分析造成啃轨的原因。

（8）联轴器

联轴器零件有无缺损，连接松动，运行冲击现象。联轴器、销轴、轴销孔、缓冲橡胶圈磨损是否超标。联轴器与被连接的两个部件是否同心。

4. 起重机安全保护装置的检查

（1）超载保护装置

超载保护装置是否灵敏可靠、符合设计要求。液压超载保护装置的开启压力，机械、电子及综合超载保护器的报警、切断动力源设定点的综合误差是否符合要求。

（2）力矩限制器

力矩限制器是臂架类型起重机防超载发生倾翻的安全装置。通过增幅法或增重法检查力矩限制器灵敏可靠性，并检查力矩限制器的报警、切断动力源设定点的综合误差是否在规定范围内。

（3）极限位置限制器

检查起重设备的变幅机构、升降机构、运行机构达到设定位置距离时能否发生报警信号，自动切断向危险方向运行的动力源。

（4）防风装置

对于臂架根部铰接点高度大于 50m 的起重机应检查风速仪在达到风速设定点时或工作极限风速时能否准确报警。露天工作在轨道上运行的起重机应检查夹轨器、铁鞋、锚固装置各零部件是否变形、缺损和各自独立工作的可靠性。应检查自动夹轨器对突发性阵风的防风装置与大车运行制动器配合实现非锚定状态下的防风功能与电气联锁开关功能的可靠性。

（5）防后倾翻装置

对动臂变幅和臂架类型起重机应检查防后倾装置的可靠性，电气联锁的灵敏性，检查变幅位置和幅度指示器的指示精度。

（6）缓冲器

对起重量、运行速度不同的起重机，应检查所配置的缓冲器是否相匹配，并检查缓冲器的完好性，运行到两端能否同时触碰止挡。

（7）防护装置

检查起重机上各类防护罩、护栏、护板、爬梯等是否完备可靠。起重机上外露的有可能造成卷绕伤人的开式齿轮、联轴器、链轮、链条、传动带等转动零部件有无防护罩。起重机上人行通道，爬梯及可能造成人员外露部位有无防护栏，是否符合要求。露天作业起重机电气设备应设防雨罩。

5. 电器控制装置

（1）控制装置

应检查电气配件是否齐全完整，机械固定是否牢固、无松动、无卡阻；供电电缆有没有老化、裸露；绝缘材料应良好且无破损变质；螺栓触头、电刷等连接部位应可靠；起重机上所选用的电气设备及电气元件应与供电电源和工作环境及工作条件相适应。对裸线供电应检查外部涂色与指示灯的设置是否符合要求；对软电缆供电应检查电缆收放是否合理；对集电器要检查滑线全长无弯曲、无卡阻且接触可靠。

（2）电气保护

起重机进线处要设易于操作的主隔离开关，起重机上要设紧急断电开关，并检查能否切断总电源。检查起重机电源与各机构是否设短路保护、失压保护、零位保护、过流保护及特殊起重机的超速、失磁保护。检查电气互锁、连锁、自锁等保护装置的齐全有效性。检查电气线路的绝缘电阻，电气设备接地、金属结构接地电阻是否符合要求。起重机上所有电气设备正常不带电的金属外壳、变压器铁芯、金属隔离层、穿线金属管槽、电缆金属护层等与金属结构均应有可靠的接地（零）保护。

6. 金属结构

应检查主要受力构件是否有整体或局部失稳、疲劳变形、裂纹、严重腐蚀等现象。金属结构的连接、焊缝有无明显的变形开裂。螺栓或铆固连接不得有松动、缺损等缺陷。高强度螺栓连接是否有足够的预紧力。金属结构整体防腐涂漆应良好。

7. 司机室

应检查司机室的悬挂与支承连接牢固可靠性，司机室的门锁和门电气联锁开关，绝缘地板与干粉灭火器应配置齐全有效。对于有尘、毒、辐射、噪声、高温等有害环境作业的起重机应检查是否加设了保护司机健康的必要防护装置。司机室照明灯、检修灯必须采用36V以内的安全电压。

8. 安全标志

应检查起重机起重量标志牌和技术监督部门的安全检查合格标志是否悬挂在明显部位。大车滑线、扫轨板、电缆卷筒、吊具、台车、夹轨器、滑线防护板、臂架、起重机平衡臂、吊臂头部、外伸支腿、有人行通道的桥式起重机端架外侧等，是否按规定要求喷涂安全标志色。

三、起吊作业过程安全技术要点

（一）吊装机械作业常用的安全技术规程

《建筑施工塔式起重机安装、使用、拆卸安全技术规程》（JGJ 196—2010）

《建筑起重机械安全评估技术规程》（JGJ/T 189—2009）

（二）起吊作业的人员及场地要求

（1）特种作业人员必须经过专门的安全培训，经考核合格，持特种作业操作资格证书上岗。特种作业人员应按规定进行体检和复审。

（2）起重吊装作业前，应根据施工组织设计要求划定危险作业区域，设置醒目的警示标志，防止无关人员进入。还应视现场作业环境专门设置监护人员，防止高处作业或交叉作业时造成的落物伤人事故。

（三）起重设备

（1）根据《危险性较大的分部分项工程安全管理办法》（建质〔2009〕87号）规定，下列起重工程属于超过一定规模的危险性较大的分部分项工程：

1）采用非常规起重设备、方法，且单件起吊重量在100kN及以上的起重吊装工程。

2）起重量300kN及以上的起重设备安装工程；高度200m及以上内爬起重设备的拆除工程。

3）安装拆除环境复杂，与设备使用说明书安装拆卸工况不符的起重机械安装与拆卸工程。

（2）起重机械按施工方案要求选型，运到现场重新组装后，应进行试运转试验和验收，确认符合要求并记录、签字。起重机经检验后可以持续使用并要持有市级有关部门定期核发的准用证。

（3）须经检查确认的安全装置包括超高限位器、力矩限制器、臂杆幅度指示器及吊钩保险装置，且均应符合要求。当该机说明书中尚有其他安全装置时应按说明书规定进行检查。

（4）起重机要做到“十不吊”，即：超载或被吊物质量不清不吊；指挥信号不明确不吊；捆绑、吊挂不牢或不平衡，可能引起滑动时不吊；被吊物上有人或浮置物时不吊；结构或零部件有影响安全工作的缺陷或损伤时不吊；遇有拉力不清的埋置物件时不吊；工作场地昏暗，无法看清场地，被吊物和指挥信号时不吊；被吊物棱角处与捆绑钢绳间未加衬垫时不吊；歪拉斜吊重物时不吊；容器内装的物品过满时不吊。

（5）汽车式起重机进行吊装作业时，行走用的驾驶室内不得有人，吊物不得超越驾驶室上方，并严禁带载行驶。

（6）双机抬吊时，要根据起重机的起重能力进行合理的负载分配，操作时要统一指挥，互相密切配合。在整个起吊过程中，两台起重机的吊滑车均应基本保持垂直状态。

（四）起重扒杆

（1）起重扒杆的选用应符合作业工艺要求，其材料、截面以及组装形式，必须按设计图纸要求进行，组装后经有关部门检验确认符合要求。

（2）扒杆与钢丝绳、滑轮、卷扬机等组合后，应先经试吊确认。可按1.2倍额定荷载，吊离地面200～500mm，使各缆风绳就位且起升钢丝绳逐渐绷紧，并确认各部门滑车及钢丝绳受力良好；轻轻晃动吊物，检查扒杆，地锚及缆风绳情况，确认符合设计要求。

（五）钢丝绳与地锚

（1）钢丝绳断丝数在一个节距中超过10%，钢丝绳锈蚀或表面磨损达40%以及有死弯、结构变形、绳芯挤出等情况时，应报废停止使用。

（2）扒杆滑轮及地面导向滑轮的选用，应与钢丝绳的直径相适应，其直径比值不应小于15，各组滑轮必须用钢丝绳牢靠固定，滑轮出现翼缘破损等缺陷时应及时更换。

（3）缆风绳应使用钢丝绳，其安全系数为$K=3.5$，规格应符合施工方案要求，缆风绳应与地锚牢固连接。

（4）地锚的埋设做法应经计算确定，地锚的位置及埋设应符合施工方案要求和扒杆作业时的实际角度。当移动扒杆时，必须使用经过计算的正式地锚，不准随意拴在电杆、树木和其他构件上。

（六）预制构件的运输

（1）工厂预制的构件需在吊装前运至工地，构件运输宜选用载重量较大的载重汽车和半拖式或全拖式的平板拖车，将构件直接运到工地构件堆放处。

（2）运输时混凝土预制构件的强度不低于设计混凝土强度的75%。在运输过程中构件的支撑位置和方法，应根据设计的吊（垫）点设置，不应引起超应力和构件损伤。叠放运输时构件之间必须用隔板或垫木隔开。上、下垫木应保持在同一垂直线上，支垫数量要符合设计要求，以免构件受折；运输道路要有足够的宽度和转弯半径。

（七）构件堆放

（1）构件堆放平稳，底部按设计位置设置垫木。

（2）构件多层叠放时，柱子不超过2层；梁不超过3层；大型屋面板、多孔板6～8层；钢屋架不超过3层，各层的支承垫木应在同一垂直线上，各堆放构件之间应留不小于0.7m宽的通道。

（3）重心较高的构件（如屋架、大架等），除在底部设垫木外，还应在两侧加设支撑或将几榀大梁用方木铁丝连成一体，提高其整体稳定性，侧向支撑沿梁方向不得少于3道。墙板堆放架应经设计计算确定，并确保对地面的抗倾覆要求。

（八）吊点

（1）根据重物的外形、重心及工艺要求选择吊点，并在方案中进行规定。

（2）吊点是在重物起吊、翻转、移位等作业中都必须使用的，吊点选择应与重物的重心在同一垂直线上，且吊点应在重心之上（吊点与重物重心的连线和重物的横截面成垂直），使重物垂直起吊，严禁斜吊。

（3）当采用几个吊点起吊时，应使各吊点的合力在重物重心位置之上。必须正确计算每根吊索长度，使重物在吊装过程中始终保持稳定位置。当构件无吊鼻需用钢丝绳绑扎时，必须对棱角处采取保护措施，其安全系数为$K=6\sim8$；当起吊重、大或精密的重物时，除应采取妥善保护措施外，吊索的安全系数应取10。

（九）高处作业的安全控制要点

（1）起重吊装于高处作业时，应按规定设置安全措施防止高处坠落。包括各洞口盖严盖牢，临边作业应搭设防护栏杆、封挂密目网等。高处作业规范规定："屋架吊装以前，应预先在下弦挂设安全网，吊装完毕后，即将安全网铺设固定。"

（2）吊装作业人员必须佩戴安全帽，在高空作业和移动时，必须系牢安全带。

（3）作业人员上下应有专用的爬梯或斜道，不允许攀爬脚手架或建筑物。

（4）大雨、雾、大雪、6级及以上大风等恶劣天气应停止吊装作业。雨雪后进行吊装作业时，应及时清理冰雪并采取防滑和防漏电措施，先试吊，确认制动器灵敏可靠后方可作业。

（5）在高处用气割或电焊切割物件时，应采取措施，防止火花飞落伤人，下部应设看火人员。

（十）触电事故的安全控制要点

（1）吊装作业起重机的任何部位与架空输电线路边线之间的距离要符合规定。

（2）吊装作业使用的电源线必须架高，手把线绝缘要良好。在雨天或潮湿地点作业的人员，应戴绝缘手套，穿绝缘鞋。

（3）吊装作业使用行灯照明时，电压不得超过36V。

（十一）构件吊装和管道安装时的注意事项

（1）钢结构的吊装，构件应尽可能在地面组装，并应搭设临时固定、电焊、高强度螺栓连接等工序施工时的高空安全设施，且随构件同时吊装就位。拆卸时的安全措施，亦应一并考虑和落实。高空吊装预应力混凝土屋架、桁架等大型构件前，也应搭设悬空作业中所需的安全设施。

（2）悬空安装大模板、吊装第一块预制构件、吊装单独的大中型预制构件时，必须站在操作平台上操作。吊装中的大模板和预制构件以及石棉水泥板等屋面板上，严禁站人和行走。

（3）安装管道时必须有已完结构或操作平台为立足点，严禁在安装中的管道上站立和行走。

典型例题

1. 多根钢丝绳吊运时，其夹角不得超过（　　）。

A. 45°　　B. 60°　　C. 90°　　D. 120°

【答案】B

【解析】起重机械安全操作规程：选用钢丝扣时长度应适宜，多根钢丝绳吊运时，其夹角不得超过60°。吊运物体有油污时，应将捆扎处的油污擦净，以防滑动，锐利棱角应用软物衬垫，以防割断钢丝绳或链条。

2. 检修人员感官检查的方法不包括（　　）。

A. 看　　B. 听　　C. 嗅　　D. 测

【答案】D

【解析】感官检查：起重机械安全技术检查很大部分凭检验人员通过看、听、嗅、问、摸来进行。《起重机械监督检验规程》〔2002〕296号所规定的起重机械检验项目中，70%以上的项目是感官检验。通过感官的看、听、嗅、问、摸对起重机械进行全面的直观诊断，并获得所需信息和数据。

3. 对于臂架根部铰接点高度大于（　　）m的起重机应检查风速仪。

A. 20　　B. 50　　C. 80　　D. 100

【答案】B

【解析】防风装置：对于臂架根部铰接点高度大于50m的起重机应检查风速仪，当风速达到设定点时或工作极限风速时能否准确报警。露天工作在轨道上运行的起重机应检查夹轨器、铁鞋、锚固装置各零部件是否变形、缺损和各自独立工作的可靠性。应检查自动夹轨器对突发性阵风的防风装置与大车运行制动器配合实现非锚定状态下的防风功能与电气联锁开关功能的可靠性。

第三节　建筑施工机械安全技术措施

建筑机械是指用于各种建筑工程施工的工程机械、筑路机械和运输机械等有关的机械设备的统称。

下述9类产品统称为建筑机械：挖掘机械、起重机械、铲土运输机械、压实机械、路面机械、柱工机械、混凝土机械、钢筋加工机械、装修机械。

中小型机械主要是指建筑工地上使用的混凝土搅拌机、砂浆搅拌机、卷扬机、机动翻斗车、蛙式打夯机、磨石机、混凝土振捣器等。这些机械设备数量多、分布广，常因使用维修保养不当而发生事故。

一、混凝土搅拌机

（一）混凝土工程

（1）冬期施工配制混凝土宜选用硅酸盐水泥或普通硅酸盐水泥。采用蒸汽养护时，宜选用矿渣硅酸盐水泥。

（2）冬期施工混凝土配合比应根据施工期间环境气温、原材料、养护方法、混凝土性能要求等经试验确定，并宜选择较小的水胶比和坍落度。

（3）冬期施工混凝土搅拌前，原材料的预热应符合下列规定：

1）宜加热拌合水。当仅加热拌合水不能满足热工计算要求时，可加热骨料。拌合水与骨料的加热温度可通过热工计算确定，加热温度不应超过表 2-1 的规定；当水和骨料的温度仍不能满足热工计算要求时，可提高水温至 100℃，但水泥不能与 80℃以上的水直接接触。

表 2-1 拌合水及骨料最高加热温度（℃）表

水泥强度等级	拌合水	骨料
42.5 以下	80	60
42.5、42.5R 及以上	60	40

2）水泥、外加剂、矿物掺合料不得直接加热，应事先贮于暖棚内预热。

（4）混凝土拌合物的出机温度不宜低于 10℃，入模温度不应低于 5℃；对预拌混凝土或需远距离输送的混凝土，混凝土拌合物的出机温度可根据运输和输送距离经热工计算确定，但不宜低于 15℃。大体积混凝土的入模温度可根据实际情况适当降低。

（5）混凝土浇筑后，对裸露表面应采取防风、保湿、保温措施，对边、棱角及易受冻部位应加强保温。在混凝土养护和越冬期间，不得直接对负温混凝土表面浇水养护。

（6）施工期间的测温项目与频次应符合表 2-2 规定。

表 2-2 施工期间的测温项目与频次表

测温项目	频次
室外气温	测量最高、最低气温
环境温度	每昼夜不少于 4 次
搅拌机棚温度	每工作班不少于 4 次
水、水泥、矿物掺合料、砂、石及外加剂溶液温度	每工作班不少于 4 次
混凝土出机、浇筑、入模温度	每工作班不少于 4 次

（7）混凝土养护期间的温度测量应符合下列规定：

1）采用蓄热法或综合蓄热法时，在达到受冻临界强度之前应每隔 4～6h 测量一次。

2）采用负温养护法时，在达到受冻临界强度之前应每隔 2h 测量一次。

3）采用加热法时，升温和降温阶段应每隔 1h 测量一次，恒温阶段每隔 2h 测量一次。

4）混凝土在达到受冻临界强度后，可停止测温。

（8）拆模时混凝土表面与环境温差大于 20℃时，混凝土表面应及时覆盖，缓慢冷却。

（9）冬期施工混凝土强度试件的留置应增设与结构同条件养护试件，养护试件不应少于两组。同条件养护试件应在解冻后进行试验。

（10）冬施浇筑的混凝土，其临界强度应符合下列规定：

1）采用蓄热、暖棚法、加热法等施工的普通混凝土，采用硅酸盐水泥、普通硅酸盐水泥配制时，其受冻临界强度不应小于设计混凝土强度等级的30%；采用矿渣硅酸盐水泥、粉煤灰硅酸盐水泥、火山灰质硅酸盐水泥、复合硅酸盐水泥时，不应小于设计混凝土强度等级的40%。

2）当室外最低气温不低于－15℃时，采用综合蓄热法、负温养护法施工的混凝土受冻临界强度不应小于4.0MPa；当室外最低气温不低于－30℃时，采用负温养护法施工的混凝土受冻临界强度不应小于5.0MPa。

3）对强度等级等于或高于C50的混凝土，不宜小于设计混凝土强度等级值的30%。

4）对有抗渗要求的混凝土，不宜小于设计混凝土强度等级值的50%。

5）当施工需要提高混凝土的强度等级时，应按提高后的强度等级确定受冻临界强度。

（二）混凝土搅拌机

混凝土搅拌机由搅拌筒、上料机构、搅拌机构、配水系统出料机构、传动机构和动力部分组成，动力有电动机和内燃机两种。

1. 混凝土搅拌机的类型

按混凝土搅拌方式分，有自落式（如下图2-1所示）和强制式（如下图2-2所示）。

图2-1　自落式搅拌机

图2-2　强制式搅拌机

自落式搅拌机，按其搅拌罐的形状和出料方法又可分为鼓形、锥形反转出料和锥形倾翻出料3种。

各型搅拌机容量，以出料容量并经捣实后的每罐新鲜混凝土体积（m^3）作为额定容量（即出料容量为m^3x1000确定，如JG－750型，表示出料容量为0.75m^3）。各型代号：J——搅拌机；G——鼓形；Z——锥形反转出料；E——锥形倾翻出料；Q——强制式；R——内燃式。

鼓形搅拌机的外形呈鼓形，4个托轮支承，保持水平，中心转动。滚筒后面进料，前面出料，是国内建筑施工中应用最广泛的一种。

2. 混凝土搅拌机的使用与管理

（1）固定式的搅拌机要有可靠的基础，操作台面牢固，便于操作，操作人员应能看到各工作部位情况；移动式的应在平坦坚实的地面上用支架架牢，不准以轮胎代替支撑，使用时间较长的（一般超过 3 个月），应将轮胎卸下妥善保管。

（2）使用前要空车运转，检查各机构的离合器及制动装置情况，不得在运行中做注油保养。

（3）作业中严禁将头或手伸进料斗内，也不得贴近机架察看，运转出料时，严禁用工具或手进入搅拌筒内扒动。

（4）运转中途不准停机也不得在满载时启动搅拌机。

（5）作业中发生故障时，应立即切断电源，将搅拌筒内的混凝土清理干净，然后再进行检修，检修过程中电源处应设专人监护（或挂牌）并拴牢上料斗的摇把，以防误动摇把，使料斗提升，发生挤伤事故。

（6）作业后，要进行全面冲洗，筒内料出净，料斗降落到最低处坑内，如需升起放置时，必须用链条将料斗扣牢。料斗升起挂牢后，坑内才准下人。

二、砂浆搅拌机

砂浆搅拌机（如下图 2-3 所示）是根据强制搅拌的原理设计的，在搅拌时，拌筒一般固定不动，以筒内带条形拌叶的转轴来搅拌物料。其卸料方式有两种：一种是使拌筒倾翻，筒口朝下出料；另一种是拌筒不动，底部有出料口出料。后者出料虽方便，但有时因出料口处门关不严而漏浆，故一般多使用倾翻式出料。

图 2-3　砂浆搅拌机

图 2-4　电动卷扬机

三、卷扬机

（一）卷扬机的性能

卷扬机（如上图 2-4 所示）在建筑施工中使用广泛，它可以单独使用，也可以作为其他起重机械的卷扬机构。其种类按动力分有手动、电动、蒸汽、内燃等；按卷筒数分有单筒、双筒、多筒；按速度分有快速、慢速。常用形式为电动单筒和电动双筒卷扬机。

卷扬机的标准传动形式是卷筒通过离合器而连接于原动机，其上配有制动器，原动机始终按同一方向转动。提升时，靠上离合器；下降时，离合器打开，卷扬机卷筒由于载荷重力的作用而反转，重物下降，其转动速度用制动器控制。另一种卷扬机是由电动机、齿轮减速机、卷筒、制动器等构成，载荷的提升和下降均为一种速度，由电机的正反转控制，电机正转时物料上升，反转时下降。

（二）安全使用要点

（1）安装位置。

1）视野良好，施工过程中不影响司机对操作范围内全过程的监视。

2）地基坚固，防止卷扬机移动和倾覆。

3）从卷筒到第一个导向滑轮的距离：带槽卷筒应大于卷筒宽度的 15 倍，无卷筒应大于 20 倍。

4）搭设操作棚和给操作人员创造一个安全作业条件。

（2）卷扬机司机应经专业培训持证上岗。

（3）留在卷筒上的钢丝绳最少应保留 3～5 圈。

（4）钢丝绳要定期涂油并要放在专用的槽道里，以防碾压倾轧，破坏钢丝绳的强度。

四、机动翻斗车

机动翻斗车（如下图 2-5 所示）是一种方便灵活的水平运输机械，在建筑施工中常用于运输砂浆、混凝土熟料以及散装物料等。各地大都使用的是载重量 1t 的翻斗车，该车采用前轴驱动，后轮转向，整车无拖挂装置。前桥与车架成刚性连接，后桥用销轴与车架铰接，能绕销轴转动，确保在不平整的道路上正常行驶。使用方便，效率高。

使用要点：

（1）机动翻斗车属厂内运输车辆，司机按有关规定培训考核，持证上岗。

（2）车上除司机外不得带人行驶。

图 2-5　机动翻斗车

图 2-6　蛙式打夯机

五、蛙式打夯机

蛙式打夯机（如上图 2-6 所示）是建筑施工中常见的小型压实机械，虽有不同形式，但构造基本相同，主要由机械结构和电器控制两部分组成。

机械结构部分由拖盘、传动机构、前轴装置、夯头架、操纵手柄组成；电器控制部分包括电动机、开关控制及胶皮电缆。夯头架上的偏心块与皮带松紧度可以调整，因偏心块的旋转使夯跳动、冲击、夯实土壤。

蛙式打夯机的使用要点：

（1）蛙式打夯机只适用于夯实灰土、素土地基以及场地平整工作，不能用于夯实坚硬或软硬不均相差较大的地面，更不得夯打混有碎石、碎砖的杂土。

（2）凡需搬运蛙式打夯机必须切断电源，不准带电搬运。

（3）蛙式打夯机操作必须有两个人，一人扶夯，一人提电线，操作人员应穿戴好绝缘用品。

（4）两台以上蛙式打夯机同时作业时，左右间距不小于 5m，前后不小于 10m。相互间的胶皮电缆不要缠绕交叉，并远离夯头。

六、钢筋加工机械

钢筋加工机械主要有：冷拉机、冷拔机、调直剪切机、切断机、弯曲机及焊接机械等。

钢筋分项工程质量控制包括钢筋进场检验、钢筋加工、钢筋连接、钢筋安装等。施工过程重点检查：原材料进场合格证和复试报告，加工质量、钢筋连接试验报告及操作者合格证，钢筋安装质量（纵向及横向钢筋的品种、规格、数量、位置、连接方式、锚固方式和接头位置、接头面积百分率、搭接长度、几何尺寸、间距、保护层厚度、预埋件的规格、数量、位置及锚固长度，箍筋间距、数量及其弯钩角度和平直段长度）。

钢筋加工机械主要有：冷拉机、冷拔机、调直剪切机、切断机、弯曲机及焊接机械等。

（一）冷拉机

冷拉机主要由卷扬机、地锚、夹具、定滑轮、动滑轮及测力装置组成。通过对钢筋的冷拉，既提高了强度，又节约了材料。

冷拉机的操作要点：

（1）操作时应控制冷拉值，不准超载。

（2）拉直钢筋的两端要有防护措施，防止钢筋拉断或滑离夹具伤人。

（3）工作中禁止人员站在冷拉线的两端，或跨越冷拉中的钢筋。

（4）用配重控制的设备，工作前要检查配重块与设计要求是否一致，并设有起落标记；用延伸率控制的装置，必须有明显标记。

（二）冷拔机（拔丝机）

冷拔机是在强拉力作用下，钢筋通过一个小于其直径的模孔，经过冷拔，提高其使用强度。冷拔机也称拔丝机。拔丝机有立式和卧式两种，操作时应注意以下事项：

（1）拔丝机由两人操作，相互配合，启动前要进行检查，启动后先空车运转。

（2）运转中不准将手伸入卷筒做清理工作，也不准进行维修。

（3）操作人员佩戴防护眼镜，扎紧袖口，防止烫伤。

（三）调直剪切机

调直剪切机可以自动地将钢筋调直和切断。按切断机构不同，分下切式剪刀和旋切式剪刀两种，其操作应注意以下事项：

（1）按钢筋的直径选用适当的调直块及传动速度。在调直块未固定、防护罩未盖好之前，不得送料。

（2）送料前，应切去不直的料头。上盘条穿丝、引头切断，均应停机进行。

（3）调直短盘钢筋时，应手持套管护送到导向器，防止钢筋甩动伤人事故。

（四）切断机

切断机可分为手动切断机、电动切断机和液压切断机。操作时应注意以下事项：

（1）钢筋必须在调直后切断。钢筋要平直进入刀口，与刀口成垂直状态。

（2）不得超出机械铭牌规定的钢筋直径和强度，一次切断多根钢筋时，其总截面应在规定范围内。

（3）手与切刀间应保持距离大于 15cm。料长度小于 40cm 时，应用套管或夹具将短钢筋头夹牢。

（五）弯曲机

弯曲机可将切断调直配好的钢筋弯曲成所需要的形状，分为手动弯曲机、电动弯曲机和液压弯曲机 3 种。

操作时应注意：

1）工作台和弯曲机台面要在同一水平面上。

2）按加工钢筋的直径和弯曲半径装好心轴（心轴直径应为钢筋直径的 2.5 倍）。

七、木工机械

施工现场中常见的木工机械主要是圆盘锯和平面刨（手压刨），这两种机械也是木工机械中发生事故较多的机械。

（一）圆盘锯

（1）锯片必须平整牢固，锯齿尖锐有适当锯路（否则易发生夹锯），锯片不能有连续缺齿，不得使用有裂纹的锯片。

（2）安全防护装置要齐全完整。分料刀的厚薄适度，位置合适，锯长料时不产生夹锯；锯盘护罩的位置应固定在锯盘上方，不得在使用中随意转动；操作者的位置与锯片之间应装置挡网，防止破料时遇节疤和铁钉时弹回伤人，挡网应有能防止木料弹回的刚度，又能不遮挡操作人员的视线，以看清木料的沿线。

（3）应有能够防止误开机的开关，闸箱距设备距离不大于 2m，以便在发生故障时，迅速切断电源。

（4）木料较长时，应两人配合操作。操作中，下手必须待木料超过锯片 20cm 以外时方可接料。接料后不要猛拉，应与送料配合。需要回料时，木料要完全离开锯片以后再送，操作时不能过早过快，防止木料碰锯片。

（5）截短木料和锯短料时，应用推棍，不准用手直接进料，进料速度不能过快。木料长度不足 50cm 的短料，禁止上锯。

（二）平面刨

（1）除专业木工外，其他工种人员不可操作。

（2）应装开关箱，开关箱距设备不大于 3m，便于发生故障时，迅速切断电源。

（3）使用前，应空转运行，转速正常无故障时，才可进行操作。刨料时应双手持料，按料时应该使用工具，不要用手直接按料，防止木料移动手按空发生事故。

（4）短于 20cm 的木料不得使用机械，长度超过 2m 的木料，应由两人配合操作。

（5）刨料前要仔细检查木料，有铁钉等物要先清除，遇木节、逆程时，要适当减慢推进速度。

（6）必装设灵敏可靠的护手装置。目前各地使用的防护装置不一，但不管何种形式，必须灵敏可靠，经试验认定确实可以起到防护作用。防护装置安装后，必须由专人负责管理，不能以各种理由拆除。发生故障时，机械不能继续使用，必须待装置维修试验合格后，方可再用。

八、水泵

水泵的种类很多，建筑施工中主要使用的是离心式水泵。离心式水泵中又以单级单吸式离心水泵为最多。

“单级”是指叶轮为一个，“单吸”是指进水口为一面。泵主要由泵座、泵壳、叶轮轴承盒、进水口、出水口、泵轴、叶轮组成。

操作要点：

（1）水泵的安装应牢固、平稳，有防雨、防冻措施。多台水泵并列安装时，间距不小于80cm。管径较大的进出水管，须用支架支撑，转动部分要有防护装置。

（2）电动机轴应与水泵轴同心，螺栓要紧固，管路密封，接口严密，吸水管阀无堵塞、无漏水。

（3）升降吸水管时，要站到有防护栏杆的平台上操作。

九、电动建筑机械和手持电动工具

施工现场中电动建筑机械和手持式电动工具的选购、使用、检查和维修应遵守下列规定：

（1）选购的电动建筑机械、手持式电动工具及其用电安全装置符合相应的国家现行有关强制性标准的规定，且具有产品合格证和使用说明书。

（2）建立和执行专人专机负责制，并定期检查和维修保养。

（3）接地符合规范要求，运行时产生振动的设备的金属基座、外壳与PE线的连接点不少于两处。

（4）漏电保护符合规范及要求。

（5）按使用说明书使用、检查、维修。

（6）手持式电动工具中的塑料外壳Ⅱ类工具和一般场所手持式电动工具中的Ⅲ类工具可不连接PE线。

（7）电动建筑机械和手持式电动工具的负荷线应按其计算负荷选用无接头的橡皮护套铜芯软电缆，其性能应符合现行国家标准《额定电压450750V及以下橡皮绝缘电缆》（GB5013）中第1部分（一般要求）和第4部分（软线和软电缆）的要求；其截面可按规范选配。电缆芯数应根据负荷及其控制电器的相数和线数确定三相四线时，应选用五芯电缆；三相三线时，应选用四芯电缆；当三相用电设备中配置有单相用电器具时，应选用五芯电缆；单相二线时，应选用三芯电缆。电缆芯线应符合规范规定，其中PE线应采用绿黄双色绝缘导线。

（8）每一台电动建筑机械或手持式电动工具的开关箱内，除应装设过载、短路、漏电保护电器外，还应按规范要求装设隔离开关或具有可见分断点的断路器，以及按照规范要求装设控制装置。正、反向运转控制装置中的控制电器应采用接触器、继电器等自动控制电器，不得采用手动双向转换开关作为控制电器。

（一）夯土机械

（1）夯土机械开关箱中的漏电保护器必须符合规范对潮湿场所所用漏电保护器的要求。

（2）夯土机械PE线的连接点不得少于两处。

（3）夯土机械的负荷线应采用耐气候型橡皮护套铜芯软电缆。

（4）使用夯土机械必须按规定穿戴绝缘用品，使用过程应有专人调整电缆，电缆长度不应大于50m。电缆严禁缠绕，扭结和被夯土机械跨越。

（5）多台夯土机械并列工作时，其间距不得小于5m，前后工作时，其间距不得小于10m。

（6）夯土机械的操作扶手必须绝缘。

（二）焊接机械

（1）电焊机械应放置在防雨、干燥和通风良好的地方。焊接现场不得有易燃、易爆物品。

（2）变流弧焊机变压器的一次侧电源线长度不应大于5m，其电源进线处必须设置防护罩。发动机式直流电焊机的转向器应经常检查和维护，应消除可能产生的异常电火花。

（3）电焊机机械开关箱中的漏电保护器必须符合规范要求。交流电焊机械应装配防二次侧地触电保护器。

（4）电焊机的二次侧地线应采用放水橡皮护套铜芯软电缆，电缆长度不应大于30m，不得采用金属构件或结构钢筋代替二次侧地线的底线。

（5）使用电焊机械焊接时必须穿戴防护用品。严禁露天冒雨从事电焊作业。

（三）手持式电动工具

（1）空气湿度小于75%的一般场所可选用Ⅰ类或Ⅱ类手持式电动工具，其金属外壳与PE线的连接点不得少于两处。除塑料外壳Ⅱ类工具外，相关开关箱中漏电保护器的额定漏电动作电流不应大于15mA，额定电流动作时间不应大于0.1s，其负荷线插头应具备专用的保护触头。所用插座和插头在结构上应保持一致，避免导电触头和保护触头混用。

（2）在潮湿场所或金属构架上操作时，必须选用Ⅱ类或由安全隔离变压器供电的Ⅲ类手持式电动工具。金属外壳Ⅱ类手持式电动工具使用时，必须符合规范要求；其开关箱和控制箱应设置在作业场所外面。在潮湿场所或金属构架上严禁使用Ⅰ类手持式电动工具。

（3）狭窄场所必须选用由安全隔离变压器供电的Ⅲ类手持式电动工具，其开关箱和安全隔离变压器均应设置在狭窄场所外面，并连接PE线。漏电保护器的选择应规范，使用于潮湿或有腐蚀介质场所的漏电保护器应符合要求。操作过程中，应有人在外面监护。

（4）手持式电动工具的负荷线应采用耐气候型的橡皮护套铜芯软电缆，并不得有接头。

（5）手持式电动工具的外壳、手柄、插头、开关、负荷线等必须完好无损，使用前必须做绝缘检查和空载检查，在绝缘合格、空载运转正常后方可使用。绝缘电阻不应小于规定的数值。

手持式电动工具的绝缘电阻限值：

Ⅰ类带电零件与外壳之间绝缘电阻2（MΩ）

Ⅱ类带电零件与外壳之间绝缘电阻7（MΩ）

Ⅲ类带电零件与外壳之间绝缘电阻1（MΩ）

绝缘电阻用500V欧姆表测量。

（6）使用手持式电动工具时，必须按规定穿戴绝缘防护用品。

（四）手持电动工具的安全控制要点

（1）使用刃具的机具，应保持刃磨锋利，完好无损，安装正确，牢固可靠。使用砂轮的机具，应检查砂轮与接盘间的软垫并安装稳固。凡受潮、变形、裂纹、破碎、磕边缺口或接触过油、碱类的砂轮均不得使用，并不得将受潮的砂轮片自行烘干使用。

（2）在潮湿地区或在金属构架、压力容器、管道等导电良好的场所作业时，必须使用双重绝缘或加强绝缘的电动工具。

（3）非金属壳体的电动机、电器，在存放和使用时不应受压、受潮，并不得接触汽油等溶剂。

（4）机具启动后，应空载运转，检查并确认机具转动灵活无阻。作业时，加力应平稳，不得用力过猛。

（5）严禁超载使用。作业中应注意声响及温升，发现异常应立即停机检查。在作业时间过长，机具温升超过60℃时，应停机，自然冷却后再行作业。

（6）作业中，不得用手触摸刃具、模具和砂轮，发现有磨钝、破损情况时，应立即停机或更换，然后再继续进行作业。机具转动时，不得撒手不管。

典型例题

1. 钢筋切断机切断短料时，手和切刀之间的距离保持在（　　）以上，如手握端小于（　　）时，采用套管或夹具将钢筋短头压住或夹紧。

A. 150mm，400mm　　B. 100mm，400mm

C. 150mm，300mm　　D. 120mm，500mm

【答案】A

【解析】钢筋切断机切断短料时，手和切刀之间的距离保持在150mm以上，如手握端小于400mm时，采用套管或夹具将钢筋短头压住或夹紧。

2. 电动建筑机械和手持电动工具，接地符合规范要求，运行时产生振动的设备的金属基座、外壳与PE线的连接点不少于（　　）处。

A. 1　　B. 2　　C. 3　　D. 4

【答案】B

【解析】接地符合规范要求，运行时产生振动的设备的金属基座、外壳与PE线的连接点不少于两处。

3. 卷扬机从卷筒到第一个导向滑轮的距离：带槽卷筒应大于卷筒宽度的(　　)倍，无卷筒应大于（　　）倍。

A. 15，20　　B. 20，20　　C. 15，30　　D. 10，15

【答案】A

【解析】卷扬机从卷筒到第一个导向滑轮的距离：带槽卷筒应大于卷筒宽度的15倍，无卷筒应大于20倍。

4. 卷扬机规定，留在卷筒上的钢丝绳最少应保留（　　）圈。

A. 1～3　　B. 3～5　　C. 5～7　　D. 7～9

【答案】B

【解析】卷扬机留在卷筒上的钢丝绳最少应保留3～5圈。

本章练习

1. 扣件式钢管脚手架的立杆、纵向水平杆、横向水平杆均用扣件连接，它们之间传递荷载利用的是（　　）。

1. 静力　　B. 扭力　　C. 作用力　　D. 摩擦力

【答案】D

【解析】扣件连接是以扣件与钢管之间的摩擦力传递竖向力或水平力的。

2. 有关起重机械安全操作注意事项的说法，错误的是（　　）。

A. 塔式起重机司机和信号人员，必须经专门培训持证上岗

B. 司机室内应配备适用的灭火器材

C. 塔式起重机距架空输电线路应保持安全距离

D. 轨道行走的塔式起重机，处于45°弯道上，禁止起吊重物

【答案】D

【解析】D选项应为90°。

3. 卡环又名卸甲，用于绳扣和绳扣，或绳扣与构件吊环之间的连接。它是在起重作业中

用的较广的连接工具。卡环按销子与弯环的连接形式划分不包括（　　）。

A. 螺栓式卡环　　B. 半自动卡环　　C. 直形卡环　　D. 抽销式卡环

【答案】 C

【解析】 卡环按弯环形式分为：直形和马蹄形。卡环按弯环与销子的连接形式分为：螺栓式、抽销式、半自动卡环。

4. 手持式电动工具绝电阻限值中规定：Ⅰ类带电零件与外壳之间绝缘电阻（　　），Ⅱ类带电零件与外壳之间绝缘电阻（　　），Ⅲ类带电零件与外壳之间绝缘电阻（　　）。

A. 1MΩ，2MΩ，7MΩ　　B. 2MΩ，7MΩ，1MΩ

C. 1MΩ，5MΩ，7MΩ　　D. 2MΩ，5MΩ，7MΩ

【答案】 B

【解析】 手持式电动工具绝电阻限值：

Ⅰ类带电零件与外壳之间绝缘电阻 2（MΩ）

Ⅱ类带电零件与外壳之间绝缘电阻 7（MΩ）

Ⅲ类带电零件与外壳之间绝缘电阻 1（MΩ）

5. 空气湿度小于75%的一般场所可选用（　　）手持式电动工具，其金属外壳与PE线的连接点不得少于两处，除塑料外壳Ⅱ类工具外，相关开关箱中漏电保护器的额定漏电动作电流不应大于15mA，额定电动作时间不应大于0.1s，其负荷线插头应具备专用的保护触头。

A. Ⅰ类或Ⅱ类　　B. Ⅰ类　　C. Ⅱ或Ⅲ类　　D. Ⅰ或Ⅲ类

【答案】 A

【解析】 空气湿度小于75%的一般场所可选用Ⅰ类或Ⅱ类手持式电动工具，其金属外壳与PE线的连接点不得少于两处。除塑料外壳Ⅱ类工具外，相关开关箱中漏电保护器的额定漏电动作电流不应大于15mA，额定电流动作时间不应大于0.1s，其负荷线插头应具备专用的保护触头。所用插座和插头在结构上应保持一致，避免导电触头和保护触头混用。

6. 手持式电动工具在作业中应注意声响及温升，发现异常应立即停机检查。在作业时间过长，机具温升超过（　　）时，应停机，自然冷却后再行作业。

A. 30℃　　B. 40℃　　C. 50℃　　D. 60℃

【答案】 D

【解析】 手持电动工具严禁超载使用。作业中应注意声响及温升，发现异常应立即停机检查。在作业时间过长，机具温升超过60℃时，应停机，自然冷却后再行作业。

7. 在起吊荷载达到塔吊额定起重量的（　　）及以上时，应先将重物吊起离地面不大于20cm。

A. 50%　　B. 60%　　C. 80%　　D. 90%

【答案】 D

【解析】 塔吊的安全控制要点：在起吊荷载达到塔吊额定起重量的90%及以上时，应先将重物吊起离地面不大于20cm，然后进行下列项检查：起重机的稳定性、制动器的可靠性、重物的平稳性、绑扎的牢固性，确认安全后方可继续起吊。

8. 关于气瓶的安全控制要点，下列叙述正确的是（　　）。

A. 施工现场使用的气瓶应按标准色标涂色。

B. 气瓶内的气体不能用尽，必须留有剩余压力或重量。

C. 气瓶的放置地点，不得靠近热源和明火，可燃、助燃性气体气瓶，与明火的距离一般

不小于 5m

D. 氧气瓶和乙炔瓶在室温下，满瓶之间的安全距离至少 5m；气瓶距明火的距离至少 10m。

E. 瓶阀冻结时，用火烘烤至解冻。

【答案】 ABD

【解析】 气瓶的安全控制要点：

(1) 施工现场使用的气瓶应按标准色标涂色。

(2) 气瓶的放置地点，不得靠近热源和明火，可燃、助燃性气体气瓶，与明火的距离一般不小于 10m，应保证气瓶瓶底干燥；禁止敲击、碰撞；禁止在气瓶上进行电焊引弧；严禁用带油的手套开气瓶。

(3) 氧气瓶和乙炔瓶在室温下，满瓶之间的安全距离至少 5m；气瓶距明火的距离至少 10m。

(4) 瓶阀冻结时，不得用火烘烤；夏季要有防日光暴晒的措施。

(5) 气瓶内的气体不能用尽，必须留有剩余压力或重量。

(6) 气瓶必须配好瓶帽、防震圈（集装气瓶除外）；旋紧瓶帽，轻装，轻卸，严禁抛、滑、滚动或撞击。

9. 两台以上蛙式打夯机同时作业时，左右间距不小于（　　）m，前后不小于（　　）m 相互间的胶皮电缆不要缠绕交叉，并远离夯头。

A. 3，5　　　　B. 5，15

C. 5，10　　　　D. 10，15

【答案】 C

【解析】 蛙式打夯机的使用要点：

(1) 蛙式打夯机只适用于夯实灰土、素土地基以及场地平整工作，不能用于夯实坚硬或软硬不均相差较大的地面，更不得夯打混有碎石、碎砖的杂土。

(2) 凡需搬运蛙式打夯机必须切断电源，不准带电搬运。

(3) 蛙式打夯机操作必须有两个人，一人扶夯，一人提电线，操作人员应穿戴好绝缘用品。

(4) 两台以上蛙式打夯机同时作业时，左右间距不小于 5m，前后不小于 10m。相互间的胶皮电缆不要缠绕交叉，并远离夯头。

10. 手与切刀间应保持距离大于（　　）cm。料长度小于（　　）cm 时，应用套管或夹具将短钢筋头夹牢。

A. 15，30　　　　B. 15，40

C. 20，35　　　　D. 20，40

【答案】 B

【解析】 手动切断机、电动切断机和液压切断机操作时应注意以下事项：

(1) 钢筋必须在调直后切断。钢筋要平直进入刀口，与刀口成垂直状态。

(2) 不得超出机械铭牌规定的钢筋直径和强度，一次切断多根钢筋时，其总截面应在规定范围内。

(3) 手与切刀间应保持距离大于 15cm。料长度小于 40cm 时，应用套管或夹具将短钢筋头夹牢。

11. 水泵的种类很多，建筑施工中主要使用的是离心式水泵。离心式水泵中又以（　　）为最多。

A. 单级单吸式离心水泵　　B. 双级单吸式离心水泵

C. 单级双吸式离心水泵　　D. 连续级单吸式离心水泵

【答案】 A

【解析】 水泵的种类很多，建筑施工中主要使用的是离心式水泵，离心式水泵中又以单级单吸式离心水泵为最多。“单级”是指叶轮为一个，“单吸”是指进水口为一面。水泵主要由泵座、泵壳、叶轮轴承盒、进水口、出水口、泵轴、叶轮组成。

12. 当用扒杆与多台卷扬机联合吊装大型设备时，要保证设备上各吊点受力大致均匀，避免设备变形。多台卷扬机联合吊装大型设备时，主要应保证各卷扬机的（　　）相同。

A. 距离　　B. 形式

C. 速度　　D. 固定方式

【答案】 C

【解析】 用扒杆吊装大型设备，多台卷扬机联合操作时，各卷扬机的卷扬速度应相同，要保证设备上各吊点受力大致均匀，避免设备变形。

13. 钢丝绳的绳卡主要用于钢丝绳的临时连接和钢丝绳穿绕滑轮组时尾绳的固结，以及扒杆上缆风绳绳头的固结等。下列钢丝绳绳卡中，应用最广的是（　　）。

A. 骑马式卡　　B. 拳握式卡

C. 压板式卡　　D. 钢丝绳十字卡

【答案】 A

【解析】 通常用的钢丝绳卡子有骑马式、拳握式和压板式 3 种。其中骑马式卡是连接力最强的标准钢丝绳卡子，应用最广。

第三章 建筑施工临时用电安全技术

考试内容及要求

熟悉三相五线制低压电力系统的安全技术要求。掌握外电线路、配电线路、施工照明、配电箱及开关箱的安全技术要求。运用建筑施工临时用电安全技术知识和相关标准，分析施工临时用电的危险、有害因素，制订相应的安全技术措施。

第一节 施工现场供电形式

建筑工程供电使用的基本供电系统有三相三线制、三相四线制等，但这些名词术语定义并不严格。国际电工委员会（IEC）对此做了统一规定，称为 TT 系统、TN 系统和 IT 系统。其中 TN 系统又分为 TN－C、TN－S、TN－C－S 系统。以下对各种供电系统做一个扼要的介绍。

一、工程供电的基本方式

根据 IEC 规定的各种保护方式、术语概念，低压配电系统按接地方式的不同分为三类，即 TT、TN 和 IT 系统，分别描述如下。

（1）TT 方式供电系统（如下图 3-1 所示）：是指将电气设备的金属外壳直接接地的保护系统，称为保护接地系统，也称 TT 系统。第一个符号 T 表示电力系统中性点直接接地；第二个符号 T 表示负载设备外露不与带电体相接的金属导电部分与大地直接连接，而与系统如何接地无关。在 TT 系统中负载的所有接地均称为保护接地，TT 供电系统的特点如下：

1）当电气设备的金属外壳带电（相线碰壳或设备绝缘损坏而漏电）时，由于有接地保护，可以大大减少触电的危险性。但是，低压断路器（自动开关）不一定能跳闸，造成漏电设备的外壳对地电压高于安全电压，属于危险电压。

2）当漏电电流比较小时，即使有熔断器也不一定能熔断，所以还需要漏电保护器保护，因此 TT 系统难以推广。

3）TT 系统接地装置耗用钢材多，而且难以回收、费工时、费料。

现在有的建筑单位是采用 TT 系统，施工单位借用其电源作临时用电时，应用一条专用保护线，以减少接地装置钢材用量。

把新增加的专用保护线 PE 线和工作零线 N 分开，其特点是：①共用接地线与工作零线没有电的联系；②正常运行时，工作零线可以有电流，而专用保护线没有电流；③TT 系统适用于接地保护很分散的地方。

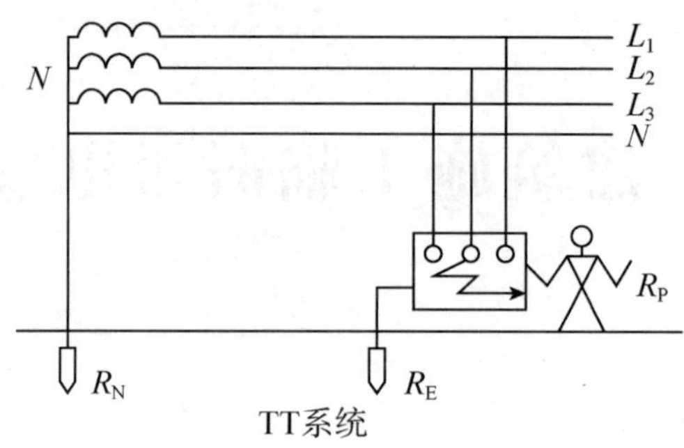

图 3-1　TT 系统示意图

（2）TN 方式供电系统（如下图 3-2 所示）：是将电气设备的金属外壳与工作零线相接的保护系统，称作接零保护系统，用 TN 表示。TN 供电系统的特点如下：

1）一旦设备出现外壳带电，接零保护系统能将漏电电流上升为短路电流。这个电流很大，是 TT 系统的 5.3 倍，实际上就是单相对地短路故障。熔断器的熔丝会熔断，低压断路器的脱扣器会立即动作而跳闸，使故障设备断电，比较安全。

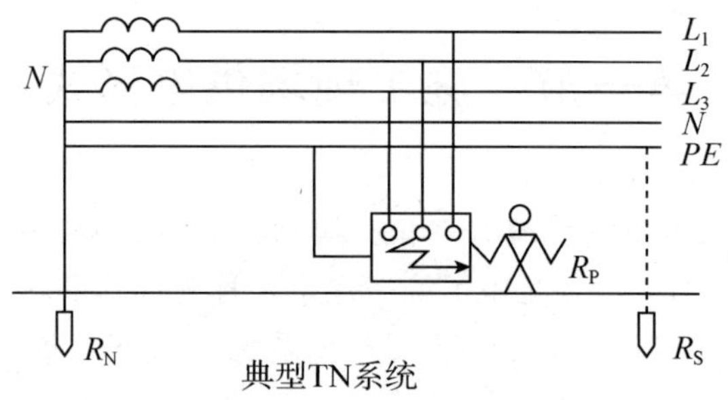

图 3-2　典型 TN 系统示意图

2）TN 系统节省材料、工时，在我国和其他许多国家广泛得到应用，比 TT 系统优点多。TN 方式供电系统中，根据其保护零线是否与工作零线分开而划分为 TN－C 和 TN－S 两种。

（3）TN－C 方式供电系统：是用工作零线兼作接零保护线，可以称作保护中性线，可用 NPE 表示。

（4）TN－S 方式供电系统：是把工作零线 N 和专用保护线 PE 严格分开的供电系统，称作 TN－S 供电系统。TN－S 供电系统的特点如下：

1）系统正常运行时，专用保护线上没有电流，只是工作零线上有不平衡电流。PE 线对地没有电压，所以电气设备金属外壳接零保护是接在专用的保护线 PE 上，安全可靠。

2）工作零线只用作单相照明负载回路。

3）专用保护线 PE 不许断线，也不许进入漏电开关。

4）干线上使用漏电保护器，工作零线不得有重复接地，而 PE 线有重复接地，但是不经过漏电保护器，所以 TN－S 系统供电干线上也可以安装漏电保护器。

5）TN－S 方式供电系统安全可靠，适用于工业与民用建筑等低压供电系统。建筑工程工前的“三通一平”（电通、水通、路通和地平）必须采用 TN－S 方式供电系统。

（5）TN－C－S 方式供电系统：在建筑施工临时供电中，如果前部分是 TN－C 方式供电，而施工规范规定施工现场必须采用 TN－S 方式供电系统，则可以在系统后部分现场总配电箱分出 PE 线。TN－C－S 供电系统的特点如下：

1）工作零线 N 与专用保护线 PE 相连通，这段线路不平衡电流比较大时，电气设备的接零保护受到零线电位的影响。D 点至后面 PE 线上没有电流，即该段导线上没有电压降，因此，TN－C－S 系统可以降低电动机外壳对地的电压，然而又不能完全消除这个电压，这个电压的大小取决于 ND 线的负载不平衡的情况及 ND 这段线路的长度。负载越不平衡，ND 线又很长时，设备外壳对地电压偏移就越大。所以要求 ND 线负载不平衡电流不能太大，而且在 PE 线上应作重复接地。

2）PE 线在任何情况下都不能进入漏电保护器，因为线路末端的漏电保护器动作会使前级漏电保护器跳闸造成大范围停电。

3）对 PE 线除了在总箱处必须和 N 线相接以外，其他各分箱处均不得把 N 线和 PE 线相连，PE 线上不许安装开关和熔断器，也不得用大顾兼作 PE 线。

通过上述分析，TN－C－S 供电系统是在 TN－C 供电系统上临时变通的做法。当三相电力变压器工作接地情况良好、三相负载比较平衡时，TN－C－S 供电系统在施工用电实践中效果还是可行的。但是，在三相负载不平衡、建筑施工工地有专用的电力变压器时，必须采用 TN－S 供电系统。

TN－S 系统、TN－C－S 系统、TN－C 系统的示意图分别如下图 3-3 所示的（a）、（b）、（c）。

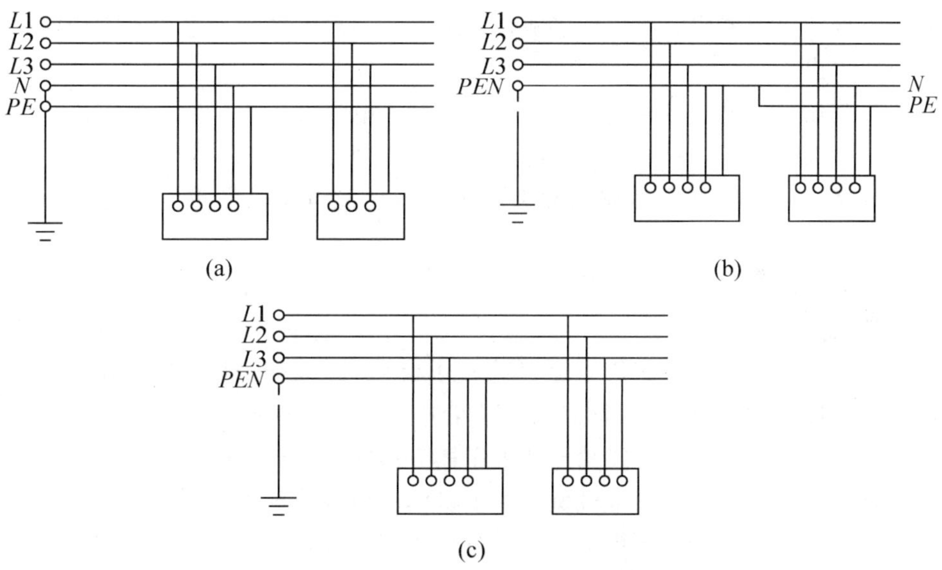

图 3-3　TN 系统的三种类型示意图

（6）IT 方式供电系统（下图 3-4 所示）的字母 I 表示电源侧没有工作接地，或经过高阻抗接地。字母 T 表示负载侧电气设备进行接地保护。

IT 方式供电系统在供电距离不是很长时，供电的可靠性高、安全性好。一般用于不允许停电的场所，或者是要求严格地连续供电的地方，例如电力炼钢、大医院的手术室、地下矿井等处。地下矿井内供电条件比较差，电缆易受潮。运用 IT 方式供电系统，即使电源中性点不接地，一旦设备漏电，单相对地漏电电流仍小，不会破坏电源电压的平衡，所以比电源中性点接地的系统还安全。

但是，如果用在供电距离很长时，供电线路对大地的分布电容就不能忽视了。在负载发生短路故障或漏电使设备外壳带电时，漏电电流经大地形成架路，保护设备不一定动作，这是危

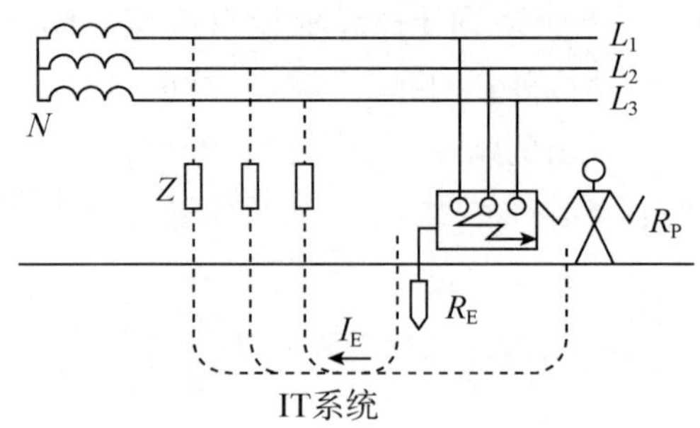

图 3-4　IT 系统示意图

险的。所以，IT 方式供电系统只有在供电距离不太长时才比较安全。这种供电方式在工地上很少见。

二、《施工现场临时用电安全技术规范》（JGJ 46—2005）的强制性条文

（1）施工现场临时用电工程电源中性点直接接地的 220/380V 三相四线制低压电力系统，必须符合下列规定：采用三级配电系统；采用 TN－S 接零保护系统；采用二级漏电保护系统。

（2）在采用专用变压器、TN－S 接零保护供电系统的施工现场，电气设备的金属外壳必须与保护零线连接。保护零线应由工作接地线、配电室（总配电箱）电源侧零线或总漏电保护器电源侧零线处引出。

（3）当施工现场与外电线路共用同一供电系统时，电气设备的接地、接零保护应与原系统保持一致，不得一部分设备做保护接零，另一部分设备做保护接地。

（4）TN－S 系统中的保护零线除必须在配电室或总配电箱处做重复接地外，还必须在配电系统的中间处和末端处做重复接地。

（5）配电柜应装设电源隔离开关及短路、过载、漏电保护电器。电源隔离开关分断时，应有明显可见的分断点。

（6）配电箱的电器安装板上必须分设 N 线端子板和 PE 线端子板。N 线端子板必须与金属电器安装板绝缘，PE 线端子板必须与金属电器安装板做电气连接。

（7）配电箱、开关箱的电源进线端严禁采用插头和插座做活动连接。

（8）对混凝土搅拌机、钢筋加工机械、木工机械、盾构机械等设备进行清理、检查、维修时，必须将其开关箱分闸断电，呈现可见电源分断点，并关门上锁。

（9）下列特殊场所应使用安全特低电压照明器：

1）隧道、人防工程、高温、有导电灰尘、比较潮湿或灯具离地面高度低于 2.5m 等场所的照明，电源电压不应大于 36V。

2）潮湿和易触及带电体场所的照明，电源电压不得大于 24V。

3）特别潮湿场所、导电良好的地面、锅炉或金属容器内的照明，电源电压不得大于 12V。

（10）照明变压器必须使用双绕组型安全隔离变压器，严禁使用自耦变压器。

（11）对夜间影响飞机或车辆通行的在建工程及机械设备，必须设置醒目的红色信号灯，其电源应设在施工现场总电源开关的前侧，并应设置外电线路停止供电时的应急自备电源。

三、供电线路符号小结

（1）国际电工委员会（IEC）规定的供电方式符号中，第一个字母表示电力（电源）系统

对地关系。如 T 表示是中性点直接接地；I 表示所有带电部分绝缘。

（2）第二个字母表示用电装置外露的可导电部分对地的关系。如 T 表示设备外壳接地，它与系统中的其他任何接地点无直接关系；N 表示负载采用接零保护。

（3）第三个字母表示工作零线与保护线的组合关系。如 C 表示工作零线与保护线是合一的，如 TN－C；S 表示工作零线与保护线是严格分开的，所以 PE 线称为专用保护线，如 TN－S。

补充：电力系统中的变压器中性点分接地和不接地两种。在中性点接地系统中，电气设备宜采用接零保护，即将电气设备不带电部分（外壳，机座）与零线连接，成为保护接零。在中性电不接地系统中电气设备宜采用保护接地，即将电气设备外壳或机座与独立的接地装置连接，成为保护接地。保护接零通常用在采用 380/220 伏三相四线制，变压器中性点直接接地的系统中。保护接地适用于不接地电网。在 TT 系统中，中性线只在电源处做工作接地，电器如采用保护接零，产生故障时，故障电流流过中性线（零线）时会产生电压降，此电压降对地电压可能会危及人身安全，所以不能用保护接零而用保护接地。在 TN－C 或 TN－C－S 系统中，中性线进户后重复接地，电器离重复接地点距离短，故障电流产生的电压降很小，所以可用保护接零。

由于建筑工地用电环境的复杂性及特殊性，加上大多数的作业人员来自农村，安全用电意识较差，以及用电设备的多样性、安全措施的不完备使建筑工地的电气事故率增加，安全用电形势非常严峻。在施工实践中除了加强安全用电管理，经常对使用电气设备人员进行用电基本常识和技能教育外，更重要的是要精心配置工地的临时用电系统，为安全用电提供一个有效可靠的硬件环境。

典型例题

【典型例题】

1. 根据 IEC 规定的各种保护方式、术语概念，低压配电系统按接地方式的不同分为三类，即（　　）系统。

A. TN、TN－C 和 IT　　B. TT、TN－S 和 IT

C. TT、TN－C－S 和 IT　　D. TT、TN 和 IT

【答案】D

【解析】根据 IEC 规定的各种保护方式、术语概念，低压配电系统按接地方式的不同分为三类，即 TT、TN 和 IT 系统。

2. TT 方式供电系统 TT 方式是指将电气设备的金属外壳直接接地的保护系统，称为（　　）系统。

A. 保护接地　　B. 保护接零

C. 工作接地　　D. 漏电保护

【答案】A

【解析】TT 方式供电系统是指将电气设备的金属外壳直接接地的保护系统，称为保护接地系统，也称 TT 系统。第一个符号 T 表示电力系统中性点直接接地；第二个符号 T 表示负载设备外露不与带电体相接的金属导电部分与大地直接连接，而与系统如何接地无关。

第二节　施工现场临时用电原则

一、临时用电原则

（1）采用三级配电系统。

（2）采用 TN－S 接零保护系统。

（3）采用二级漏电保护系统。

建筑施工现场临时用电工程专用的电源中性点直接接地的 220/380V 三相四线制低压电。

二、临时用电管理

（1）施工现场操作电工必须经过国家现行标准考核合格后，持证上岗工作。

（2）各类用电人员必须通过相关安全教育培训和技术交底，掌握安全用电基本知识和所用设备的性能，考核合格后方可上岗工作。

（3）安装、巡检、维修或拆除临时用电设备和线路，必须由电工完成，并应有人监护。

（4）临时用电组织设计规定：

1）施工现场临时用电设备在 5 台及以上或设备总容量在 50kW 及以上的，应编制用电组织设计；否则应制订安全用电和电气防火措施。

2）装饰装修工程或其他特殊施工阶段，应补充编制单项施工用电方案。

3）用电设备必须有专用的开关箱，严禁 2 台及以上设备共用一个开关箱。

（5）临时用电组织设计及变更必须由电气工程技术人员编制，相关部门审核，并经具有法人资格企业的技术负责人批准，现场监理签认后实施。

（6）临时用电工程必须经编制、审核、批准部门和使用单位共同验收，合格后方可投入使用。

（7）临时用电工程定期检查应按分部分项工程进行，对安全隐患必须及时处理，并应履行复查验收手续。

（8）室外 220V 灯具距地面不得低于 3m，室内不得低于 2.5m。

三、电力系统必须符合的规定

三级配电系统指施工现场从电源进线开始至用电设备之间，经过三级配电装置配送电力，即由总配电箱（一级箱）或配电室的配电柜开始，依次经由分配电箱（二级箱）、开关箱（三级箱）到用电设备。这种分三个层次逐级配送电力的系统称为三级配电系统。

（1）采用三级配电系统（如下图 3-5～3-7 所示）。

（2）采用 TN－S 接零保护系统。

（3）采用二级漏电保护系统。

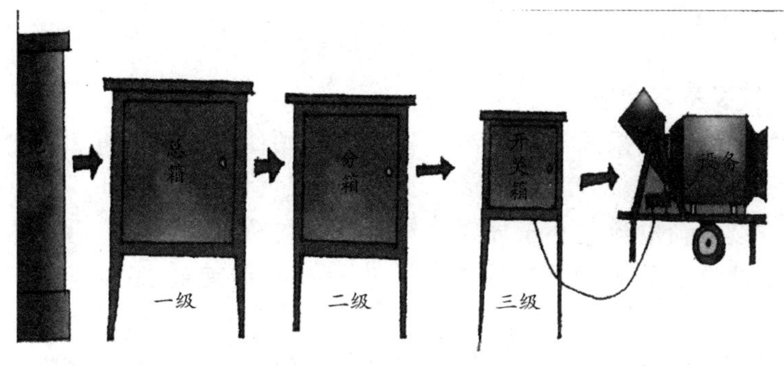

图 3-5　三级配电系统示意图

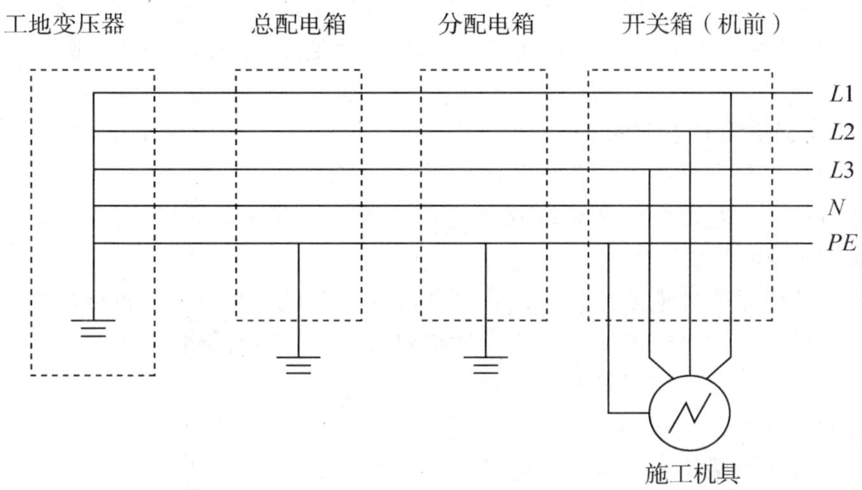

图 3-6　TN—S 系统三级配电系统示意图

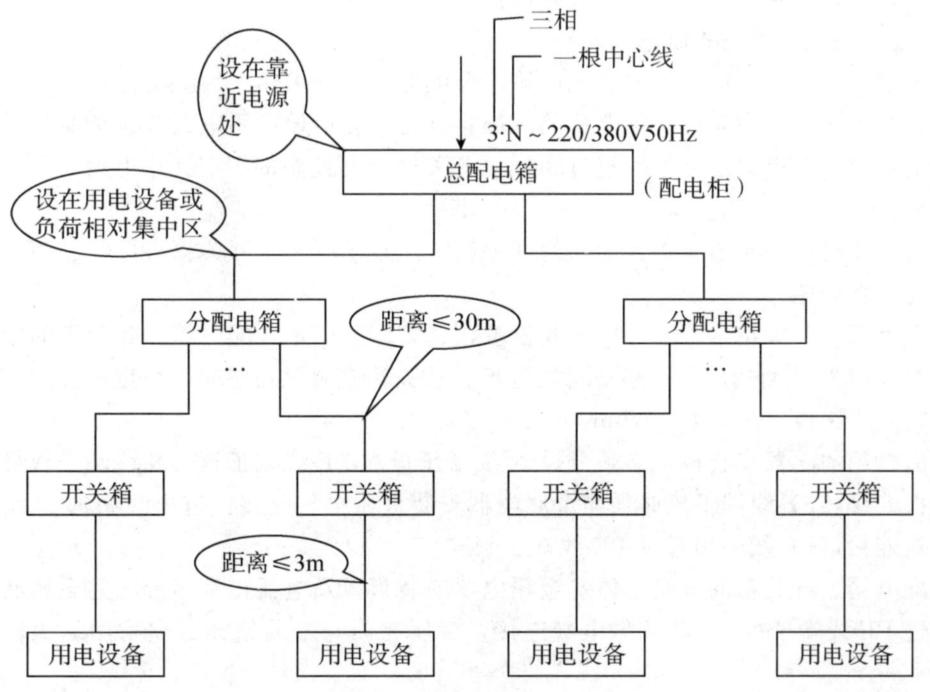

图 3-7　三级配电系统详图

四、配电线路布置

（一）架空线路敷设基本要求

（1）施工现场架空线必须采用绝缘导线，架设时必须使用专用电杆，严禁架设在树木、脚手架或其他设施上。

（2）导线长期连续负荷电流应小于导线计算负荷电流。

（3）三相四线制线路的N线和PE线截面不小于相线截面的50%，单相线路的零线截面与相线截面相同。

（4）架空线路必须有短路保护。采用熔断器做短路保护时，其熔体额定电流应小于等于明敷绝缘导线长期连续负荷允许载流量的1.5倍。

（5）架空线路必须有过载保护。采用熔断器或断路器做过载保护时，绝缘导线长期连续负荷允许载流量不应小于熔断器熔体额定电流或断路器长延时过流脱扣器脱扣电流整定值的1.25倍。

（二）电缆线路敷设基本要求

（1）电缆中必须包含全部工作芯线和保护零线的芯线，即五芯电缆。

（2）五芯电缆必须包含淡蓝和黄绿双色绝缘芯线。淡蓝色芯线必须用作N线；黄绿双色芯线必须用作PE线，严禁混用。

（3）电缆线路应采用埋地或架空敷设，严禁沿地面明设，并应避免机械损伤和介质腐蚀。

（4）直接埋地敷设的电缆过墙、过道、过临建设施时，应套钢管保护。

（5）电缆线路必须有短路保护和过载保护。

（三）室内配线要求

（1）室内配线必须采用绝缘导线或电缆。

（2）室内非埋地明敷主干线距地面高度不得小于2.5m。

（3）室内配线必须有短路保护和过载保护。

（四）配电箱与开关箱的设置

（1）配电系统应采用配电柜或总配电箱、分配电箱、开关箱三级配电方式。

（2）总配电箱应设在靠近进场电源的区域，分配电箱应设在用电设备或负荷相对集中的区域。分配电箱与开关箱的距离不得超过30m，开关箱与其控制的固定式用电设备的水平距离不宜超过3m。

（3）每台用电设备必须有各自专用的开关箱，严禁用同一个开关箱直接控制两台及两台以上用电设备（含插座）。

（4）配电箱、开关箱（含配件）应装设端正、牢固。固定式配电箱、开关箱的中心点与地面的垂直距离应为1.4～1.6m。移动式配电箱、开关箱应装设在坚固、稳定的支架上，其中心点与地面的垂直距离宜为0.8～1.6m。

（5）配电箱的电器安装板上必须分设N线端子板和PE线端子板。N线端子板必须与金属电器安装板绝缘，PE线端子板必须与金属电器安装板做电气连接。进出线中的N线必须通过N线端子板连接，PE线必须通过PE线端子板连接。

（6）配电箱、开关箱的金属箱体、金属电器安装板以及电器正常不带电的金属底座、外壳等必须通过PE线端子板与PE线做电气连接，金属箱门与金属箱体必须采用编织软铜线做电气连接。

典型例题

1. 架空线路必须有短路保护。采用熔断器做短路保护时，其熔体额定电流应小于等于明敷绝缘导线长期连续负荷允许载流量的（　　）倍。

A. 1　　B. 1.5　　C. 2　　D. 2.5

【答案】 B

【解析】 架空线路必须有短路保护。采用熔断器做短路保护时，其熔体额定电流应小于等于明敷绝缘导线长期连续负荷允许载流量的1.5倍。

2. 总配电箱应设在靠近进场电源的区域，分配电箱应设在用电设备或负荷相对集中的区域，分配电箱与开关箱的距离不得超过（　　）m，开关箱与其控制的固定式用电设备的水平距离不宜超过（　　）m。

A. 15，3　　B. 30，3　　C. 20，1.5　　D. 30，2

【答案】 B

【解析】 总配电箱应设在靠近进场电源的区域，分配电箱应设在用电设备或负荷相对集中的区域。分配电箱与开关箱的距离不得超过30m，开关箱与其控制的固定式用电设备的水平距离不宜超过3m。

第三节　施工现场临时用电工程及安全防护

一、施工现场临时用电的组织设计

（一）施工现场临时用电的组织设计

按照《施工现场临时用电安全技术规范》（JCJ46—2005）的规定："临时用电设备在5台及5台以上或设备总容量在50kW及50kW以上者，应编制临时用电施工组织设计。临时用电施工组织设计是施工现场临时用电管理的主要技术文件。"

（二）主要技术内容

一个完整的施工用电组织设计应包括现场勘测、负荷计算、变电所设计、配电线路设计、配电装置设计、接地设计、防雷设计、外电防护措施、安全用电与电气防火措施、施工用电工程设计施工图等。

二、施工现场对外电线路的安全距离及防护

（一）外电线路的安全距离

外电线路的安全距离是指带电导体与其附近接地的物体以及人体之间必须保持的最小空间距离或最小空气间隙。

在施工现场中，安全距离问题主要是指在建工程（含脚手架具）的外侧边缘与外电架空线路的边线之间的最小安全操作距离和施工现场的机动车道与外电架空线路交叉时的最小安全垂直距离。对此，《施工现场临时用电安全技术规范》（JCJ46—2005）已经做了具体的规定。

（二）外电线路的防护

为了确保施工安全，则必须采取设置防护性遮栏、栅栏，以及悬挂警告标志牌等防护措施。如无法设置遮栏则应采取停电、迁移外电线路或改变工程位置等措施，否则不得强行施工。

三、施工现场临时用电的接地与防雷

在施工现场，由于现场环境、条件的影响，间接触电现象往往比直接触电现象更普遍，危害也更大。所以，除了应采取防止直接触电的安全措施以外，还必须采取防止间接触电的安全技术措施。

（一）接地

设备与大地之间金属性连接称为接地。接地通常是用接地体与土壤相接触实现的。金属导体或导体系统埋入地内土壤中，就构成一个接地体。接地体与接地线的总和称为接地装置。

在电气工程上，接地主要有 4 种基本类型：工作接地、保护接地、重复接地、防雷接地。

（二）施工现场建筑机械设备的防雷

施工现场建筑机械是参照第三类工业建（构）筑物的防雷规定设置防雷装置。被保护物的高度系指最高点的高度，被保护物必须完全处在保护范围内方能确保安全。在《施工现场临时用电安全技术规范》（JGJ46—2005）中，规定接闪器的保护范围按滚球法确定。

四、施工现场的配电室及自备电源

（一）配电室的位置及布置

（1）通常配电室的选择应根据现场负荷的类型、大小分布特点和环境特征等进行全面考虑。

（2）配电室应尽量靠近负荷中心，以减少配电线路的长度和减小导线截面，提高配电质量，同时还能使配电线路清晰，便于维护。

（3）配电室内的配电屏是经常带电的配电装置，为了保障其运行安全和检查、维修安全，这些装置之间以及这些装置与配电室棚顶、墙壁、地面之间必须保持电气安全距离。

（4）配电室建筑物的耐火等级应不低于三级，室内不得存放易燃、易爆物品，并应配备砂箱、灭火器等灭火器材。配电室的屋面应该有隔层及防水、排水措施，并应有自然通风和采光，还须有避免小动物进入的措施。

（二）自备电源

施工现场临时用电工程一般是由外电线路供电的。外电线路电力常因供应不足或其他原因而停止供电，使施工受到影响。所以，为了保证施工不因停电而中断，有的施工现场备有发电机组，作为外电线路停止供电时的接续供电电源，这就是所谓自备电源。自备发配电系统也应采用具有专用保护零线的、中性点直接接地的三相四线制供配电系统。但该系统运行必须与外电线路电源（例如电力变压）在电气上安全隔离，独立设置。

五、临时用电的负荷计算

在建筑施工中用电设备繁多，如塔式起重机、外用电梯、搅拌机、振捣器、电焊机、钢筋加工机械、木工加工机械、照明器以及各种电动工具。这些用电设备运行中的电流或功率，统称为用电设备的电力负荷或负载。为了使这些用电设备在正常情况下能够安全、可靠地获得其运行所需要的电力，而在故障情况下又能安全、可靠地得到保护，需要借助合理选择的配电线路、配电装置对电力进行传输、分配和控制。

负荷是电力负荷的简称。负荷计算是按照一定方法计算出各种电气装置的计算电流或计算功率负荷。计算通常是从用电设备开始的，逐级往上进行，直至电力变压器。

六、施工现场的配电线路

（一）施工现场的配电线路的组成及敷设方式

施工现场的配电线路包括室外线路和室内线路。其敷设方式：室外线路主要有绝缘导线架空敷设（架空线路）和绝缘电缆埋地敷设（电缆线路）两种，也有电缆线路架空明敷设的。室内线路通常有绝缘导线和电缆的明暗敷设两种。

架空线的选择

（1）导线种类的选择：按照施工现场对架空线路敷设的要求，架空线必须采用绝缘导线。绝缘导线为绝缘铜线，或者为绝缘铝线，但一般应优先选择绝缘铜线。

（2）导线截面的选择：导线截面的选择主要是依据负荷计算结果。按其允许温升初选导线截面，然后按线路电压损失和机械强度校验，最后确定导线截面。

（二）架空线路的安全要求

（1）架空线必须采用绝缘导线。

（2）架空线的档距与弧垂：档距为不得大于35m；线间距不得小于30mm，低于架线的最大弧垂处与地面的最小垂直距离，施工现场一般场所为4m，机动车道为6m，铁路轨道为7.5m。

（3）架空线的最小截面：铝绞线截面不得小于16mm^2，铜线截面不得小于10mm^2。

（4）架空线的相序排列：

1）工作零线与相线在一个横担架设时，导线相序排列是：面向负荷从左侧起为A、N、B、C。

2）架空线和保护零线在同一横担架设时，导线相序排列是：面向负荷从左侧起为A、N、B、C、PE。

3）动力线、照明线在两个横担上分别架设时，上层横担，面向负荷从左侧起为A、B、C；下层横担，面向负荷从左侧起为A或B或C、N、PE。在两个以上横担上架设时，最下层横担面向负荷，最右边的导线为保护零线PE。

（三）电缆线路的安全要求

室外电缆的敷设分为埋地和架空两种方式，以埋地敷设为宜。室外电缆埋地：安全可靠，人身危害大量减少；维修量大大减少；线路不易受雷电袭击。室内外电缆的敷设应以经济、方便、安全、可靠为依据；电缆直接埋地的深度应不小于0.6m，并在电缆上下各均匀铺设不小于50mm厚的细沙，然后覆盖砖等硬质保护层；电缆穿越易受机械损伤的场所时应加防护套管；橡皮电缆架空敷设时，应沿墙壁或电杆设置；在建高层建筑内，可采用铝芯塑料电缆垂直敷设。

七、施工现场的配电箱和开关箱

（一）配电箱与开关箱的设置

（1）设置原则：现场应设总配电箱（或配电室），总配电箱以下设分配电箱，分配电箱以下设开关箱，开关箱以下为用电设备。

施工现场的照明配电宜与动力配电分别设置，各自自成独立配电系统，不要因动力停电或电气故障而影响照明。

（2）位置选择与环境条件：总配电箱是施工现场配电系统的总枢纽，其装设位置应考虑便于电源引入、靠近负荷中心、减少配电线路、缩短配电距离等因素综合确定。分配电箱则应设置在负荷相对集中的地区。开关箱与所控制的用电设备的距离应不大于3m。配电箱、开关箱的周围环境应保障箱内开关电器正常、可靠地工作。除此以外，配电箱、开关箱周围应保证足够的工作场地和通道，不应放置有碍电气线路操作、维修的杂物，不应有灌木、杂草。

（二）配电箱与开关箱的电器选择

配电箱、开关箱内的开关电器应能保证在正常或故障情况下可靠地分断电路，在漏电的情况下可靠地使漏电设备脱离电源，在维修时有明确可见的电源分断点。为此，配电箱和开关箱的电器选择应遵循下述各项原则：

（1）所有开关电器必须是合格产品。不论是选用新电器，还是使用旧电器，必须完整、无损、动作可靠、绝缘良好，严禁使用破、损电器。

（2）装有隔离电源的开关电器。

（3）配电箱内的开关电器应与配电线路一一对应配合，做分路设置。

（4）开关箱与用电设备之间应实行“一机一闸一漏一箱”制。

（5）配电箱、开关箱内应设置漏电保护器，其额定漏电动作电流和额定漏电动作时间应安全可靠（一般额定漏电动作电流≤30mA，额定漏电动作时间<0.1s），并有合适的分级配合。但总配电箱（或配电室）内的漏电保护器，其额定漏电动作电流与额定漏电动作时间的乘积最高应限制在30mA·s以下。

八、施工现场的照明

在施工现场的电气设备中，照明装置最常被人使用。为了从技术上保证现场工作人员免受发生在照明装置上的触电伤害，照明装置必须采取如下技术措施：

（1）照明开关箱中的所有正常不带电的金属部件都必须做保护接零；所有灯具的金属外壳必须做保护接零。

（2）照明开关箱（板）应装设漏电保护器。

（3）照明线路的相线必须经过开关才能进入照明器，不得直接进入照明器。

（4）灯具的安装高度既要符合施工现场实际，又要符合安装要求。室外灯具距地不得低于3m，室内灯具距地不得低于2.5m。

（5）对下列特殊场所使用的照明器应使用安全电压：

1）隧道、人防工程、高温和有导电灰尘或灯具离地面高度低于2.5m等场所的照明，电源电压不应大于36V。

2）潮湿和易触及带电体场所的照明电源电压不得大于24V。

3）特别潮湿的场所、导电良好的地面、锅炉或金属容器内工作的照明，电源电压不得大于12V。

4）移动式照明器（如行灯）的照明电源电压不得大于36V。

九、手持电动工具绝缘等级分类及使用要求

（一）手持电动工具的分类

手持电动工具按触电保护可分为以下3类：

Ⅰ类工具：工具在防止触电的保护方面不仅依靠基本绝缘，还包含一个附加安全预防措施。

Ⅱ类工具：工具在防止触电的保护方面不仅依靠基本绝缘，还提供双重绝缘或加强绝缘的附加安全预防措施和设有保护接地或依赖安装条件的安全措施。

Ⅲ类工具：工具在防止触电的保护方面依靠由安全电压供电和在工具内部不会产生比安全电压高的电压。

（二）手持电动工具的使用要求

（1）空气湿度小于75%的一般场所可选用Ⅰ类或Ⅱ类手持式电动工具，相关开关箱中漏电保护器的额定漏电动作电流不应大于15mA，额定动作时间不应大于0.1s。

（2）在潮湿场所或金属架上操作时，必须选用Ⅱ类或由安全隔离变压器供电的Ⅲ类手持式电动工具。

（3）狭窄场所必须选用由安全隔离变压器供电的Ⅲ类手持式电动工具，其开关箱和安全隔

离变压器均应设置在狭窄场所外面，并连接PE线。操作过程中，应有人在外面监护。

（4）手持式电动工具的负荷线应采用耐气候型的橡皮护套铜芯软电缆，并不得有接头。

（5）手持式电动工具的外壳、手柄、插头、开关、负荷线等必须完好无损，使用前必须做绝缘检查和空载检查，在绝缘合格、空载运行正常后方可使用。

（6）使用手持式电动工具时，必须按规定穿戴绝缘防护用品。

典型例题

1. 室内外电缆的敷设应以经济、方便、安全、可靠为依据；电缆直接埋地的深度应不小于（　　）m，并在电缆上下各均匀铺设不小于（　　）mm厚的细沙。

A. 1，40　　B. 0.9，10　　C. 0.6，50　　D. 0.6，40

【答案】 C

【解析】 电缆线路的安全要求

室外电缆的敷设分为埋地和架空两种方式，以埋地敷设为宜。

室外电缆埋地：安全可靠，人身危害大量减少；维修量大大减少；线路不易受雷电袭击。

室内外电缆的敷设：应以经济、方便、安全、可靠为依据；电缆直接埋地的深度应不小于0.6m，并在电缆上下各均匀铺设不小于50mm厚的细沙，然后覆盖砖等硬质保护层；电缆穿越易受机械损伤的场所时应加防护套管；橡皮电缆架空敷设时，应沿墙壁或电杆设置；在建高层建筑内，可采用铝芯塑料电缆垂直敷设。

2. 开关箱与所控制的用电设备的距离应不大于（　　）m。

A. 1　　B. 2　　C. 3　　D. 4

【答案】 C

【解析】 总配电箱是施工现场配电系统的总枢纽，其装设位置应考虑便于电源引入、靠近负荷中心、减少配电线路、缩短配电距离等因素综合确定。

分配电箱则应设置在负荷相对集中的地区。

开关箱与所控制的用电设备的距离应不大于3m。

配电箱、开关箱的周围环境应保障箱内开关电器正常、可靠地工作。

除此以外，配电箱、开关箱周围应保证足够的工作场地和通道，不应放置有碍电气线路操作、维修的杂物，不应有灌木、杂草。

3. 总配电箱（或配电室）内的漏电保护器其额定漏电动作电流与额定漏电动作时间的乘积最高应限制在（　　）mA·s以下。

A. 10　　B. 20　　C. 30　　D. 40

【答案】 C

【解析】 配电箱、开关箱内应设置漏电保护器，其额定漏电动作电流和额定漏电动作时间应安全可靠（一般额定漏电动作电流≤30mA，额定漏电动作时间＜0.1s），并有合适的分级配合。但总配电箱（或配电室）内的漏电保护器，其额定漏电动作电流与额定漏电动作时间的乘积最高应限制在30mA·s以下。

本章练习

1. 关于室内配线要求，下列说法中错误的是（　　）。

A. 室内配线必须采用绝缘导线或电缆

B. 室内非埋地明敷主干线距地面高度不得小于 2.5m

C. 室内配线必须有短路保护和过载保护

D. 室内非埋地明敷主干线距地面高度不得小于 2m

【答案】 D

【解析】 室内配线要求：

（1）室内配线必须采用绝缘导线或电缆。

（2）室内非埋地明敷主干线距地面高度不得小于 2.5m。

（3）室内配线必须有短路保护和过载保护。

2. 采用熔断器或断路器做过载保护时，绝缘导线长期连续负荷允许载流量不应小于熔断器熔体额定电流或断路器长延时过流脱扣器脱扣电流整定值的（　　）倍。

A. 0.75　　B. 1　　C. 1.25　　D. 1.5

【答案】 C

【解析】 配电线路布置

架空线路必须有过载保护。采用熔断器或断路器做过载保护时，绝缘导线长期连续负荷允许载流量不应小于熔断器熔体额定电流或断路器长延时过流脱扣器脱扣电流整定值的 1.25 倍。

3. （多选）TN 系统包括（　　）三类。

A. TN—C　　B. TN—S　　C. TN—S—C　　D. TN—C—C

E. TN—C—S

【答案】 ABE

【解析】 TN 方式供电系统是将电气设备的金属外壳与工作零线相接的保护系统，也称作接零保护系统，用 TN 表示，TN 系统分为 TN—C、TN—S、TN—C—S 三类。

4. 灯具的安装高度既要符合施工现场实际，又要符合安装要求。室外灯具距地不得低于（　　）m；室内灯具距地不得低于（　　）m。

A. 1，2　　B. 0.9，1.5　　C. 3.5，2　　D. 3，2.5

【答案】 D

【解析】 为现场工作人员免受发生在照明装置上的触电伤害，照明装置必须采取如下技术措施：

（1）照明开关箱中的所有正常不带电的金属部件都必须做保护接零；所有灯具的金属外壳必须做保护接零。

（2）照明开关箱（板）应装设漏电保护器。

（3）照明线路的相线必须经过开关才能进入照明器，不得直接进入照明器。

（4）灯具的安装高度既要符合施工现场实际，又要符合安装要求。室外灯具距地不得低于 3m，室内灯具距地不得低于 2.5m。

（5）对下列特殊场所使用的照明器应使用安全电压：

1）隧道、人防工程、高温、有导电灰尘或灯具离地面高度低于 2.5m 等场所的照明，电源电压不应大于 36V。

2）在潮湿和易触及带电体场所的照明电源电压不得大于 24V。

3）在特别潮湿的场所、导电良好的地面、锅炉或金属容器内工作的照明，电源电压不得大于 12V。

（6）移动式照明器（如行灯）的照明电源电压不得大于 36V。

5. 在特别潮湿的场所、导电良好的地面、锅炉或金属容器内工作的照明，电源电压不得大于（　　）V。

A. 12　　B. 24　　C. 36　　D. 42

【答案】A

【解析】对下列特殊场所使用的照明器应使用安全电压：

（1）隧道、人防工程、高温、有导电灰尘或灯具离地面高度低于 2.5m 等场所的照明，电源电压不应大于 36V。

（2）在潮湿和易触及带电体场所的照明电源电压不得大于 24V。

（3）在特别潮湿的场所、导电良好的地面、锅炉或金属容器内工作的照明，电源电压不得大于 12V。

（4）移动式照明器（如行灯）的照明电源电压不得大于 36V。

6. 空气湿度小于 75％的一般场所可选用Ⅰ类或Ⅱ类手持式电动工具，相关开关箱中漏电保护器的额定漏电动作电流不应大于（　　）mA，额定动作时间不应大于（　　）s。

A. 10；0.2　　B. 20；1　　C. 15；0.2　　D. 15；0.1

【答案】D

【解析】手持电动工具的使用要求：

（1）空气湿度小于 75％的一般场所可选用Ⅰ类或Ⅱ类手持式电动工具，相关开关箱中漏电保护器的额定漏电动作电流不应大于 15mA，额定动作时间不应大于 0.1s。

（2）在潮湿场所或金属架上操作时，必须选用Ⅱ类或由安全隔离变压器供电的Ⅲ类手持式电动工具。

（3）狭窄场所必须选用由安全隔离变压器供电的Ⅲ类手持式电动工具，其开关箱和安全隔离变压器均应设置在狭窄场所外面，并连接 PE 线。操作过程中，应有工作人员在外监护。

（4）手持式电动工具的负荷线应采用耐气候型的橡皮护套铜芯软电缆，并不得有接头。

（5）手持式电动工具的外壳、手柄、插头、开关、负荷线等必须完好无损，使用前必须做绝缘检查和空载检查，在绝缘合格、空载运行正常后方可使用。

（6）使用手持式电动工具时，必须按规定穿戴绝缘防护用品。

7.《施工现场临时用电安全技术规范》（JGJ 46—2005）规定，配电箱、开关箱内的电器必须可靠、完好；隔离开关应设置于电源进线端，并能同时断开所有极的电源进线。该隔离开关应具有（　　）分断点。

A. 可见　　B. 可靠　　C. 可调　　D. 可控

【答案】A

【解析】配电箱、开关箱内的开关电器应能保证在正常或故障情况下可靠地分断电路，在漏电的情况下可靠地使漏电设备脱离电源，在维修时有明确可见的电源分断点。

第四章　安全防护技术

考试内容及要求

掌握安全帽、安全带、安全网等安全防护用品的正确使用要求，掌握临边与洞口作业、攀登与悬空作业、操作平台与交叉作业等安全防护要求。运用建筑施工安全技术知识和相关标准，分析高处作业施工过程中的危险、有害因素，制定相应的安全技术措施。

第一节　防护用品的使用标准

一、安全帽

安全帽被广大建筑工人称为安全“三宝”之一，是建筑工人保护头部，防止和减轻头部伤害，保证生命安全的重要的个人防护用品。进入施工现场的所有人员，都必须正确戴好安全帽。作业中不得将安全帽脱下，搁置一旁，或当坐垫使用。施工现场发生的物体打击事故表明：凡是正确戴好安全帽，就会避免事故的发生或减轻事故的后果；如果未正确戴好安全帽，就会失去它保护头部的防护作用，使人受到严重伤害。

正确地使用安全帽，必须做到以下 4 点：

（1）帽衬顶端与帽壳内顶必须保持 25～50mm 的空间，有了这个空间，才能构成一个能量吸收系统，使冲击分部在头盖骨的整个面积上，减轻对头部伤害。

（2）必须系好下颌带。戴安全帽如果不系下颌带，一旦发生高处坠落，安全帽将被甩掉离开头部造成严重后果。

（3）安全帽必须戴正、戴稳。如果帽子歪戴着，一旦头部受到打击，就不能减轻对头部的伤害。

（4）安全帽在使用过程中会逐渐损坏，要定期、不定期地检查安全帽，如果发现开裂、下凹、老化、裂痕和磨损等情况，就要及时更换，确保使用安全。

二、安全带

安全带是防止高处作业人员发生坠落或发生坠落后将作业人员安全悬挂的个人防护装备，被广大建筑工人誉为“救命带”。

安全带可分为：围杆作业安全带、区域限制安全带和坠落悬挂安全带。建筑、安装施工中大多使用的是坠落悬挂安全带。

安全带的正确使用方法：坠落悬挂安全带使用时应高挂低用，注意防止摆动碰撞。若安全带低挂高用，一旦发生坠落，将增加冲击力，带来危险。新使用的安全带必须有产品检验合格证，无证明不准使用。

三、安全网

安全网是用来防止人员、物体坠落或用来避免、减轻坠落及物体打击伤害的网具。根据安装形式和使用目的不同，安全网可分为平网和立网两类。安装平面垂直于水平面，主要用来接住坠落的人和物的安全网称为平网。安装平面不垂直于水平面，主要用来防止人或物坠落的安全网称为立网。

安全网的使用规则和支搭方法如下：

（1）新网必须有产品质量检验合格证，旧网必须有允许使用的证明书或合格的检验记录。

（2）安装时，在每个系结点上，边绳应与支撑物（架）靠紧，并用一根独立的系绳连接，系接点沿网边均匀分布，其距离不得大于 75cm。系结点应符合打结方便、连接牢固且容易解开，受力后又不会散脱的原则。有筋绳的网在安装时，也必须把筋绳连接在支撑物（架）上。

（3）多张网连接使用时，相邻部分应靠紧或重叠，连接绳材料应与网绳相同，连接绳强力不得低于网绳强力。

（4）安装平网时，除上述要求外，还要遵守支搭安全网的三要素，即：负载高度、网的宽度和缓冲的距离。

1）负载高度：两层平网间距离不得超过 10m；因施工需要，如高层外装饰施工支设首层安全平网，应采用附加钢丝绳的缓冲安全措施。

2）网的宽度：应符合国家标准《高处作业分级》（GB/T3608—2008）的规定。如基础度用 h 表示，可能坠落范围的半径用 R 表示，R 值与 h 值的关系如下：

当高度 h 为 2～5m 时，半径 R 为 3m；

当高度 h 为 5（不含 5）～15m，半径 R 为 4m；

当高度 h 为 15（不含 15）～30m 时，半径 R 为 5m；

当高度 h 为 30m 以上时，半径 R 为 6m。

3）缓冲距离：3m 宽的水平安全网，网底距下方物体的表面不得小于 3m；6m 宽的水平安全网，网底距下方物体表面不得小于 5m。安全网下边不得堆物。

安全网支搭标准还规定：在施工工程的电梯井、采光井、螺旋式楼梯口，除必须设防的门（栏）外，还应在井口内首层，并每隔四层固定一道安全网；烟囱、水塔等独立体建物施工时，要在里、外脚手架的外围固定一道 6m 宽的双层安全网，井内应设一道安全网。

（5）安装立网时，安装平面应与水平面垂直，立网底部必须与脚手架全部系牢封严。

（6）要保证安全网受力均匀。必须经常清理网上落物，网内不得有积物。

（7）安全网安装后，必须设专人检查验收，合格签字方可使用。

（8）拆除安全网必须在有经验的人员严密监督下进行。拆网应自上而下，同时要采取防坠落措施。

■ **典型例题** ■

进行交叉作业时，不得在同一垂直方向上同时操作，下方作业的位置必须处于上方物体可能坠落的半径之外，当无法满足上述要求时，上、下方作业之间应设置（　　）。

A. 水平安全网　　B. 密目安全网　　C. 安全防护网　　D. 操作平台

【答案】 C

【解析】 进行交叉作业时，不得在同一垂直方向上下同时操作，下层作业的位置必须处于依上层高度确定的可能坠落范围半径之外。不符合此条件，中间应设置安全防护网。

第二节　高处作业工程及安全防护

凡在坠落高度基准面 2m 以上（含 2m）有可能坠落的高处进行的作业称为高处作业，作业高度分为 2～5m、5（不含 5）～15m、15（不含 15）～30m 及 30m 以上 4 个区域。

在建筑施工中，高处作业主要有临边作业、洞口作业及独立悬空作业等。进行高处作业必须做好必要的安全防护技术措施。

一、高处作业的安全隐患主要表现形式

（1）作业人员不正确佩戴安全帽，在无可靠安全防护措施的情况下不按规定系挂安全带。

（2）作业人员患有不适宜高处作业的疾病。

（3）酒后作业。

（4）各种形式的临边无防护或防护不严密。

（5）各种类型的洞口无防护或防护不严密。

（6）攀登作业所使用的工具不牢固。

（7）设备、管道安装、临空构筑物模板支设、钢筋绑扎、安装钢筋骨架、框架、过梁、雨篷、小平台混凝土浇筑等作业无操作架，操作架搭设不稳固，防护不严密。

（8）构架式操作平台、预制钢平台的设计、安装、使用不符合安全要求。

（9）不按安全程序组织施工，地上、地下同时施工，多层多工种交叉作业。

（10）安全设施无人监管，在施工中任意拆除、改变。

（11）高处作业的作业面材料、工具乱堆乱放。

（12）高温季节施工无良好的防暑降温措施。

二、高处作业基本要求

（1）建筑施工中凡涉及临边与洞口作业、攀登与悬空作业、操作平台交叉作业及安全防护网搭设的，应在施工组织设计或施工方案中制订高处作业安全技术措施。

（2）高处作业施工前，应按类别对安全防护设施进行检查、验收，验收合格后方可进行作业，并应做好验收记录。验收可分层或分阶段进行。

（3）当遇有 6 级及以上强风、浓雾、沙尘暴等恶劣气候，不得进行露天攀登与悬空高处作业。雨雪天气后，应对高处作业安全设施进行检查，当发现有松动、变形、损坏或脱落等现象时，应立即修理完善，维修合格后方可使用。

（4）安全防护设施验收应包括下列主要内容：

1）防护栏杆的设置与搭设。

2）攀登与悬空作业的用具与设施搭设。

3）操作平台及平台防护设施的搭设。

4）防护棚的搭设。

5）安全网的设置。

6）安全防护设施设备的性能、质量、材料、配件规格。

7）设施的节点构造，材料配件的规格、材质及其与建筑物的固定、连接状况。

（5）安全防护设施验收资料应包括下列主要内容：

1）施工组织设计中的安全技术措施或施工方案。

2）安全防护用具、用品、材料和设备的产品合格证明。

3）安全防护设施验收记录。

4）预埋件隐蔽验收记录。

5）安全防护设施变更记录。

（6）安全防护设施宜采用定型化、工具化设施。防护栏应用黑黄或红白相间的条纹标示，盖件应用黄或红色标示。

三、高处作业的安全控制要点

（1）起重吊装于高处作业时，应按规定设置安全措施防止高处坠落。包括各洞口盖严盖牢，临边作业应搭设防护栏杆、封挂密目网等。高处作业规范规定："屋架吊装以前，应预先在下弦挂设安全网，吊装完毕后，即将安全网铺设固定。"

（2）吊装作业人员必须佩戴安全帽，在高空作业和移动时，必须系牢安全带。

（3）作业人员上下应有专用的爬梯或斜道，不允许攀爬脚手架或建筑物。

（4）大雨、雾、大雪、6级及以上大风等恶劣天气应停止吊装作业。雨雪后进行吊装作业时，应及时清理冰雪并采取防滑和防漏电措施，先试吊，确认制动器灵敏可靠后方可进行作业。

（5）在高处用气割或电焊切割物件时，应采取措施，防止火花飞落伤人，下部应设看火人员。

（6）高处作业安全管理要点：高处作业是指凡在坠落高度基准面2m以上（含2m），有可能坠落的高处进行的作业。高处作业易发生高处坠落、物体打击等安全事故。高处作业要严格遵守《建筑施工高处作业安全技术规范》（JGJ 80—2016）。

四、临边作业的安全防护

（一）临边作业

在施工现场，当工作面的边沿无围护设施，使人与物有各种坠落可能的高处作业，属于临边作业。

（二）临边作业的安全防范措施

（1）在坠落高度基准面2m及以上进行临边作业时，应在临空一侧设置防护栏杆，并应采取密目式安全立网或工具式栏板封闭。设置防护栏杆为临边防护所采用的主要方式。栏杆应由上、下两道横杆及栏杆柱构成。横杆离地高度的规定为：上杆1.0～1.2m，下杆0.5～0.6m，即位于中间。

（2）施工的楼梯口、楼梯平台和梯段边，应安装防护栏杆；外设楼梯口、楼梯平台和梯段边还应采用密目式安全立网封闭。

（3）建筑物外围边沿外，对没有设置外脚手架的工程，应设置防护栏杆；对有外脚手架的工程，应采用密目式安全立网全封闭。密目式安全立网应设置在脚手架外侧立杆上，并应与脚手杆紧密连接。

（4）施工升降机、龙门架和井架物料提升机等在建筑物间设置的停层平台两侧边，应设置防护栏杆、挡脚板，并应采用密目式安全立网或工具式栏板封闭。

（5）停层平台口应设置高度不低于1.8m的楼层防护门，并应设置防外开装置。井架物料提升机通道中间应设置隔离设施。

（6）装设安全防护门。

五、洞口作业的安全防护

（一）洞口作业

建筑物或构筑物在施工过程中，常会出现各种预留洞口、通道口、上料口、楼梯口、电梯井口，在其附近工作，称为洞口作业。

各种板与墙的孔口和洞口，各种预留洞口，桩孔上口，杯形、条形基础上口，电梯井口必须视具体情况分别设置牢固的盖板、防护栏杆、密目式安全网或其他防护坠落的设施。

防护栏杆的受力性能和力学计算与临边作业的防护栏杆相同。

（1）洞口作业时，应采取防坠落措施并应符合下列规定：

1）当竖向洞口短边边长小于500mm时，应采取封堵措施；当垂直洞口短边边长大于或等于500mm时，应在临空一侧设置高度不小于1.2m的防护栏杆，并应采用密目式安全立网或工具式栏板封闭，设置挡脚板。

2）当非竖向洞口短边边长为25～500mm时，应采用承载力满足使用要求的盖板覆盖，盖板四周搁置应均衡，且应防止盖板移位。

3）当非竖向洞口短边边长为500～1500mm时，应采用盖板覆盖或防护栏杆等措施，并应固定牢固。

4）当非竖向洞口短边边长大于或等于1500mm时，应在洞口作业侧设置高度不小于1.2m的防护栏杆，洞口应采用安全平网封闭。

（2）电梯井口应设置防护门，其高度不应小于1.5m，防护门底端距地面高度不应大于50mm，并应设置挡脚板。

（3）在电梯施工前，电梯井道内应每隔2层且不大于10m加设一道安全平网。电梯井内的施工层上部，应设置隔离防护设施。

（4）洞口盖板应能承受不小于1kN的集中荷载和不小于2kN/m^{2}的均布荷载，有特殊要求的盖板应另行设计。

（5）墙面等处落地的竖向洞口，窗台高度低于800mm的竖向洞口及框架结构在浇筑完混凝土未砌筑墙体时的洞口，应按临边防护要求设置防护栏杆。

六、悬空作业的安全防护

（一）悬空作业

施工现场，在周边临空的状态下进行作业时，高度在2m及2m以上，属于悬空高处作业。

悬空高处作业的法定定义是："在无立足点或无牢靠立足点的条件下，进行的高处作业统称为悬空高处作业。"因此，悬空作业尚无立足点时，必须适当地建立牢靠的立足点，如搭设操作平台、脚手架或吊篮等，搭设完成后方可进行施工。

（二）悬空作业的安全防范措施

（1）悬空作业的立足处的设置应牢固，并应配置登高和防坠落装置和设施。

（2）构件吊装和管道安装时的悬空作业应符合下列规定：

1）钢结构吊装，构件宜在地面组装，安全设施应一并设置。

2）吊装钢筋混凝土屋架、梁、柱等大型构件前，应在构件上预先设置登高通道、操作立足点等安全设施。

3）在高空安装大模板，吊装第一块预制构件或单独的大中型预制构件时，应站在作业平台上操作。

4）钢结构安装施工宜在施工层搭设水平通道，水平通道两侧应设置防护栏杆；当利用钢梁作为水平通道时，应在钢梁一侧设置连续的安全绳，安全绳宜采用钢丝绳。

5）钢结构、管道等安装施工的安全防护宜采用工具化、定型化设施。

（3）模板支撑体系搭设和拆卸的悬空作业，应符合下列规定：

1）模板支撑的搭设和拆卸应按规定程序进行，不得在上下同一垂直面上同时装拆模板。

2）在坠落基准面 2m 及以上高处搭设或拆除柱模板及悬挑结构的模板时，应设置操作平台。

3）在进行高处拆模作业时应配置登高用具或搭设支架。

（4）绑扎钢筋和预应力张拉的悬空作业应符合下列规定：

1）绑扎立柱和墙体钢筋，不得沿钢筋骨架攀登或站在骨架上作业。

2）在坠落基准面 2m 及以上高处绑扎柱钢筋和进行预应力张拉时，应搭设操作平台。

（5）混凝土浇筑与结构施工的悬空作业应符合下列规定：

1）浇筑高度 2m 及以上的混凝土结构构件时，应设置脚手架或操作平台。

2）悬挑的混凝土梁，檐、外墙，边柱等结构施工时，应搭设脚手架或操作平台。

（6）屋面作业时应符合下列规定：

1）在坡度大于 25°的屋面上作业，当无外脚手架时，应在屋檐边设置不低于 1.5m 高的防护栏杆，并应采用密目式安全立网全封闭。

2）在轻质型材等屋面上作业，应搭设临时走道板，不得在轻质型材上行走；安装轻质型材板前，应采取在梁下支设安全平网或搭设脚手架等安全防护措施。

（7）外墙作业时应符合下列规定：

1）门窗作业时，应有防坠落措施。操作人员在无安全防护措施时，不得站立在樘子、阳台栏板上作业。

2）高处作业不得使用座板式单人吊具，不得使用自制吊篮。

七、交叉作业的安全防护

（一）交叉作业

进行交叉作业时，不得在同一垂直方向同时操作下层作业的位置，且必须处于依上层高度确定的可能坠落范围半径之外。不符合此条件，中间应设置安全防护层。

（二）交叉作业的安全防范措施

（1）交叉作业时，下层作业位置应处于上层作业的坠落半径之外（如下表 3-1 所示）。

表 3-1 上层作业高度与坠落半径的关系值

序号	上层作业高度（m）	坠落半径（m）
1	$2 \leqslant h_b \leqslant 5$	3
2	$5 < h_b \leqslant 15$	4
3	$15 < h_b \leqslant 30$	5
4	$h_b > 30$	6

（2）交叉作业时，坠落半径内应设置安全防护棚或安全防护网等安全隔离措施。当尚未设置安全隔离措施时，应设置警戒隔离区，人员严禁进入隔离区。

（3）处于起重机臂架回转范围内的通道，应搭设安全防护棚。

（4）施工现场人员进出的通道口，应搭设安全防护棚。

（5）不得在安全防护棚棚顶堆放物料。

（6）当采用脚手架搭设安全防护棚架构时，应符合国家现行相关脚手架标准的规定。

（7）对不搭设脚手架和设置安全防护棚的交叉作业，应设置安全防护网。当在多层、高层建筑外立面施工时，应在二层及每隔四层设一道固定的安全防护网，同时设一道随施工高度提升的安全防护网。

（8）安全防护棚搭设应符合下列规定：

1）当安全防护棚为非机动车辆通行时，棚底至地面高度不应小于 3m；当安全防护棚为机动车辆通行时，棚底至地面高度不应小于 4m。

2）当建筑物高度大于 24m 并采用木质板搭设时，应搭设双层安全防护棚。两层防护的间距不应小于 700mm，安全防护棚的高度不应小于 4m。

3）当安全防护棚的顶棚采用竹笆或木质板搭设时，应采用双层搭设，间距不应小于 700mm；当采用木质板或与其等强度的其他材料搭设时，可采用单层搭设，木板厚度不应小于 50mm。防护棚的长度应根据建筑物高度与可能坠落半径确定。

（9）安全防护网搭设应符合下列规定：

1）安全防护网搭设时，应每隔 3m 设一根支撑杆，支撑杆与安全防护网的水平夹角不宜小于 45°。

2）当在楼层设支撑杆时，应预埋钢筋环或在结构内外侧各设一道横杆。

3）安全防护网应外高里低，网与网之间应拼接严密。

典型例题

1. 凡在坠落高度基准面（　　）m 以上有可能坠落的高处进行的作业称为高处作业。

A. 1.5　　B. 2　　C. 3　　D. 5

【答案】 B

【解析】 凡在坠落高度基准面 2m 以上（含 2m）有可能坠落的高处进行的作业称为高处作业。

2. 在施工现场，当工作面的边沿无围护设施，使人与物有各种坠落可能的高处作业，属于（　　）。

A. 临边作业　　B. 悬空作业　　C. 洞口作业　　D. 交叉作业

【答案】 A

【解析】 在施工现场，当工作面的边沿无围护设施，使人与物有各种坠落可能的高处作业，属于临边作业。

典型例题

3. 下列属于悬空作业的有（　　）。

A. 上料口　　B. 脚手架　　C. 搭设操作平台　　D. 电梯井口

E. 吊篮

【答案】 BCE

【解析】 施工现场，在周边临空的状态下进行作业时，高度在 2m 及 2m 以上，属于悬空高处作业。悬空高处作业的法定定义是："在无立足点或无牢靠立足点的条件下，进行的高处作业统称为悬空高处作业。"因此，悬空作业尚无立足点时，必须适当地建立牢靠的立足点，如搭设操作平台、脚手架或吊篮等，搭设完成后方可进行施工。

本章练习

1.《安全生产法》规定，生产经营单位必须为从业人员提供符合国家标准或者行业标准的（　　）。

A. 劳动防护用品　　B. 劳动工具　　C. 福利待遇　　D. 操作设备

【答案】 A

【解析】《安全生产法》规定，生产经营单位必须为从业人员提供符合国家标准或者行业标准的劳动防护用品。

2. 凡在坠落高度基准面 2m 以上（含 2m）有可能坠落的高处进行的作业称为高处作业，高处作业具有一定的危险性，一般我们将高处作业分为（　　）以上 4 个区域。

A. 2～5m；5（不含 5）～10m；10（不含 10）～15m；15m 以上

B. 2～5m；5（不含 5）～15m；15（不含 15）～25m；25m 以上

C. 2～5m；5（不含 5）～15m；15（不含 15）～30m；30m 以上

D. 2～5m；5（不含 5）～20m；20（不含 20）～35m；15m 以上

【答案】 C

【解析】 凡在坠落高度基准面 2m 以上（含 2m）有可能坠落的高处进行的作业称为高处作业，作业高度分为 2～5m、5（不含 5）～15m、15（不含 15）～30m 及 30m 以上 4 个区域。

3. 临边作业的防护主要为设置防护栏，栏杆由上下两道横杆及立杆构成。上杆离基准面高度应为（　　）m。

A. 0.5～0.6　　B. 0.6～0.8　　C. 0.8～1.0　　D. 1.0～1.2

【答案】 D

【解析】 临边作业的防护主要为设置防护栏杆及其他防护措施。设置防护栏杆为临边防护的主要方式。栏杆应由上、下两道横杆及栏杆柱构成。横杆离地高度的规定为：上杆 1.0～1.2m. 下杆 0.5～0.6m，即位于中间。

4. 关于安全网的宽度设计，根据国家标准《高处作业分级》（GB/T3608—2008）的规定，当高度 h 为 5m＜h≤15m 时，半径 R 应为（　　）。

A. 3m　　B. 4m　　C. 5m　　D. 6m

【答案】 B

【解析】 网的宽度：应符合国家标准《高处作业分级》（GB/T3608—2008）的规定。如基础度用 h 表示，可能坠落范围的半径用 R 表示，R 值与 h 值的关系如下：

当高度 h 为 2m＜h≤5m 时，半径 R 为 3m；

当高度 h 为 5m＜h≤15m 时，半径 R 为 4m；

当高度 h 为 15m＜h≤30m 时，半径 R 为 5m；

当高度 h＞30m 以上时，半径 R 为 6m。

5. 安全防护网在搭设时，应每隔 3m 设一根支撑杆，支撑杆水平夹角不宜小于（　　）。

A. 30°　　B. 35°　　C. 40°　　D. 45°

【答案】 D

【解析】 安全防护网搭设应符合下列规定：

（1）安全防护网搭设时，应每隔 3m 设一根支撑杆，支撑杆水平夹角不宜小于 45°。

（2）当在楼层设支撑杆时，应预埋钢筋环或在结构内外侧各设一道横杆。

（3）安全防护网应外高里低，网与网之间应拼接严密。

第五章　土石方与基坑工程安全技术

考试内容及要求

熟悉土石方工程和基坑（槽）工程中围护、降水、基坑支护、结构回筑等施工过程中的安全技术要求。掌握人工开挖和机械开挖的安全技术措施。运用建筑施工安全技术知识和相关标准，分析土石方及基坑（槽）工程施工过程中的危险、有害因素，制订相应的安全技术措施。

第一节　土石工程安全技术标准

一、总则

（1）为了在建筑施工土石方工程作业中，贯彻《中华人民共和国安全生产法》及“安全第一，预防为主”的方针，做到防护要求明确，技术可靠和经济合理，坚持“以人为本”，预防事故发生，制定本规范。

（2）本规范适用于工业与民用建筑及一般构筑物土石方工程施工时的安全生产作业。

（3）建筑工程土石方施工的安全技术要求，除执行本规范外，尚应符合国家现行有关规范、标准的规定。

二、基本规定

（1）建筑施工土石方工程的设计、施工应由具有相应资质及安全作业许可证的企业承担。

（2）建筑工程土石方施工前应做好设计方案及施工组织设计，并严格按照施工组织设计中的安全保证措施进行施工作业。

（3）建筑工程土石方施工项目，安全员必须持证上岗，无专职安全员禁止进行施工作业。

（4）建立、健全安全责任制。施工前应逐级进行安全技术教育及交底，落实所有安全技术措施和人身防护用品，未落实时不得进行施工。

（5）土石方施工的机械设备应有产品编号、制造单位及合格证书。设备在施工前必须加以检查，确认完好方能投入使用，并定期进行安检。施工中发现有问题或隐患时，必须及时解决；危及人身安全时，必须停止作业，经排除确认安全后，方可恢复生产。

（6）土石方施工作业人员应进行专业技术培训。特殊工种人员必须经过专业技术培训，考试合格后方能持证上岗。

（7）土石方施工中遇有地下文物时，应做好保护并立即上报有关部门。

三、三通一平

（一）一般规定

（1）土石方施工前应做好有安全保障的通电、通水、通路和平整场地工作。

（2）土石方施工区域应在行车行人可能经过的路线点处设置明显的警示标牌。有爆破、塌方、滑坡、深坑、触电等危险区域应设置能有效防止人畜进入的施工防护栏栅或隔离带，并设置明显标志。

（3）在城郊野外或市区大规模土石方施工现场应设置简易外伤紧急医疗处置点。

（二）通电

（1）施工用电和生活用电应分别设置有防雷击的专用配电箱或接口闸。并设置一对一的漏电保护装置，配电箱、接口闸，且必须防雨、防尘，其周围应设防护栏。

（2）施工区域内的电线必须采用绝缘线，严禁使用裸线，绝缘线直径和防护胶厚度应符合施工用电要求。无规定时直径不得小于2.5mm；防护胶皮厚度不得小于2.0mm。

（3）施工区域外的施工用电架空线必须设在专用电杆上，严禁架设在树木、脚手架上。架空线距地面最小净距离不低于4m。

（4）严禁超负荷和线路额定负荷用电。

（5）埋设地下暗线时，暗线应覆盖有效保护层，地面应有暗线标识。

（6）所有施工机具应有各自专用的开关箱，必须实行“一机一闸”制。

（三）通水

（1）施工用水和生活用水宜分开供水，如自然条件受限，以生活用水水质为供水标准。

（2）供水管线应埋设在安全区域，防止管线破裂或损坏。管线横跨道路时应有可靠的防振、防压措施。

（3）供水管线应具备有效防止供水渗漏的防渗措施，避免渗漏影响施工和场地条件。

（4）施工区域应有防洪排涝设施，并按区域面积设计泄排量。

（5）施工区域不得有超过施工场地面积15%或1000m^2的积水坑。当积水坑深度有可能超过400mm时，必须安装有效的安全防护栏，以避免发生人畜落水事故。

（四）通路

（1）施工场地修整的道路应保证载重量不低于20t施工用车的正常行驶。

（2）道路宽度应根据车流量进行设计且不宜少于双车道，坡度不得大（陡）于1：3.5。

（3）路面高于施工场地时，应设置明显可见的路险警示牌。路面高差超过1m时应设置坚固耐用的安全防护栏。

（4）进出场地路口应设置车辆清洁段和清洗设备。

（5）有道路交叉且场地面积超过10000m^2或车流量超过300车次/日时，宜在交叉路口设置交通指示灯或指挥岗。

（五）场地平整

（1）场地的平整应保证行人和施工机具安全。

（2）场地内有洼坑或暗沟时，应在平整时填埋压实。可保留的，必须设置行人和车辆能明显见到的警示标志。

（3）平整后的场地应对普通施工机具的正常作业有安全保障，有特殊安全要求时，场地平整应符合其要求。

（4）有爆破施工的场地必须保证人员的安全撤离，同时必须设置庇护场所。

四、机械设备

（一）一般规定

（1）机械操作人员必须经过专业安全技术培训，考核合格后，持证上岗。严禁酒后作业。

（2）操作人员在作业过程中，不得擅自离开岗位或将机械交给其他无证人员操作。严禁疲劳作业，严禁机械带故障作业，严禁无关人员进入作业区和操作室。

（3）操作人员必须认真执行机械有关保养规定。机械连续作业时，应建立交接班制度；接班人员经检查确认无误后，方可进行工作。

（4）机械进入现场前，必须查明行驶路线上空有无障碍及其高度；查明行驶路线上的桥梁、涵洞的通行高度和承载能力，确认安全后低速通过。严禁在桥面上急转向和紧急刹车。

（5）作业前应按照施工组织设计和安全技术交底检查施工现场。不宜在距现场电力、通讯电缆、煤气管道等周围 2m 以内进行机械作业。必须作业时，应探明其准确位置并采取措施保证其安全。

（6）机械严禁超载作业或任意扩大使用范围。安全防护装置不完整或已失效的机械不得使用。

（7）配合机械作业人员，必须在机械回转半径以外作业。如必须在回转半径内作业时，机上和机下人员应随时取得有效联系。

（8）在机械产生对人体有害的气体、液体、尘埃、渣滓、放射性射线、振动、噪声等场所，必须配置相应的安全保护设备和“三废”处理装置；在暗道、沉井基础施工中，应采取措施，使有害物限制在规定的限度内。

（9）作业遇到下列情况，应立即停止作业：

1）填挖区土体不稳定，有坍塌可能。

2）发生暴雨、雷电、水位暴涨及山洪暴发等情况时。

3）施工标记及防护设施被损坏。

4）地面涌水冒泥，出现陷车或因雨发生坡道打滑时。

5）工作面净空不足以保证安全作业时。

6）地下设施未探明时。

7）出现其他不能保证作业和运行安全的情况。

（10）新购、经过大修或技术改造的机械，应按有关规定要求进行测试和试运转。机械在寒冷季节使用，应遵守有关规定。

（11）机械运行时，严禁接触转动部位和进行检修。在修理装置时，应使其降到最低位置，悬空部位应有安全支撑。

（12）当机械发生重大事故时，企业领导必须及时上报、组织抢救、保护现场、查明原因、分清责任、落实及完善安全措施，并按事故性质严肃处理。

（13）机械发动前应对各部位进行检查，确认完好，方可启动。工作结束后，应将机械停到安全地带。

（14）夜间工作时，现场必须有足够照明，机械照明装置应齐全完好。

（二）土方开挖设备

1. 挖掘机

（1）在拉铲或反铲作业时，挖掘机履带到工作面边缘的安全距离不应小于 1.5m。

（2）挖土前应破碎障碍物。装车作业时，应待运输车停稳后进行，铲斗应尽量放低，不得撞击汽车任何部位；回转时禁止铲斗从汽车驾驶室顶上越过。

(3) 挖掘前，驾驶员应发出信号，使其他工作人员离开，并在确定后方可施工。

(4) 在崖边进行挖掘作业时，要采取防护措施。作业面不得留有伞沿状及松动的大块石，如发现有塌方危险应立即处理或将挖掘机撤离至安全地带。

(5) 在行驶或作业中，挖掘机除驾驶室外任何地方均严禁乘坐或站人。不得用铲斗吊运物料。

2. 推土机

(1) 启动时严禁有人站在履带或刀片的支架上，无安全隐患时方可行驶。

(2) 推土机上下坡应用低速挡行驶，上坡不得换挡，下坡不得脱挡滑行。应正车上坡，倒车下坡。推土机上坡坡度不得超过 25°，下坡坡度不得超过 35°。机身横向倾斜不得超过 10°。下陡坡时，应将推铲放下接触地面，并倒车行驶。

(3) 在浅水地带行驶或作业时，必须查明水深。

(4) 推土机向沟槽回填土时应设专人指挥，严禁推铲越出边缘，可以采用一铲顶一铲的推土方法。

(5) 在电杆附近推土时，应保留一定的土堆。其大小可根据电杆结构、土质、埋入深度等情况确定。

(6) 两台以上推土机在同一地区作业时，应设专人指挥。作业时，两机前后距离宜大于8m，平行时左右距离宜大于 1.5m。

(7) 施工现场如有爆破工程，每次爆破后机械进入现场前，现场爆破施工安全员要向施工人员和作业司机交底（如有无瞎炮、大石块等）。

3. 铲运机

(1) 作业前将行车道整修好，路面要比机身宽 2m，单行道宽度不应小于 5.5m。

(2) 铲运机不宜在干燥粉尘大以及潮湿黏土地带作业。

(3) 多台铲运机同时作业时，拖式铲运机前后距离不宜少于 10m，自行式铲运机不宜少于20m。平行作业两机间距不宜少于 2m。不得强行超车。

(4) 双胎铲运机应注意轮胎中间是否夹带石头。

(5) 出现陷车时，应有专人指挥，经采取措施处理确认安全后方可起拖。

(6) 自行式铲运机沿沟边或填方边坡作业时，轮胎离路肩不得小于 0.7m，并应放低铲斗，降速缓行。

4. 装载机

(1) 作业时应使用低速挡。严禁铲斗载人。

(2) 装载机不得在倾斜度超过规定的场地上工作，作业区内不得有障碍物及无关人员。

(3) 在向汽车上装料时，铲斗不得从汽车驾驶室上方越过。如汽车驾驶室顶无防护板，装料时驾驶室内不得有人。

(4) 在边坡、壕沟、凹坑卸料时，应有专人指挥，轮胎离边缘距离应大于 1.5m，并放置挡木阻滑。在大于 3°的坡面上，不得前倾卸料。

(5) 装载机转向架未锁闭时，严禁站在前后车架之间进行检修、保养。

(三) 土方平整和运输设备

1. 平地机

(1) 平地机在作业区作业，工作地段内有影响施工的障碍物和非填筑物时，必须先清除，后工作。

(2) 运输设备在公路上行驶时，应严格遵守国家道路交通安全法规及当地公安交管部门的相关规定。平地机通过桥梁时，必须了解桥梁结构和承载吨位，禁止超载强行通过。

（3）使用平地机清除积雪时，应在轮胎上安装防滑链，并应逐段探明路面的深坑、沟槽情况。

2. 压路机

（1）压路机碾压的工作面，应经过适当平整。对新填的松软路基，应先用羊足碾或打夯机预夯后，方可用压路机碾压。

（2）开动前，压路机周围应无障碍物或人员。

（3）修筑坑边道路时，必须由里侧向外侧碾压。距路基边缘不少于1m。

（4）两台以上压路机同时碾压时，前后间距不宜少于3m。

（5）禁止用压路机拖带任何机械、物件。

3. 载重汽车

（1）严格遵守国家道路交通安全法规及当地公安交管部门的有关规定。禁止违章驾驶，不得超载。

（2）配合挖装机械装料时，自卸汽车就位后应拉紧手刹制动器，在铲斗需越过驾驶室时，驾驶室内严禁有人。

（3）向坑洼区域卸料时，应和边坡保持安全距离，防止塌方翻车。严禁在斜坡侧向倾卸。

（4）卸料后，应使车厢落下复位后方可起步，不得在未落车厢的情况下行驶。严禁在车厢内载人。

（四）中小型机械

1. 蛙式夯实机

（1）每台夯机的电机必须是加强绝缘或双绝缘电机，并装有漏电保护装置。

（2）夯机操作开关必须使用定向开关，并保证其使用灵活、方便，且进线口必须加胶圈。每台夯机必须单独使用闸具或插座。

（3）电源开关至电机段的电缆线应采取措施保证其安全。夯机的电缆线不宜长于50m，夯机的扶手和操作手柄必须加装绝缘材料。

（4）操作人员必须戴绝缘手套和穿绝缘鞋。电缆线不得扭结或缠绕，不得张拉过紧，应保持有3～4m的余量。必须采取一人操作、一人拉线，两人配合作业。

（5）夯机作业四周2m范围内不得有非操作人员。多台夯机同时作业时，其并列间距不宜小于5m，纵列间距不宜小于10m。

2. 混凝土喷射机

（1）作业前应进行检查，输送管道不得泄漏和折弯，并应有保护措施。管道连接处应紧固密封。

（2）机械操作和喷射操作人员之间应通过有效信号联系。喷射操作人员应佩戴护目镜。

（3）在喷嘴前方及左右3m范围内严禁有人。作业间歇时，喷嘴不得对人。

3. 灰浆搅拌机

（1）作业前应检查电气设备、漏电保护器、接零或接地装置是否正常；传动部件、工作装置和安全防护装置是否安全有效，确认无异常后方可运转。

（2）加料时应将加料工具高出搅拌叶投料。严禁运转中把工具伸进搅拌桶内扒料。严禁将手或木棒等伸入搅拌桶，或在桶口清理灰浆。

4. 小翻斗车

（1）驾驶人员必须持特种作业操作证上岗作业。未经相关管理部门考试发证的严禁上公路行驶。

（2）运输构件宽度不得超过车宽，高度不得超过1.5m（从地面算起）。运输混凝土时，混凝土的平面应低于斗口10cm。运砖时，高度不得超过斗平面。严禁超载行驶。

（3）雨雪天气、夜间应低速行驶。严禁下坡空挡滑行和下25°以上陡坡。

（4）在坑槽边缘倒料时，必须在距离坑槽0.8～1m处设置安全挡掩。车在距离坑槽10m处即应减速至安全挡掩处倒料，严禁骑沟倒料。

（5）翻斗车上坡道（马道）时，坡道应平整且宽度不得小于2.3m，两侧应设置防护栏杆。

典型例题

1. 土石方施工前应做好有安全保障的“三通一平”工作，“三通一平”指（　　）。

A. 通电、通水、通气和平整场地工作　　B. 通电、通水、通风和平整场地工作

C. 通电、通水、通路和平整场地工作　　D. 通风、通电、通气和平整场地工作

【答案】C

【解析】一般规定：

（1）土石方施工前应做好有安全保障的通电、通水、通路和平整场地工作。

（2）土石方施工区域应在行车行人可能经过的路线点处设置明显的警示标牌。有爆破、塌方、滑坡、深坑、触电等危险区域应设置能有效防止人畜进入的施工防护栏栅或隔离带，并设置明显标志。

（3）在城郊野外或市区大规模土石方施工现场应设置简易外伤紧急医疗处置点。

2. 施工区域内的电线必须采用绝缘线，严禁使用裸线，绝缘线直径和防护胶厚度应符合施工用电要求，无规定时直径不得小于（　　）；防护胶皮厚度不得小于（　　）。

A. 2.5mm，2.5mm　　B. 2mm，2.5mm

C. 1.5mm，2.0mm　　D. 2.5mm，2.0mm

【答案】D

【解析】施工区域内的电线必须采用绝缘线，严禁使用裸线，绝缘线直径和防护胶厚度应符合施工用电要求。无规定时直径不得小于2.5mm；防护胶皮厚度不得小于2.0mm。

3. 施工区域外的施工用电架空线必须设在专用电杆上，严禁架设在树木、脚手架上。架空线距地面最小净距离不低于（　　）m。

A. 1　　B. 2　　C. 3　　D. 4

【答案】D

【解析】通电：

（1）施工用电和生活用电应分别设置有防雷击的专用配电箱或接口闸，并设置一对一的漏电保护装置，配电箱、接口闸，且必须防雨、防尘，其周围应设防护栏。

（2）施工区域内的电线必须采用绝缘线，严禁使用裸线，绝缘线直径和防护胶厚度应符合施工用电要求。无规定时直径不得小于2.5mm；防护胶皮厚度不得小于2.0mm。

（3）施工区域外的施工用电架空线必须设在专用电杆上，严禁架设在树木、脚手架上。架空线距地面最小净距离不低于4m。

（4）严禁超负荷和线路额定负荷用电。

（5）埋设地下暗线时，暗线应覆盖有效保护层，地面应有暗线标识。

（6）所有施工机具应有各自专用的开关箱，必须实行“一机一闸”制。

第二节　基坑作业安全技术标准

一、一般规定

（1）基坑工程应建立现场安全管理制度。开工前进行安全交底，并留有书面记录。施工现场应设置专职安全员。

（2）土方开挖前，应查清周边环境，如建筑物、市政管线、道路、地下水等情况；应将开挖范围内的各种管线迁移、拆除，或采取可靠保护措施。

（3）基坑土方开挖应按设计和施工方案要求分层、分段、均衡开挖，并贯彻先锚固（支撑）后开挖、边开挖边监测、边开挖边防护的原则。严禁超深挖土。

（4）基坑土方开挖按要求设置变形观测点，并按规定进行观测，发现异常情况要及时处理，做到信息化施工。

二、基坑开挖的防护

（1）深度超过1.5m的基坑周边须安装防护栏杆。防护栏杆应符合以下规定：

1）防护栏杆高度应为1.2～1.5m。

2）防护栏杆由横杆及立柱组成。横杆2～3道，下杆离地高度0.3～0.6m，上杆离地高度1.0～1.2m；立柱间距不大于2m，立柱离坡边距离应大于0.5m。防护栏杆外放置有砂、石、土、砖、砌块等材料时应设置扫地杆。

3）防护栏杆上应加挂密目安全网或挡脚板。安全网自上而下封闭设置，网眼不大于25mm；挡脚板高度不小于180mm，挡脚板下沿离地高度不大于10mm。

4）防护栏杆的材料要有足够的强度，须安装牢固，上杆应能承受任何方向大于1kN的外力。

5）防护栏杆上应没有毛刺。

（2）做好道路、地面的硬化及防水措施。基坑边坡的顶部应设排水措施，防止地面水渗漏、流入基坑和冲刷基坑边坡。基坑底四周应设排水沟，防止坡脚受水浸泡，发现积水要及时排除。基坑挖至坑底时应及时清理基底并浇筑垫层。

（3）基坑内应有专用坡道或梯道供施工人员上下。梯道的宽度不应小于0.75m，坡道宽度小于3m时应在两侧设置安全护栏，梯道的搭设应符合相关安全规范要求。

（4）基坑支护结构物上及边坡顶面等处有坠落可能的物件、废料等，应先行拆除或加以固定，防止坠落伤人。

（5）基坑支护应尽量避免在同一垂直作业面的上下层同时作业。如果必须同时作业，在上下层之间需设置隔离防护措施。施工作业所需脚手架的搭设应符合相关安全规范要求。在脚手架上进行施工作业时，架下不得有人作业、停留及通行。

三、安全作业要求

（1）在电力管线、通信管线、燃气管线2m范围内及上下水管线1m范围内挖土时，宜在安全人员监护下开挖。

（2）支护结构采用土钉墙、锚杆、腰梁、支撑等结构型式时，必须等结构的强度达到开挖时的设计要求后才可开挖下一层土方，严禁提前开挖。施工过程中，严禁各种机械碰撞支撑、腰梁、锚杆、降水井等基坑支护结构物，不得在上面放置或悬挂重物。

（3）基坑开挖的坡度和深度应严格按设计要求进行。当设计未做规定时，对人工开挖的狭窄基槽或坑井，应按其塌方不会导致人身安全隐患的条件对挖土深度和宽度进行限制。人工开挖基坑的深度较大并存在边坡塌方危险时，应采取临时支护措施。

（4）开挖的基坑深度低于邻近建筑物基础时，开挖的边坡应与邻近建筑物基础保持一定距离。当高差不大时，根据土层的性质、邻近建筑物的荷载和重要性等情况，其放坡坡度的高宽比应小于 1∶0.5；当高差较大或邻近建筑物结构刚度较弱时，应对开挖对其影响程度进行分析计算。当基坑开挖不能满足安全要求时，应对基坑边坡采取加固或支护等措施。

（5）在软土地基上开挖基坑，应防止挖土机械作业时的下陷。当在软土场地上挖土机械不能正常行走和作业时，应对挖土机械行走路线用铺设渣土或砂石等方法进行硬化。开挖坡度和深度应保证软土边坡的稳定，防止塌陷。

（6）场地内有桩的空孔时，土方开挖前应先将其填实。挖孔桩的护壁、旧基础、桩头等结构物不应使用挖掘机强行拆除，应采用人工或其他专用机械拆除。

（7）陡边坡处作业时，坡上作业人员必须系挂安全带，弃土下方以及滚石危及的范围内应设明显的警示标志，并禁止作业及通行。

（8）遇软弱土层、流沙（土）、管涌、向坑内倾斜的裂隙面等情况时，应及时向上级及设计人员汇报，并按预定方案采取相应措施。

（9）除基坑支护设计要求允许外，基坑边 1m 范围内不得堆土、堆料、放置机具。

（10）采用井点降水时，井口应设置防护盖板或围栏，警示标志应明显。停止降水后，应及时将井填实。

（11）施工现场应采用大功率、防水型灯具，夜间施工的作业面以及进出道路应有足够的照明措施和安全警示标志。

（12）碘钨灯、电焊机、气焊与气割设备等能够散发大量热量的机电设备，不得靠近易燃品。灯具与易燃品的最小间距不得小于 1m。

（13）采用钢钎破碎混凝土、块石、冻土等坚硬物体时，扶钎人应在打锤人侧面用长把夹具扶钎，打锤人不得戴手套。施工人员应佩戴防护眼镜。打锤 1m 范围内不得有其他人停留。

（14）遇到六级及以上的强风、台风、大雨、雷电、冰雹、浓雾、暴风雪、沙尘暴、高温等恶劣天气，不应进行高处作业。恶劣天气过后，应对作业安全设施逐一检查修复。

（15）施工人员进入施工现场必须佩戴安全帽。严禁酒后作业，禁止赤脚、穿拖鞋、穿凉鞋、穿高跟鞋进入施工现场。基坑边清扫的垃圾、废料等不得抛掷到基坑内。

（16）禁止施工人员连续加班、持续作业。

四、安全检查、监测和险情预防

（1）开挖深度超过 5m、垂直开挖深度超过 1.5m 的基坑、软弱土层中开挖的基坑，应进行基坑监测，并应向基坑支护设计人员、安全工程师等相关人员及时通报监测成果。安全员等相关人员应掌握基坑的安全状况，了解监测数据。

（2）基坑开挖过程中，应及时、定时对基坑边坡及周边环境进行巡视，随时检查边坡位移（土体裂缝）、边坡倾斜、土体及周边道路沉陷或隆起、支护结构变形、地下水涌出、管线开裂、不明气体冒出和基坑防护栏杆的安全性等问题。

（3）开挖中如发现古墓、古物、地下管线或其他不能辨认的异物、液体、气体等异常情况时，严禁擅自挖掘，应立即停止作业，及时向上级相关部门报告，待相关部门进行处理后，方可继续开挖。

(4) 当基坑开挖过程中出现边坡位移过大、地表裂缝明显或沉陷等情况时，须及时停止作业并尽快通知设计等有关人员进行处理；出现边坡塌方等险情或险情征兆时，须及时停止作业，组织撤离危险区域并对险情区域回填，尽快通知设计等有关人员研究处理。

典型例题

1. 深度超过 1.5m 的基坑周边须安装防护栏杆。下列防护栏符合规定的是（　　）。

A. 防护栏杆高度应为 1.2～1.5m

B. 防护栏杆上可以有毛刺

C. 防护栏杆由横杆及立柱组成

D. 防护栏杆上应加挂密目安全网或挡脚板

E. 防护栏杆的材料要有足够的强度，须安装牢固

【答案】 ACDE

【解析】 深度超过 1.5m 的基坑周边须安装防护栏杆。防护栏杆应符合以下规定：

(1) 防护栏杆高度应为 1.2～1.5m。

(2) 防护栏杆由横杆及立柱组成。横杆 2～3 道，下杆离地高度 0.3～0.6m，上杆离地高度 1.0～1.2m；立柱间距不大于 2m，立柱离坡边距离应大于 0.5m。防护栏杆外放置有砂、石、土、砖、砌块等材料时应设置扫地杆。

(3) 防护栏杆上应加挂密目安全网或挡脚板。安全网自上而下封闭设置，网眼不大于 25mm；挡脚板高度不小于 180mm，挡脚板下沿离地高度不大于 10mm。

(4) 防护栏杆的材料要有足够的强度，须安装牢固，上杆应能承受任何方向大于 1kN 的外力。

(5) 防护栏杆上应没有毛刺。

2. 开挖深度超过（　　）、垂直开挖深度超过（　　）的基坑、软弱土层中开挖的基坑，应进行基坑监测。

A. 5m，2m　　B. 2.5m，2m　　C. 5m，1.5m　　D. 3m，1.5m

【答案】 C

【解析】 开挖深度超过 5m、垂直开挖深度超过 1.5m 的基坑、软弱土层中开挖的基坑，应进行基坑监测，并应向基坑支护设计人员、安全工程师等相关人员及时通报监测成果。安全员等相关人员应掌握基坑的安全状况，了解监测数据。

第三节　土石方及基坑工程及安全防护措施

一、土石方工程

在土石方工程施工中，安全是一个很突出的问题。因土方坍塌造成的事故占每年工程死亡人数的比例逐年上升，成为建筑业五大伤害之一。

（一）土的分类与性质

(1) 根据土的颗粒级配或塑性指数可分为碎石类土、砂土和黏性土。

（2）根据土的沉积年代，黏性土又可分为：老黏性土、一般黏性土和新近沉积黏性土。

（3）根据土的工程特性，还可分出如软土、人工填土、素填土、杂填土等。在野外主要采用湿润时用刀切、用手捻摸、湿土搓条等方法来鉴别土的性质，以便采取支护措施。

（二）边坡稳定因素及基坑支护的种类

1. 影响边坡稳定的因素

基坑开挖后，其边坡失稳坍塌的实质是边坡土体中的剪应力大于土的抗剪强度。而土体的抗剪强度又是来源于土体的内摩阻力和内聚力。因此，凡是能影响土体中剪应力、内摩阻力和内聚力的，都能影响边坡的稳定。

（1）土类别的影响：不同类别的土，其土体的内摩阻力和内聚力不同。例如砂土的内聚力为零，只有内摩阻力，靠内摩阻力来保持边坡的稳定平衡。而黏性土则同时存在内摩阻力和内聚力，因此，对于不同类别的土能保持其边坡稳定的最大坡度也不同。

（2）土湿化程度的影响：土内含水愈多，湿化程度越高，使土壤颗粒之间产生滑润作用，内摩阻力和内聚力均降低，其土的抗剪强度降低，边坡容易失去稳定。同时含水量增加，使土的自重增加，裂缝中产生静水压力，增加了土体内剪应力。

（3）气候的影响：气候使土质松软或变硬，如冬季冻融又风化，可降低土体抗剪强度。

（4）基坑边坡上面附加荷载或外力的影响，能使土体中剪应力大大增加，甚至超过土体的抗剪强度，使边坡失去稳定而塌方。

2. 土方边坡最陡坡度

为了防止塌方，保证施工安全，当土方挖到一定深度时，边坡均应做成一定的坡度。土方边坡的坡度以其高度 H 与底宽度 B 之比表示，即土方边坡坡度的大小与土质、开挖深度、开挖方法、边坡留置时间的长短、排水情况、附近堆积荷载等有关。开挖的深度愈深，留置时间越长，边坡应设计得平缓一些，反之则可陡一些，用井点降水时边坡可陡些。边坡可以做成斜坡式，根据施工需要亦可做成踏步式。地下水位低于基坑（槽）或管沟底面标高时，挖方深度在 5m 以内，不加支撑的边坡的最陡坡度应符合下表 5-1 规定。

表 5-1　土方边坡坡度规定

土的类别	边坡坡度（高：宽）		
	坡顶无荷载	坡顶有静荷载	坡顶有动荷载
中密的沙土	1：1.00	1：1.25	1：1.50
中密的碎石类、土（充填物黏性土）	1：0.75	1：1.00	1：1.25
硬塑的轻亚黏土	1：0.67	1：0.75	1：1.00
中密的碎石类土（充填物黏性土）	1：0.50	1：0.67	1：0.75
硬塑的轻亚黏土、黏土	1：0.33	1：0.50	1：0.67
老黄土	1：0.10	1：0.25	1：0.33
软土（经井点降水后）	1：1.00	—	—

注：静荷载指堆土或材料等，动荷载指机械挖土或汽车运输作业等。在挖方边坡上侧堆土或材料以及移动施工机械时应与挖方边缘保持一定距离，以保证边坡的稳定，当土质良好时，堆土或材料距挖方边缘 0.8m 以外，高度不宜超过 1.5m。

3. 挖方直壁不加支撑的允许深度

土质均匀且地下水位低于基坑（槽）或管沟底面标高时，其挖方边坡可做成直立壁不加支撑，挖方深度应根据土质确定，但不宜超过下表 5-2 的规定。

表 5-2　基坑（槽）做成直立壁不加支撑的深度规定

土的类别	挖方深度（m）
密实、中密的沙土和碎石类土（填充物为砂土）	1
硬塑、可塑的轻亚黏土及亚黏土	1.25
硬塑、可塑的黏土及碎石土（填充物为黏性土）	1.50
坚硬的黏土	2

采用直立壁挖土的基坑（槽）或管沟挖好后，应及时进行地下结构和安装工程施工，在施工过程中，应经常检查坑壁的稳定情况。

挖方深度若超过表 5-2 规定，应按照表 5-1 规定，放坡或直立壁加支撑。

4. 基坑和管沟常用的支护方法

在基坑或管沟开挖时，常因场地的限制不能放坡，或者为了减少挖填的土方量，缩短工期以及防止地下水渗入基坑等要求，可采用设置支撑与护壁桩的方法。表 5-3 介绍了常用的一些基坑与管沟的支撑方法：

表 5-3　常用的一些基坑与管沟的支撑方法

支撑名称	适用范围	支撑名称	适用范围
间断式水平支撑	能保持直立的干土或天然湿度的黏土类土，深度在 2m 以内	断续式水平支撑	挖掘湿度小的黏性土及挖土深度小于 3m 时
连续式水平支撑	挖掘较潮湿的或散粒的土及挖土深度小于 5m	连续式垂直支撑	挖掘松散的或湿度很高的土（挖土深度不限）
锚拉支撑	开挖较大基坑或使用较大型的机械挖土，而不能安装横撑时	斜柱支撑	开挖较大基坑或使用较大型的机械挖土，而不能采用锚拉支撑时
短桩隔断支撑	开挖宽度大的基坑，当部分地段下部放坡不足时	临时挡土墙支撑	开挖宽度较大的基坑，当部分地段下部放坡不足时
混凝土或钢筋混凝土支护	天然湿度的黏土类土中，地下水较少，地面荷载较大，深度 6～30m 的圆形结构护壁或人工挖孔桩护壁时	钢构架支护	在软弱土层中开挖较大、较深基坑，而不能用一般支护方法时
地下连续墙支护	开挖较大、较深，周围有建筑物、公路的基坑，作为复合结构的一部分或用于高层建筑的逆作法施工，作为结构的地下外墙	地下连续墙锚杆支护	开挖较大、较深（>10m）的大型基坑，周围有高层建筑物，不允许支护有较大变形，采用机械挖土不允许内部设支撑时
挡土护坡桩支撑	开挖较大、较深（>6m）基坑，临近有建筑，不允许支撑有较大变形时	挡土护坡桩与锚杆结合支撑	大型较深基坑开挖，临近有高层建筑物建筑，不允许支护有较大变形时

（三）土方开挖及基坑和边坡施工的安全防护措施

1. 土方开挖准备

（1）勘查现场，清除地面及地上障碍物。

（2）做好施工场地防洪排水工作，场地周围设置必要的截水沟、排水沟。

（3）保护测量基准桩，以保证土方开挖标高位置与尺寸准确无误。

（4）备好施工用电、用水、道路及其他设施。

（5）对于深基坑，要先做好挡土桩。

2. 土方开挖

（1）根据土方开挖的深度和工程量的大小，选择机械和人工挖土或机械挖土的方案。

（2）如开挖的基坑（槽）比邻近建筑物基础深时，开挖应保持一定的距离和坡度，以免在施工时影响邻近建筑物的稳定。如不能满足要求，应采取边坡支撑加固措施，并在施工中进行沉降和位移观测。

（3）弃土应及时运出，如需要临时堆土，或留作回填土，堆土坡脚至坑边距离应按挖坑深度、边坡坡度和土的类别确定，在边坡支护设计时应考虑堆土附加的侧压力。

（4）为防止基坑底的土被扰动，基坑挖好后要尽量减少暴露时间，及时进行下一道工序的施工。如不能立即进行下一道工序，要预留 15～30cm 厚覆盖土层，待基础施工时再挖去。

（四）土石方机械的安全控制要点

（1）土石方机械作业前，应查明施工场地明、暗设置物（电线、地下电缆、管道、坑道等）的地点及走向，并采用明显记号标识。严禁在离电缆 1m 距离以内作业。

（2）机械运行中，严禁接触转动部位和进行检修。在修理（焊、铆等）工作装置时，应使其降到最低位置，并应在悬空部位垫上垫木。

（3）在施工中遇下列情况之一时应立即停工，待符合作业安全条件时，方可继续施工。

1）填挖区土体不稳定，有发生坍塌危险时。

2）气候突变，发生暴雨、水位暴涨或山洪暴发时。

3）在爆破警戒区内发出爆破信号时。

4）地面涌水冒泥，出现陷车或因雨发生坡道打滑时。

5）工作面净空不足以保证安全作业时。

6）施工标志、防护设施损毁失效时。

（4）配合机械作业的清底、平地、修坡等人员，应在机械回转半径以外工作。当必须在回转半径以内工作时，应停止机械回转并制动好后，方可作业。

（5）推土机行驶前，严禁有人站在履带或刀片的支架上，机械四周应无障碍物，确认安全后，方可开动。

（6）铲运机作业中，严禁任何人上下机械，传递物件，以及在铲斗内、拖把或机架上坐立。非作业行驶时，铲斗必须锁紧链条挂牢在运输行驶位置上，机上任何部位均不得载人或装载易燃、易爆物品。

（7）蛙式夯实机进行夯实机作业时，应一人扶夯，一人传递电缆线，且必须戴绝缘手套，穿绝缘鞋。递线人员应跟随夯机后或两侧调顺电缆线，电缆线不得扭结或缠绕，且不得张拉过紧，应保持有 3～4m 的余量。

（8）电动冲击夯应装有漏电保护装置，操作人员必须戴绝缘手套，穿绝缘鞋。作业时，电缆线不应拉得过紧，应经常检查线头安装，不得松动及引起漏电。严禁冒雨作业。

(9) 风动凿岩机严禁在废炮眼上钻孔和骑马式操作，钻孔时，钻杆与钻孔中心线应保持一致。在装完炸药的炮眼 5m 以内，严禁钻孔。

(10) 电动凿岩机电缆线不得敷设在水中或在金属管道上通过。施工现场应设标志，严禁机械、车辆等在电缆上通过。

(五) 土方开挖的安全措施

(1) 土方开挖前，应检查定位放线、排水和降低地下水位系统。

(2) 每项工程施工时，都要编制土方工程施工方案，其内容包括施工准备、开挖方法、放坡、排水、边坡支护等，边坡支护应根据有关规范要求进行设计，并有设计计算书。

(3) 人工挖基坑时，操作人员之间要保持安全距离，一般大于 2.5m；多台机械开挖，挖土机间距应大于 10m，挖土要自上而下，逐层进行，严禁先挖坡脚的危险作业。

(4) 挖土方前对周围环境要认真检查，不能在危险岩石或建筑物下面作业。

(5) 开挖过程中，应检查平面位置、水平标高、边坡坡度、压实度、排水和降低地下水位系统，并随时观测周围的环境变化。

(6) 基坑开挖应严格按要求放坡，操作时应随时注意边坡的稳定情况，发现问题及时加固处理。

(7) 基坑（槽）开挖后，应检验下列内容：

1) 核对基坑（槽）的位置、平面尺寸、坑底标高是否符合设计的要求，并检查边坡稳定状况，确保边坡安全。

2) 核对基坑土质和地下水情况是否满足地质勘查报告和设计要求；有无破坏原状土结构或发生较大土质扰动的现象。

3) 用钎探法或轻型动力触探等方法检查基坑（槽）是否存在软弱土下卧层、空穴、古墓、古井、防空掩体、地下埋设物等，并确定其位置、深度、性状。

4) 基坑（槽）验槽，应重点观察柱基、墙角、承重墙下或其他受力较大部位，如有异常部位，要会同勘查、设计等有关单位处理。

(8) 土方回填，应查验下列内容：

1) 回填土的材料要符合设计和规范的规定。

2) 填土施工过程中应检查排水措施、每层填筑厚度、回填土的含水量控制（回填土的最优含水量，砂土：8%～12%；黏土：19%～23%；粉质黏土：12%～15%；粉土：16%～22%）和压实程度。

3) 基坑（槽）的填方，在夯实或压实之后，要对每层回填土的质量进行检验，满足设计或规范要求。

4) 填方施工结束后应检查标高、边坡坡度、压实程度等是否满足设计或规范要求。

(9) 机械挖土，多台机同时开挖土方时，应验算边坡的稳定。根据规定和计算确定挖土机离边坡的安全距离。

(10) 深基坑四周设防护栏杆，人员上下要有专用爬梯。

(11) 运土道路的坡度、转弯半径要符合有关规定。

(12) 土方爆破时要遵守爆破作业的有关规定。

二、基坑工程

(一) 基坑（槽）泡水

(1) 现象：基坑（槽）开挖后，地基土被水浸泡。

（2）治理：

1）被水淹泡的基坑，应采取措施，将水引走排净。

2）设置截水沟，防止水刷边坡。

3）已被水浸泡扰动的土，采取排水晾晒后夯实；或抛填碎石、小块石夯实；或换土夯实（3∶7 灰土）。

（二）基坑开挖的监控

（1）基坑开挖前应制订系统的开挖监控方案，监控方案应包括监控目的、监测项目、监控报警值、监测方法、精度要求、监测点的布置、监测周期、工序管理、记录制度以及信息反馈系统等。

（2）基坑工程的监测包括支护结构的监测和周围环境的监测，重点是做好支护结构水平位移、周围建筑物、地下管线变形、地下水位等的监测。

（三）基坑（槽）开挖前的勘察内容

（1）详尽搜集工程地质和水文地质资料。

（2）认真查明地上、地下各种管线（如上下水、电缆、煤气、污水、雨水、热力等管线或管道）的分布和形状、位置和运行状况。

（3）充分了解和查明周围建（构）筑物的状况。

（4）充分了解和查明周围道路交通状况。

（5）充分了解周围施工条件。

（四）基坑（槽）土方开挖与回填安全技术措施

（1）基坑（槽）开挖时，两人操作间距应大于 2.5m。多台机械开挖，挖土机间距应大于 10m。在挖土机工作范围内，不允许进行其他作业。挖土应由上而下，逐层进行，严禁先挖坡脚或逆坡挖土。

（2）土方开挖不得在危岩、孤石或未加固的危险建筑物的下面进行。施工中在基坑周边应设排水沟，防止地面水流入或渗入坑内，发生边坡塌方。

（3）基坑周边严禁超堆荷载。在坑边堆放弃土、材料和移动施工机械时，应与坑边保持一定的距离，当土质良好时，要距坑边 1m 以外，堆放高度不能超过 1.5m。

（4）基坑（槽）开挖应严格按要求进行放坡。施工时应随时注意土壁的变化情况，如发现有裂纹或部分坍塌现象，应及时进行加固支撑或放坡，并密切注意支撑的稳固和土壁的变化，同时对坡顶、坡面、坡脚采取降排水措施。当采取不放坡开挖时，应设置临时支护，各种支护应根据土质及基坑深度经计算确定。

（5）采用机械多台阶同时开挖时，应验算边坡的稳定，挖土机离边坡应保持一定的安全距离，以防塌方，造成翻机事故。

（6）在有支撑的基坑（槽）中使用机械挖土时，应采取必要措施防止碰撞支护结构、工程桩或扰动基底原土。在坑槽边使用机械挖土时，应计算支护结构的整体稳定性，必要时应采取措施加强支护结构。

（7）开挖至坑底标高后坑底应及时满封并进行基础工程施工。

（8）地下结构工程施工过程中应及时进行夯实回填土施工。在进行基坑（槽）和管沟回填土时，其下方不得有人，所使用的打夯机等要检查电器线路，防止漏电、触电，停机时要切断电源。

（9）在拆除护壁支撑时，应按照回填顺序，从下而上逐步拆除。更换护壁支撑时，必须先安装新的，再拆除旧的。

（五）降水工程

（1）根据基坑的开挖深度、地下水位的标高、土质的特性及周围环境，确定降水方案。

（2）设计和验算降水方案的可靠性。

（3）编制降水的程序、操作规定、管理制度。

（4）绘制施工图。

（六）基坑施工的安全应急措施

（1）在基坑开挖过程中，一旦出现了渗水或漏水，应根据水量大小，采用坑底设沟排水、引流修补、密实混凝土封堵、压密注浆、高压喷射注浆等方法及时进行处理。

（2）如果水泥土墙等重力式支护结构位移超过设计估计值时，应予以高度重视，同时做好位移监测，掌握发展趋势。如果位移持续发展，超过设计值较多时，则应采用水泥土墙背后卸载、加快垫层施工及加大垫层厚度和加设支撑等方法及时处理。

（3）如果悬臂式支护结构位移超过设计值时，应采取加设支撑或锚杆、支护墙背卸土等方法及时处理。如果悬臂式支护结构发生深层滑动时，应及时浇筑垫层，必要时也可以加厚垫层，形成下部水平支撑。

（4）如果支撑式支护结构发生墙背土体沉陷，应采取增设坑外回灌井、进行坑底加固、垫层随挖随浇、加厚垫层或采用配筋垫层、设置坑底支撑等方法及时处理。

（5）对于轻微的流沙现象，在基坑开挖后可采用加快垫层浇筑或加厚垫层的方法“压住”流沙。对于较严重的流沙，应增加坑内降水措施处理。

（6）如果发生管涌，可以在支护墙前再打设一排钢板桩，在钢板桩与支护墙间注浆。

（7）对邻近建筑物沉降的控制一般可以采用回灌井、跟踪注浆等方法。对于沉降很大，而压密注浆又不能控制的建筑，如果基础是钢筋混凝土的，则可以考虑采用静力锚杆压桩的方法处理。

（8）对于基坑周围管线保护的应急措施一般包括增设回灌井、打设封闭桩或管线架空等方法。

典型例题

1. 为有效遏制施工现场群死群伤生产安全事故，企业要严格按照相关要求，做好危险性较大分部分项工程安全技术工作。对所涉及的危险性较大分部分项工程，除需编制安全专项施工方案外，超过一定规模的还需要对方案进行专家论证。下列分部分项工程中，需要对专项施工方案进行专家论证的是（　　）。

A. 住宅楼工程，其基坑开挖深度为 4m

B. 住宅楼工程，采用人工扩孔桩，开挖深度为 14m

C. 餐厅工程，建筑高度为 21m，计划搭设高 23m 的落地式钢管脚手架作为结构施工期间的防护架体

D. 住宅楼工程，建筑高度 45m，底层搭设高度 20m 的落地式钢管脚手架，20m 以上搭设悬挑脚手架至封顶

【答案】 D

【解析】 深基坑工程：开挖深度超过 5m（含 5m）的基坑（槽）的土方开挖、支护、降水工程，选项 A 错误。开挖深度超过 16m 的人工挖孔桩工程，选项 B 错误。脚手架工程：搭设高度 50m 及以上落地式钢管脚手架工程；提升高度 150m 及以上附着式整体和分片提升脚手架工程；架体高度 20m 及以上悬挑式脚手架工程，故选项 C 错误。

2. 基坑和管沟常用的支护方法中，能保持直立的干土或天然湿度的黏土类土，深度在2m以内的支撑方法是（　　）。

A. 断续式水平支撑　　B. 连续式水平支撑

C. 间断式水平支撑　　D. 连续式垂直支撑

【答案】C

【解析】基坑和管沟常用的支护方法中，能保持直立的干土或天然湿度的黏土类土，深度在2m以内的支撑方法是间断式水平支撑。

本章练习

1. 道路宽度应根据车流量进行设计且不宜少于双车道，坡度不得大（陡）于（　　）。

A. 1∶2.5　　B. 1∶3.0　　C. 1∶3.5　　D. 1∶4.0

【答案】C

【解析】通路：

(1) 施工场地修整的道路应保证载重量不低于20t施工用车的正常行驶。

(2) 道路宽度应根据车流量进行设计且不宜少于双车道，坡度不得大（陡）于1∶3.5。

(3) 路面高于施工场地时，应设置明显可见的路险警示牌。路面高差超过1m时应设置坚固耐用的安全防护栏。

(4) 进出场地路口应设置车辆清洁段和清洗设备。

(5) 有道路交叉且场地面积超过10000m^2或车流量超过300车次/日时，宜在交叉路口设置交通指示灯或指挥岗。

2. 作业遇到（　　）情况，应立即停止作业。

A. 地面涌水冒泥，出现陷车或因雨发生坡道打滑时

B. 填挖区土体不稳定，有坍塌可能

C. 地下设施未探明时

D. 其他情况但不影响作业和运行安全

E. 发生暴雨、雷电、水位暴涨及山洪暴发等情况时

【答案】ABCE

【解析】作业遇到下列情况，应立即停止作业：

(1) 填挖区土体不稳定，有坍塌可能。

(2) 发生暴雨、雷电、水位暴涨及山洪暴发等情况时。

(3) 施工标记及防护设施被损坏。

(4) 地面涌水冒泥，出现陷车或因雨发生坡道打滑时。

(5) 工作面净空不足以保证安全作业时。

(6) 地下设施未探明时。

(7) 出现其他不能保证作业和运行安全的情况。

3. 推土机应正车上坡，倒车下坡。推土机上坡坡度不得超过（　　），下坡坡度不得超过（　　）。机身横向倾斜不得超过（　　）。下陡坡时，应将推铲放下接触地面，并倒车行驶。

A. 15°，35°，10°　　B. 25°，35°，10°

C. 10°，25°，35°　　D. 35°，25°，10°

【答案】B

【解析】推土机上下坡应用低速挡行驶，上坡不得换挡，下坡不得脱挡滑行。应正车上坡，倒车下坡。推土机上坡坡度不得超过25°，下坡坡度不得超过35°。机身横向倾斜不得超过10°。下陡坡时，应将推铲放下接触地面，并倒车行驶。

4. 以下作业，符合安全作业要求的是（　　）。

A. 在电力管线、通信管线、燃气管线1m范围内及上下水管线1m米范围内挖土时，宜在安全人员监护下开挖。

B. 在电力管线、通信管线、燃气管线2m范围内及上下水管线1m范围内挖土时，宜在安全人员监护下开挖。

C. 当高差不大时，根据土层的性质、邻近建筑物的荷载和重要性等情况，其放坡坡度的高宽比应小于1∶1.5。

D. 在软土地基上开挖基坑，应防止挖土机械作业时的下陷。

E. 陡边坡处作业时，坡上作业人员必须系挂安全带，弃土下方以及滚石危及的范围内应设明显的警示标志，并禁止作业及通行。

【答案】BDE

【解析】安全作业要求：

（1）在电力管线、通信管线、燃气管线2m范围内及上下水管线1m范围内挖土时，宜在安全人员监护下开挖。

（2）开挖的基坑深度低于邻近建筑物基础时，开挖的边坡应距邻近建筑物基础保持一定距离。当高差不大时，根据土层的性质、邻近建筑物的荷载和重要性等情况，其放坡坡度的高宽比应小于1∶0.5；当高差较大或邻近建筑物结构刚度较弱时，应对开挖对其影响程度进行分析计算。当基坑开挖不能满足安全要求时，应对基坑边坡采取加固或支护等措施。

（3）在软土地基上开挖基坑，应防止挖土机械作业时的下陷。当在软土场地上挖土机械不能正常行走和作业时，应对挖土机械行走路线用铺设渣土或砂石等方法进行硬化。开挖坡度和深度应保证软土边坡的稳定，防止塌陷。

（4）陡边坡处作业时，坡上作业人员必须系挂安全带，弃土下方以及滚石危及的范围内应设明显的警示标志，并禁止作业及通行。

5. 开挖深度大于10m的大型基坑时，不允许支护有较大变形。若采用机械挖土，不允许内部设支撑，应采用的支护方法是（　　）。

A. 连续式水平支护　　B. 混凝土或钢筋混凝土支护

C. 地下连续墙锚杆支护　　D. 短桩隔断支护

【解析】开挖较大较深（>10m）的大型基坑，周围有高层建筑物，不允许支护有较大变形，采用机械挖土，不允许内部设支撑时，应选用地下连续墙锚杆支护。

6. 在土方开挖中，为防止基坑底的土被扰动，基坑挖好后要尽量减少暴露时间，及时进行下一道工序的施工。如不能立即进行下一道工序，要预留（　　）cm厚覆盖土层，待基础施工时再挖去。

A. 5～20　　B. 10～25　　C. 15～30　　D. 20～35

【答案】C

【解析】为防止基坑底部的土被扰动，基坑挖好后要尽量减少暴露时间，及时进行下一道工序的施工。如不能立即进行下一道工序，要预留15～30cm厚覆盖土层，待基础施工时再挖去。

7. 土石方机械作业前，应查明施工场地明、暗设置物（电线、地下电缆、管道、坑道等）的地点及走向，并采用明显记号标识。严禁在离电缆（　　）距离以内作业。

A. 0.5m　　B. 1m　　C. 1.5m　　D. 2m

【答案】 B

【解析】 土石方机械的安全控制要点：

(1) 土石方机械作业前，应查明施工场地明、暗设置物（电线、地下电缆、管道、坑道等）的地点及走向，并采用明显记号标识。(2) 严禁在离电缆 1m 距离以内作业。

8. 当积水坑深度有可能超过（　　）时，必须安装有效的安全防护栏，以避免发生人畜落水事故。

A. 200mm　　B. 400mm　　C. 300mm　　D. 500mm

【答案】 B

【解析】 施工区域不得有超过施工场地面积 15%或 $1000m^2$ 的积水坑。当积水坑深度有可能超过 400mm 时，必须安装有效的安全防护栏，以避免发生人畜落水事故。

第六章　脚手架、模板工程安全技术

考试内容及要求

掌握脚手架、模板工程在施工、检查与验收中的安全技术要点。运用脚手架、模板工程安全技术知识和相关标准，分析脚手架、模板工程施工过程中的危险、有害因素，制订相应的安全技术措施。

第一节　脚手架、模板工程安全技术规范

一、脚手架的相关技术规范

加强脚手架施工的安全管理，规范脚手架的搭设、使用、拆除，防止人员伤害和财产损失的发生。确保作业人员和财产安全制定依据《建筑施工扣件式钢管脚手架安全技术规范》（JGJ 130—2011）《碳素结构钢》（GB/T700—2006）《钢管脚手架扣件》（GB15831—2006）《木结构设计规范》（GB50005—2003）的相关制度和涉及《建筑施工扣件式钢管脚手架安全技术规范》《碳素结构钢》《钢管脚手架扣件》《木结构设计规范》的业务类别。

（一）基本要求

（1）脚手架作业人员应持有政府相关部门颁发的有效特种作业人员操作证。

（2）脚手架作业人员的健康条件应符合公司《高处作业安全管理规定》的要求，患有高血压、心脏病、癫痫等职业禁忌证的人员不得从事脚手架作业。

（3）脚手架的搭设、检查验收、使用、拆除在严格遵守本规定的同时，还应遵守作业活动所在地国家、地区的法律、法规、规章、制度、标准和业主方、集团公司的安全管理规定。

（4）术语

1）单排脚手架，是指只有一排立杆、横向水平杆的，一端搁置在墙体上的脚手架。

2）双排脚手架，是指由内、外两排立杆和水平杆等构成的脚手架。

3）满堂扣件式脚手架，是指在纵、横方向，由不少于三排立杆并与水平杆、水平剪刀撑、竖向剪刀撑、扣件等构成的脚手架。

4）水平杆，是指脚手架中的水平杆件。沿脚手架纵向设置的水平杆是纵向水平杆；沿脚手架横向设置的水平杆是横向水平杆。

5）步距，是指上下水平杆轴线间的距离。

6）立杆纵距，是指脚手架纵向相邻立杆之间的轴线距离。

7）立杆横距，是指脚手架横向相邻立杆之间的轴线距离，单排脚手架为外立杆轴线至墙面的距离。

8）扫地杆，是指贴近楼地面设置，连接立杆根部的纵、横向水平杆件。包括纵向扫地杆、横向扫地杆。

9）扣件，是指螺栓紧固的扣接连接件，包括直角扣件、旋转扣件、对接扣件。

10）主节点，是指立杆、纵向水平杆、横向水平杆三杆紧靠的扣接点。

11）底座，是指设于立杆底部的垫座。包括固定底座、可调底座。

12）垫板，是指设于底座下的支承板。

13）连墙件，是指将脚手架架体与建筑物主体结构连接，能够传递拉力与压力的构件。

14）抛撑，是指用于脚手架侧面支撑，与脚手架外侧面斜交的杆件。

15）横向斜撑，是指与双排脚手架内外立杆或水平杆斜交呈之字形的斜杆。

16）剪刀撑，是指在脚手架竖向或水平向成对设置的交叉斜杆。

17）可调托撑，是指插入脚手架立杆顶部可调节高度的构件。

（二）管理职责

（1）施工单位安全管理部门负责脚手架搭设、拆除及使用人员入场教育培训，脚手架搭设、使用、变更和拆除作业的过程监督，并督促挂牌使用。

（2）施工单位技术部门负责脚手架搭设、拆除技术方案编制、报批以及安全技术交底。

（3）施工单位生产部门负责脚手架搭设、拆除的实施以及脚手架的正确使用。

（4）施工现场负责人组织技术、安全、生产等相关人员对搭设完成后的脚手架进行验收。

（三）管理内容及要求

1. 脚手架材料选用和检查

（1）脚手架钢管应选用外径 48～51mm、壁厚为 3～4mm 的直缝焊接钢管，规格不同不得混用。

（2）脚手架钢管、钢脚手板应选用有资质的生产厂加工的成品，其材质应符合国家标准《碳素结构钢》中 Q235 级钢的规定。钢脚手板应有防滑措施，不得有严重锈蚀、油污及裂纹。脚手板应用镀锌铁丝双股绑扎，铁丝型号不应低于 10 号。脚手架扣件其材质应符合现行国家标准《钢管脚手架扣件》的规定。以上脚手架材料及部件进场时应有质量证明文件。

（3）木脚手板材质应符合现行国家标准《木结构设计规范》中 IIa 级材质的规定，厚度不小于 50mm，宽度为 200～300mm，长度不大于 6m；木脚手板在距板两端 80mm 处，应各用 8 号镀锌铁丝缠绕 2～3 圈或用宽 3mm、厚 1mm 的铁皮箍绕一圈后再用钉子钉牢。

（4）脚手架搭设之前，施工单位技术人员、安全人员应对所用钢管、扣件、底座、钢（木）脚手板等材料进行检验，确认合格后方可使用。如有下列情况之一的材料，禁止使用：

1）钢管严重腐蚀、弯曲、压扁和裂缝。

2）扣件、连接件和底座有脆裂、气孔、变形和滑丝等铸造缺陷。

3）钢脚手板有严重锈蚀、油污、裂纹和较大变形。

4）木脚手板有破裂和严重腐朽。

（5）脚手架材料、部件在入库和使用前应进行检查，任何有缺陷的部件应及时修复或销毁，在销毁前应附上标签避免误用。

（6）应妥善保管脚手架部件，存放在干燥、无腐蚀的地方。禁止在上面堆放重物，防止损坏。脚手架部件的检查结果应附在脚手架的相关资料中。

2. 脚手架搭设作业安全要求

（1）脚手架搭设作业应按经批准的技术方案进行，不需要编制作业技术方案的，应在现场专业技术人员指导下进行。

(2) 脚手架搭设作业人员必须经过培训合格且取得相应资质，并正确使用安全帽、安全带、防滑鞋、工具袋等个人安全防护装备。

(3) 脚手架搭设区域应设置安全通道和隔离区。隔离区设置醒目的警戒带和警示标识，并派专人值守，严禁非作业人员入内，禁止在安全通道上堆放任何物品。

(4) 所有脚手架钢管、扣件、脚手板等材料应使用绳索或其他传送设施上下传递，严禁高空抛掷。

(5) 脚手架搭设作业当日不能完成的，在收工前应进行检查，并采取临时性加固措施。

(6) 在生产区域进行脚手架搭设作业时，应提前做好防护措施，避免杆件、材料意外损坏装置设施。

(7) 脚手架的基点和依附构件（物体）必须牢固可靠，脚手架的每根立杆底部应设置底座和垫板。垫板应采用长度不少于 2 跨，厚度不小于 50mm 的木板，也可采用槽钢。

(8) 脚手架应设置纵、横向扫地杆，脚手架的底步距不应大于 2m。

(9) 双排脚手架立杆横距宜为 1.5m，立杆纵距不应大于 2m，纵向水平杆步距宜为 1.4～1.8m，操作层横杆间距不应大于 1m。

(10) 脚手架不得从下而上逐渐扩大，形成倒塔式结构。除顶层顶部外，立杆接长的接头必须采用对接扣件连接，相邻立杆的对接扣件不应设置在同步内。

(11) 在每个主节点处必须设置一根横向水平杆，用直角扣件与立杆相连且严禁拆除。

(12) 各杆件端头伸出扣件盖板边缘的长度不应小于 100mm。

(13) 作业层端部脚手板探出长度应为 100～150mm，两端必须用铁丝固定，绑扎后铁丝扣应砸平。

(14) 脚手架两端、转角处以及每隔 6～7 根立杆应设置剪刀支撑或抛杆，剪刀支撑或抛杆与地面的夹角应在 45～60°之间，抛杆应与脚手架牢固相连，连接点应靠近主节点。

(15) 脚手架竖向每隔 4m、水平每隔 6m 设置连接杆与建（构）筑物牢固相连。连接杆应从底层第一步纵向水平杆开始设置，连接点应靠近主节点，并应符合下列规定：

1) 如不能设置连接杆，应搭设抛撑。

2) 连接杆不能水平设置时，与脚手架连接的一端应下斜连接。

(16) 脚手架的作业层应满铺脚手板，脚手板应设置在 3 根横向水平杆上，当脚手板长度小于 2m 时，可用 2 根横向水平杆支承，脚手板两端用铁丝绑扎固定。脚手板可对接或搭接铺设，当对接平铺时，接头处应设置 2 根横向水平杆，2 块脚手板外伸长度的和不应大于 300mm；当搭接铺设时，接头应在横向水平杆上，搭接长度不应小于 200mm，其伸出水平杆的长度不应小于 100mm。

(17) 交叉作业时，脚手架在垂直方向必须设置密目安全网，且安全网的设置要与脚手架的搭设同步，并且脚手架上不得放置任何活动部件，如扣件、活动钢管、钢筋、工具等。

(18) 作业层或通道外侧应设置不小于 180mm 高的挡脚板。

(19) 脚手架应设立上下通道，直爬梯通道横挡之间的间距宜为 300～400mm，直爬梯超过 8m 高时，应从第一步起每隔 6m 搭设转角休息平台，且梯身应搭设有护笼。脚手架高于 12m 时，宜搭设之字形斜道，且应采用脚手板满铺。斜道搭设应遵守以下规定：

1) 人行斜道的宽度不得小于 1m，坡度不得大于 1∶3。斜道防滑条的间距不得大于 300mm，转角平台宽度不得小于斜道宽度。

2）用于运料的斜道坡度不得大于1∶6，宽度不得小于1.5m。

3）斜道和平台外侧应设置1.2m高的防护栏杆和120mm高的挡脚板。

4）斜道铺板应对头铺设，接头下方应设双排横杆，脚手板固定应牢固。

（20）悬挑式脚手架的斜撑杆与竖面夹角不宜大于30°，并应支撑在建（构）筑物的牢固部分，斜撑杆上端应与挑梁固定，挑梁的所有受力点均应绑双扣。

（21）移动式脚手架应按设计方案组装，作业时应与建（构）筑物连接牢固，并将滚轮锁住。

（22）悬吊式脚手架吊架挑梁应固定在建（构）筑物的牢固部位，悬挂点的间距不得超过2m。悬吊架立杆两端伸出横杆的长度不得小于200mm，立杆上下两端还应加设一道扣件，横杆与剪刀撑同时安装，且所有悬吊架设置供人员进出的通道。

（23）建筑用脚手架外侧应采用密目式安全网做全封闭，在高温、用火区域内应采用阻燃材料制作的密目式安全网，不得留有空隙。

（24）脚手架搭设高度超过15m的，应办理公司高处作业许可证。

3. 检查与验收

（1）脚手架搭设过程中或完成后，施工单位现场负责人应组织技术、安全和施工管理人员根据搭设方案及安全检查逐条检查确认。检查确认应分阶段进行：

1）分段搭设的脚手架，在每段搭设完成后。

2）每搭设完6～8米高度后。

3）脚手架搭设完成后。

4）遇有6级强风及以上风、大雨后、冻结地区解冻后。

5）停用超过1个月。

（2）脚手架搭设完毕，经确认验收结果合格，悬挂绿色《脚手架安全检查确认牌》，表示脚手架搭设合格，适合系挂安全带人员使用。如果不合格，则悬挂红色《脚手架安全检查确认牌》，禁止非搭设人员使用。脚手架搭设人员应根据不合格条款逐项整改，直至合格为止。

（3）已验收合格的脚手架，在使用过程中不得擅自拆除或改动。由于施工需做局部修改时，应由专业技术人员进行安全确认，在保证结构安全和采取相应措施的情况下由脚手架搭设人员进行修改。

（4）对于使用周期较长的脚手架，施工单位现场负责人应组织相关人员每周至少检查1次。

（5）在脚手架使用过程中，若发现脚手架立杆沉陷或悬空、连接松动、架子歪斜变形等现象，应立即停止作业，由脚手架搭设人员整改合格后，方可进行作业。

4. 脚手架使用

（1）所有使用脚手架人员应经过作业前教育培训，考核合格后，方可上岗作业。培训的内容包括脚手架使用的安全注意事项、安全防护措施等。

（2）使用者应通过安全爬梯或斜道上下脚手架。脚手架横杆不可用作爬梯，除非其按照爬梯设计。

（3）脚手架上的载荷不允许超过其最大允许的工作载荷。

（4）使用者只能在工作平台内作业。

（5）移动式脚手架移动时架上不得留有人员及材料，并有防止倾倒的措施。

（6）不得在脚手架基础及其邻近处进行挖掘作业，确需进行，应得到施工单位专业技术人员和安全人员确认，在采取加固措施后，方可进行土方作业。

（7）在脚手架上涉及用火作业时，还应同时执行《用火作业安全管理规定》的要求。

（8）脚手架的使用者应参与危害识别，并采取有效的防护措施。

（9）因特殊情况脚手架无上护栏、中护栏、踢脚板时，脚手架的使用者必须使用防坠落保护设施。

（10）严禁对脚手架进行切割或施焊，未经批准不得拆改脚手架。

（11）严禁在雷雨、大风（风力超过6级以上）的恶劣天气下，在脚手架上作业。

（12）悬吊脚手架应满铺脚手板，设置双防护栏杆及挡脚板。人员在上面作业时，安全带应系挂在高处的固定构件上。

（13）脚手架作业严禁以下违章作业：

1）利用脚手架吊运重物。

2）推车在架子上跑动。

3）在脚手架上拉结吊装缆绳。

4）任意拆除脚手件部件和连墙杆件。

5）起吊作业时碰撞或扯动脚手架。

5. 脚手架拆除

（1）拆除脚手架的人员，必须经过培训合格且取得相应资质。

（2）脚手架使用完毕应及时拆除。确因工程需要，可放置待用。再次使用前必须重新进行检查，确保脚手架的完整性和安全可靠性。

（3）脚手架拆除时，必须按拆除方案中的要求进行，拆除过程中，现场应设专人安全监护。

（4）脚手架拆除作业前，作业影响区域范围内应设警戒围栏和警戒标识，并设专人监护，禁止非作业人员入内或通行。

（5）拆除时，应按顺序由上而下逐层进行，严禁上下同时作业；连接杆必须随脚手架逐层拆除，一步一清，严禁先将连接杆整层拆除或数层拆除后再拆除脚手架。

（6）拆除斜拉杆及纵向水平杆时，应先拆除中间的连接扣件，再拆除两端的扣件。

（7）当脚手架采取分段、分立面拆除时，应对不拆除的脚手架两端设置连接杆和横向斜撑加固。当脚手架拆至下部最后一根长立杆的高度时，应在适当位置搭设抛撑加固后，再拆除连接杆。

（8）拆下的脚手杆、脚手板、扣件等材料应向下传递或用绳索送下，严禁向下抛掷。

（9）拆除脚手架时，作业人员、架杆及作业面等与电线的安全距离不足时，应切断电源或采取可靠的安全措施。

（10）已卸（解）开的脚手架杆、板，应一次全部拆完。

（11）已拆除的钢管、扣件、脚手板、安全网等材料，必须及时运到指定区域。

二、模板工程安全技术规范

根据《建筑工程模板支撑系统安全技术规程》规定：

施工单位在编制施工组织设计的基础上，对混凝土模板支撑搭设高度5m及以上，搭设跨度10m及以上，施工总荷载10kN/m^{2}及以上，集中线荷载15kN/m及以上，高度大于支撑水平投影宽度且相对独立无联系构件的各类工具式混凝土模板（包括大模板、滑模、爬模、飞模）的支撑系统等，应编制专项施工方案。

模板支撑系统结构构件的长细比λ应符合下列规定：

（1）受压构件长细比：支架立杆、斜撑及桁架不应大于150；拉条、缀条、斜杆等联系构件不应大于200。

（2）受拉构件长细比：钢杆件不应大于350；木杆件不应大于250。

支撑体系应设置扫地杆，纵、横向水平拉杆及水平、竖向剪刀撑，并与主体结构的墙、柱牢固拉结。立杆（柱）接长必须采用对接，严禁搭接；扫地杆，纵、横向水平拉杆及水平、竖向剪刀撑接长必须采用搭接，严禁对接，搭接长度不得小于1m。

模板支撑系统应为独立的受力结构系统，严禁与非建筑结构的临时设施连接。当独立的支撑体系高度与宽度相比大于2时，为保证宽度方向整体稳定，必须采取扩大下部架体或其他构造措施。

采用专用钢管（Φ51×3.0mm、Φ48×3.5mm）设计支撑时，除应满足本规程第4.1节规定外，尚应符合下列规定：

（1）立杆底部与基础顶面之间必须设置铁底座和垫板。

（2）当立杆轴力荷载大于8kN时必须在立杆顶部设置可调支托承托模板，形成轴心受压传递荷载。

（3）立杆间距应根据所承受的荷载确定，一般不应大于1.2m，并应满足下列要求：

1）梁底应设置主承立杆，梁侧设置辅助立杆。当梁底为单根主承立杆时应设置在梁宽中心线处；当梁高宽比大于2.5且梁宽大于300mm时，沿梁纵向主承立杆应适当加密、沿梁宽度主承立杆不应少于2根，并对称设置。

2）沿梁纵向的立杆间距应与同向板底立杆间距相等或成倍数。

3）沿梁横向连续设置梁板立杆时，应从梁支架开始向板中央双向布设，但板中央两相邻立杆间距不得大于板底设计立杆间距。

（4）每排每列立杆的纵、横向之间必须用水平拉杆（横杆）连接，并应满足下列要求：

1）在立杆顶端可调支托的底部处设置一道水平拉杆（即封顶杆），当梁底封顶杆与板底水平拉杆不在同一高度上时，梁底封顶杆应向板底立杆双向延长不少于2个跨距并与立杆固定。

2）在立杆的底、基础的顶面限定高度内设置一道水平拉杆（即扫地杆）。当立杆基础不在同一标高上时，必须将高处的纵向扫地杆向低处延长2跨与立杆固定，高低差不应大于1m。

3）在封顶杆与扫地杆之间应均匀设置水平拉杆。水平拉杆的间距（即步距）在满足荷载计算要求条件下一般为：当支架高度低于4m、立杆轴力荷载小于8kN时不得大于1.8m，当支架高度超过4m，或者立杆轴力荷载大于8kN时不得大于1.5m；当支架高度8～20m时，顶端步距内加设一道水平拉杆；当支架高度超过20m时，顶端两步距内各加设一道水平拉杆。

4）水平拉杆的端部均应与四周建筑物顶紧顶牢，如无处可顶时，应与竖向剪刀撑连接。

5）严禁在水平拉杆上设置立杆或将上下两段立杆错开固定在水平拉杆上。

（5）支撑架体周圈及中间纵、横向应从底到顶设置竖向连续式剪刀撑，并应满足下列要求：

1）剪刀撑的宽度宜为4～6m，剪刀撑的斜杆与地面夹角为45°～60°之间，底端与地面顶紧，并与之相交的横向水平拉杆或立杆扣接固定。剪刀撑的双向杆件宜分开设置在立杆两侧，并保证与每步立杆扣接。

2）两相邻剪刀撑之间净距：扣件式钢管支架不应大于10m、碗扣式钢管支架不应大于4.5m。

3）当支架高度8～20m时，在纵、横向两相邻剪刀撑之间增加之字斜撑，当支架高度超过 20m 时，将之字斜撑改为剪刀撑。

（6）支撑架体内应设置水平剪刀撑，并应满足下列要求：

1）当支架高度 4～8m 时，在底部扫地杆和顶端封顶杆有竖向剪刀撑的部位分别设置水平剪刀撑。

2）当支架高度 8～20m 时，应在相邻竖向剪刀撑之间增设水平剪刀撑，两相邻水平剪刀撑的间距为：扣件式钢管支架不得大于 3 个步距，碗扣式钢管支架应小于或等于 4.8m。

3）水平剪刀撑的端部与立杆或建筑物拉结，严禁水平剪刀撑端部设置在水平拉杆上。

（7）当支架高度超过 20m 时，除满足以上要求外，还应将沿梁纵向的梁底支架周圈用竖向剪刀撑连接成格构式架体；在梁底最顶两相邻水平拉杆处，沿梁纵向按格构宽度设置连续式水平剪刀撑，并用斜杆连接成格构式桁架。

（8）当支架高度超过 5m 时，应在架体周圈外侧和中间有结构柱的部位，按水平间距 6～9m、竖向间距 2～3m 与建筑结构设置一个固结点。

（9）从事模板作业的人员，应经安全技术培训。对高大模板支撑、爬模、飞模、悬挑梁等作业人员应进行专项技术培训，经考核合格后，方可上岗。特种作业人员必须经建设主管部门考核合格，取得资格证书后持证上岗。

（10）高度 4m 以上的柱、墙（含剪力墙）等竖向混凝土结构必须先浇筑，待混凝土达到一定承载强度后，再浇筑梁、板等水平混凝土结构。

三、脚手架检查评分表

脚手架安全检查评分表分为《扣件式钢管脚手架检查评分表》《门式钢管脚手架检查评分表》《碗扣式钢管脚手架检查评分表》《承插型盘扣式钢管脚手架检查评分表》《满堂脚手架检查评分表》《悬挑式脚手架检查评分表》《附着式升降脚手架检查评分表》《高处作业吊篮检查评分表》等安全检查评分表。

1.“扣件式钢管脚手架”检查评定保证项目包括：施工方案、立杆基础、架体与建筑结构拉结、杆件间距与剪刀撑、脚手板与防护栏杆、交底与验收。一般项目应包括：横向水平杆设置、杆件连接、层间防护、构配件材质、通道。

2.“门式钢管脚手架”检查评定保证项目包括：施工方案、架体基础、架体稳定、杆件锁臂、脚手板、交底与验收。一般项目包括：架体防护、构配件材质、荷载、通道。

3.“碗扣式钢管脚手架”检查评定保证项目包括：施工方案、架体基础、架体稳定、杆件锁件、脚手板、交底与验收。一般项目包括：架体防护、构配件材质、荷载、通道。

4.“承插型盘扣式钢管脚手架”检查评定保证项目包括：施工方案、架体基础、架体稳定、杆件设置、脚手板、交底与验收。一般项目包括：架体防护、杆件连接、构配件材质、通道。

5.“满堂脚手架”检查评定保证项目包括：施工方案、架体基础、架体稳定、杆件锁件、脚手板、交底与验收。一般项目包括：架体防护、构配件材质、荷载、通道。

6.“悬挑式脚手架”检查评定保证项目包括：施工方案、悬挑钢梁、架体稳定、脚手板、荷载、交底与验收。一般项目包括：杆件间距、架体防护、层间防护、构配件材质。

7.“附着式升降脚手架”检查评定保证项目包括：施工方案、安全装置、架体构造、附着支座、架体安装、架体升降。一般项目包括：检查验收、脚手板、架体防护、安全作业。

8.“高处作业吊篮检查表”检查评定保证项目应包括：施工方案、安全装置、悬挂机构、钢丝绳、安装作业、升降操作、交底与验收、安全防护、吊篮稳定、荷载。

典型例题

1. 脚手架钢管应选用外径（　　）、壁厚为（　　）的直缝焊接钢管，规格不同不得混用。

A. 44～51mm；3～5mm　　B. 48～54mm；3～4mm

C. 48～51mm；1～3mm　　D. 48～51mm；3～4mm

【答案】 D

【解析】 脚手架钢管应选用外径48～51mm、壁厚为3～4mm的直缝焊接钢管，规格不同不得混用。

2. 脚手架的每根立杆底部应设置底座和垫板，垫板应采用长度不少于（　　）跨，厚度不小于（　　）的木板，也可采用槽钢。

A. 2；50mm　　B. 3；50mm　　C. 2；45mm　　D. 3；45mm

【答案】 A

【解析】 脚手架的基点和依附构件（物体）必须牢固可靠，脚手架的每根立杆底部应设置底座和垫板，垫板应采用长度不少于2跨，厚度不小于50mm的木板，也可采用槽钢。

3. 作业层端部脚手板探出长度应为（　　），两端必须用铁丝固定，绑扎后的铁丝扣应砸平。

A. 50～100mm　　B. 100～150mm　　C. 150～200mm　　D. 200～250mm

【答案】 B

【解析】 作业层端部脚手板探出长度应为100～150mm，两端必须用铁丝固定，绑扎后的铁丝扣应砸平。

4. 脚手架搭设过程中或完成后，施工单位现场负责人应组织技术、安全和施工管理人员根据搭设方案及安全检查确认要求逐条检查确认。检查确认应分阶段进行的是（　　）。

A. 分段搭设的脚手架，在每段搭设完成后

B. 每搭设完5～8m高度后

C. 遇有6级强风及以上风或大雨后，冻结地区解冻后

D. 停用超过2个月

E. 脚手架搭设完成后

【答案】 ACE

【解析】 脚手架搭设过程中或完成后，施工单位现场负责人应组织技术、安全和施工管理人员根据搭设方案及安全检查确认要求逐条检查确认。检查确认应分阶段进行：

（1）分段搭设的脚手架，在每段搭设完成后。

（2）每搭设完6～8m高度后。

（3）脚手架搭设完成后。

（4）遇有6级强风及以上风或大雨后，冻结地区解冻后。

（5）停用超过1个月。

5. 脚手架搭设高度超过（　　）的，应办理公司高处作业许可证。

A. 15m　　B. 20m　　C. 25m　　D. 30m

【答案】 A

【解析】 脚手架搭设高度超过15m的，应办理公司高处作业许可证。

第二节 脚手架、模板工程作业危险、有害因素

一、脚手架工程

脚手架是建筑施工中必不可少的临时施工工具。砌筑砖墙、浇筑混凝土、墙面的抹灰、装饰和粉刷、结构构建的安装等，都需要在其近旁搭设脚手架，以便在其上进行施工操作、堆放施工用料和必要时的短距离水平运输。

（一）脚手架种类

随着建筑施工技术的发展，脚手架的种类也愈来愈多。从搭设材质上说，不仅有传统的竹、木脚手架，而且还有钢管脚手架。钢管脚手架中又分扣件式、碗扣式、门式、工具式；按搭设的立杆排数，又可分单排架、双排架和满堂架；按搭设的用途，又可分为砌筑架、装修架；按搭设的位置可分为外脚手架、内脚手架和工具式脚手架。

1. 外脚手架

搭设在建筑物或构筑物的外围的脚手架称为外脚手架。外脚手架应从地面搭起，所以，也叫底撑式脚手架，一般来讲建筑物多高，其架子就要搭多高。

（1）单排脚手架：由落地的许多单排立杆与大、小横杆绑扎或扣接而成。

（2）双排脚手架：由落地的许多里、外两排立杆与大、小横杆绑扎或扣接而成。

2. 内脚手架

搭设在建筑物或构筑物内的脚手架称为内脚手架。主要有：①马登式内脚手架；②支柱式内脚手架。

3. 工具式脚手架

（1）悬挑脚手架：不直接从地面搭设，而是采用在楼板、墙面或框架柱上以悬挑形式搭设。按悬挑杆件的不同可分为两种：一种是用 Φ48.3mm×3.6mm 的钢管，一端固定在楼板上，另一端悬出在外面，在这个悬挑杆上搭设脚手架，它的高度应不超过 6 步架；另一种是用型钢做悬挑杆件，搭设高度不超过 20 步架（总高 20～30m）。

（2）吊篮脚手架：基本构件是用 Φ50mm×3mm 的钢管焊成矩形框架，并以 3～4 榀框架为一组，在屋面上设置吊点，用钢丝绳吊挂框架，它主要适用于外装修工程。

（3）附着式升降脚手架：附着在建筑物的外围，可以自行升降的脚手架称为附着式升降脚手架。

（4）挂脚手架。将脚手架挂在墙上或柱上预埋的挂钩上，在挂架上铺以脚手板而成。

（5）门式钢管脚手架。

（二）脚手架的作用及基本要求

1. 脚手架的作用

脚手架既要满足施工需要，又要为保证工程质量和提高工效创造条件，同时还为组织快速施工提供工作面，确保施工人员的人身安全。

2. 脚手架的基本要求

脚手架要有足够的牢固性和稳定性，保证在施工期间对所规定的荷载且在气候条件的影响下不变形、不摇晃、不倾斜，能确保作业人员的人身安全；要有足够的面积，满足堆料、运

输、操作和行走的要求；构造要简单，搭设、拆除和搬运要方便，使用要安全。

（三）脚手架的材质与规格

1. 木质材料的材质和规格

木杆常用剥皮杉杆或落叶松。立杆和斜杆（包括斜撑、抛撑、剪刀撑等）的小头直径一般不小于 70mm；大横杆、小横杆的小头一般不小于 80mm；脚手板的厚度一般不小于 50mm，应符合木质二等材。

2. 竹质材料的材质和规格

竹竿一般采用 4 年以上生长期的楠竹。青嫩、枯黄、黑斑、虫蛀以及裂纹连通二节以上的竹竿都不能用。轻度裂纹的竹竿可用 14～16 号铁丝加固后使用。使用竹竿搭设脚手架时，其立杆、斜杆、顶撑、大横杆的小头一般不小于 75mm，小横杆的小头不小于 90mm。

3. 钢管的材质和规格

钢管应采用符合现行国家标准《直缝电焊钢管》（GBT13793—2008）或《低压流体输送用焊接钢管》（GBT3091—2008）中规定的 3 号普通钢管。其质量应符合国家标准《碳素结构钢》（GBT700—2006）中 Q235—A 级钢的规定。钢管的尺寸应按标准选用，每根钢管的最大质量不应大于 25kg，钢管的尺寸为 Φ48mm×3.5mm 和 Φ51mm×3mm 最好采用 Φ48mm×3.5mm 的钢管。

4. 扣件的材质和规格

扣件式钢管脚手架的扣件，应是采用可锻铸铁制作的扣件，其材质应符合现行国家标准《钢管脚手架扣件》（CB15831—2006）的规定。采用其他材料制作的扣件，应经试验证明其质量符合该标准的规定后，才能使用。扣件的螺杆拧紧扭力矩达到 65N·m 时不得发生破坏，使用时扭力矩应在 40～65N·m 之间。

5. 钢脚手板的材质

材质应符合现行国家标准《碳素结构钢》（GBT700—2006）中 Q235—A 级钢的规定。

6. 绑扎材料的材质和规格

（1）铁丝的材质和规格：扎木脚手架一般采用 8 号镀锌铁丝。

（2）竹篾的材质和规格要求：竹脚手架一般来说应采用竹篾绑扎。竹篾用水竹或慈竹劈成，要求质地新鲜，坚韧带青，使用前须提前一天用水浸泡。三个月要更换一次。

（3）塑料篾的材质和规格要求：塑料篾由塑料纤维编织而成带状，在竹脚手架中用以代替竹篾绑扎。

（四）脚手架的设计

所谓脚手架的设计即是根据脚手架的用途（承重、装修）、在建工程的高度、外形及尺寸等的要求，设计立杆的间距、大横杆的间距和连墙件的位置等，并且计算各杆件的应力在这种设计情况下能否满足要求，如不满足，可再调整立杆间距、大横杆间距和连墙件的位置设置等。

本节主要讲述扣件式钢管脚手架的设计计算。

荷载规定：脚手架上的施工荷载一般通过脚手板传递给小横杆，由小横杆传递给大横杆，再由大横杆通过绑扎（或扣结）点传递给立杆，最后通过立杆底部传递到地基上。

但是，竹笆脚手板则是将施工荷载通过竹笆板传递给大横杆（或搁栅），由大横杆传递给靠近立杆的小横杆，再由小横杆通过绑扎点传给立杆，最后由立杆传递到地基上。

1. 施工荷载值

（1）承重架（包括砌筑、浇混凝土和安装用架）的荷载值为 3000N/m^2 或 3.0kN/m^2。

（2）装修架的荷载值为 2000Nm^2 或 2.0kN/m^2。

2. 恒、活荷载

（1）恒载（永久荷载）。主要是指脚手架结构自重，包括立杆、大横杆、小横杆、斜撑（或剪刀撑）、扣件、脚手板、安全网和栏杆等各构件的自重。

（2）施工时的活载（可变荷载）主要指脚手板上的堆砖（或混凝土、模板和安装件等）、运输车辆（包括所装物件）和作业人员等的荷载，以及风荷载。

（五）扣件式钢管脚手架的设计计算

1. 荷载

荷载包含 3 个内容：荷载分类、荷载取值、荷载组合，下面分别介绍。

（1）荷载分类

对脚手架的计算基本依据是现行国家标准《冷弯薄壁型钢结构技术规范》（GB50018—2002）和《建筑结构荷载规范》（GB50009—2001）。对脚手架构件的计算采用了与上述两个规范相同的计算表达式、相同的荷载分项系数和有关设计指标。根据上述国标要求，对作用于脚手架上的荷载分为永久荷载（恒荷）和可变荷载（活载）。计算构件的内力（轴力）、弯矩、剪力等时要区别这两种荷载，要采用不同的荷载分项系数，永久荷载分项系数取 1.2；可变荷载分项系数取 1.4。

（2）荷载取值

1）永久荷载。永久荷载标准值是每米立杆承受的结构自重标准值。冲压钢脚手板、木脚手板与竹串片脚手板自重标准值，栏杆与挡脚板自重标准值，脚手架上吊挂的安全设施（安全网、竹笆等）的荷载应按实际情况采用。

2）施工荷载。根据脚手架的不同用途，确定装修、结构两种施工均布荷载（kN/m^2）。装修脚手架荷载为 2kN/m^2，结构施工脚手架为 3kN/m^2。

3）风荷载。

（3）荷载组合。

设计脚手架的承重构件时，应根据使用过程中可能出现的荷载取其最不利组合进行计算。

钢管脚手架的载荷由小横杆、大横杆和立杆组成的承载力构架承受，并通过立杆传给基础。剪刀撑、斜撑和连墙杆主要是保证脚手架的整体刚度和稳定性，增加抵抗垂直和水平力作用的能力。连墙杆则承受全部的风荷载。扣件是架子组成整体的联结件和传力件。

1）扣件式钢管脚手架的荷载传递路线。作用于脚手架上的荷载可归纳为两大类：竖向荷载和水平荷载，它们的传递路线如下：

作用于脚手架上的全部竖向荷载和水平荷载最终都是通过立杆传递的：竖向和水平荷载产生的竖向力由立杆传给基础；水平力则由立杆通过连墙件传给建筑物。分清组成脚手架的各构件各自传递哪些荷载，从而明确哪些构件是主要传力构件，各属于何种受力构件，以便按力学、结构知识对它们进行计算。

2）组成扣件式钢管脚手架的杆件受力分析。由荷载传递路线的途径可知，立杆是传递全部竖向和水平荷载的最重要构件，计算它主要承受的压力时忽略了扣件连接偏心以及施工荷载作用产生的弯矩。当不组合风荷载时，可简化为轴压杆以便于计算。当组合风荷载时则为压弯构件。大、小横杆（纵向、横向水平杆）是受弯构件。连墙件是最终将脚手架水平力传给建筑物的最重要构件，一般为偏心受压（刚性连墙件）构件，但因偏心不大，本规范按轴心受压构件计算。

纵向或横向水平杆是靠扣件连接将施工荷载、脚手板自重传给立杆的，当连墙件采用扣件连接时，要靠扣件连接将脚手架的水平力由立杆传递到建筑物上。扣件连接是以扣件与钢管之间的摩擦力传递竖向力或水平力的，因此规范规定要对扣件进行抗滑计算。

连墙件主要承受风荷载和脚手架平面外变形产生的轴向力，它对脚手架的稳定和强度起着重要的作用。

连墙件的强度、稳定性和连接强度应按现行国家标准《冷弯薄壁型钢结构技术规范》（GB50018—2002）《钢结构设计规范》（GB50017—2003）《混凝土结构设计规范》（CB50010—2002）等的规定计算。

立杆地基承载力计算：将脚手架的荷载传递到地面，立杆基础底面的平均压力应大于立杆传下来的轴向力。

2. 扣件式钢管脚手架的构造

（1）基本构造。扣件式钢管脚手架由钢管和扣件组成，它的基本构造形式与木脚手架基本相同，有单排架和双排架两种。

在立杆、大横杆、小横杆三杆的交叉点称为主节点。主节点处立杆和大横杆的连接扣件与大横杆和小横杆的连接扣件的间距应小于 15cm。在脚手架使用期间，主节点处的大、小横杆，纵横向扫地杆及连墙件不能拆除。

（2）大横杆、小横杆、脚手板。

1）大横杆

①大横杆可设置在立杆内侧，其长度不能小于 3 跨，大于或等于 6m 长；②大横杆用对接扣件接长，也可采用搭接。

大横杆的对接、搭接应符合下列规定：

大横杆的对接扣件应交错布置。两根相邻大横杆的接头不宜设置在同步或同跨内；不同步不同跨两相邻接头在水平方向错开的距离不应小于 500mm；各接头中心至最近主节点的距离不宜大于纵距的 1/3。

搭接长度不应小于 1m，应等间距设置 3 个旋转扣件固定，端部扣件盖板边缘至大横杆端部的距离不应小于 100mm。

当使用冲压钢脚手板、木脚手板、竹串片脚手板时，大横杆应作为小横杆的支座，用直角扣件固定在立杆上；当使用竹笆脚手板时，大横杆应采用直角扣件固定在小横杆上，并应等间距设置，间距不应大于 400mm。

2）小横杆

小横杆的构造应符合下列规定：①主节点处必须设置一根小横杆，用直角扣件扣接且严禁拆除；②作业层上非主节点处的小横杆，宜根据支承脚手架的需要等间距设置，最大间距不应大于纵距的 1/2。

3）脚手板

当使用冲压钢脚手板、木脚手板、竹串片脚手板时，双排脚手架的横向水平杆两端均应采用直角扣件固定在大横杆上；单排脚手架的小横杆的一端，应用直角扣件固定在大横杆上，另一端应插入墙内。

使用竹笆脚手板时，双排脚手架的小横杆两端，应用直角扣件固定在立杆上；单排脚手架的小横杆一端，应用直角扣件固定在立杆上，另一端插入墙内，插入长度不应小于 180mm。

脚手板的设置应符合下列规定：作业层脚手板应铺满、铺稳；冲压钢脚手板、木脚手板、竹串片脚手板等，应设置在三根小横杆上。当脚手板长度小于 2m 时，可采用两根小横杆支承，但应将脚手板两端与其可靠固定，严防倾翻。脚手板的铺设可采用对接平铺，亦可采用搭接铺设。脚手板对接平铺时，接头处必须设两根小横杆，脚手板向外伸长 130～150mm，两块脚手板向外伸长度的和不应大于 300mm，脚手板指接铺设时，接头必须支在小横杆上，搭接长度应大于 200mm，其伸出小横杆的长度不应小于 100mm。

竹笆脚手板应按其主筋垂直于纵向水平杆方向铺设，且采用对接平铺，四个角应用直径 1.2mm 的镀锌钢丝固定在纵向水平杆（大横杆）上。

作业层端部脚手板探头长度应取 150mm，其板长两端均应与支承杆可靠地固定。

（3） 立杆

每根立杆底部应设置底座，座下再设垫板。

1） 脚手架必须设置纵、横向扫地杆。纵向扫地杆应采用直角扣件固定在距离底座不大于 200mm 处的立杆上。横向扫地杆亦应采用直角扣件固定且紧靠在纵向扫地杆上。当立杆基础在不同一高度上时，必须将高处的纵向扫地杆向低处延长两跨与立杆固定，高低差不应大于 1m。靠边坡上方的立杆轴线到边坡的距离不应小于 500mm。

2） 脚手架底层步距不应大于 2m。

3） 立杆必须用连墙件与建筑物可靠连接。

4） 立杆接长除顶层顶部可采用搭接外，其余各层必须采用对接扣件连接。

5） 立杆上的搭接扣件应交错布置：两根相邻立杆的接头不应设置在同步内，同步内隔一根立杆的两个相隔接头在高度方向错开的距离不宜小于 500mm：各接头中心至主节点的距离不宜大于步距的 1/3。

6） 搭接长度不应小于 1m，应采用不小于两个旋转扣件固定，端部扣件盖板的边缘至杆端距离不应小于 100mm。

（4） 连墙杆

连墙杆数量的设置除应满足设计计算要求外，应符合表 6-1 的规定：

表 6-1 连墙杆布置最大间距

脚手架高度		竖向间距（h）	水平间距（l_a）	每根连墙件覆盖面积（m^2）
双排	≤50m	3h	$3l_a$	≤40m
	＞50m	2h	$3l_a$	≤27m
单排	≤24m	3h	$3l_a$	≤40m

注：h 为一步距；l_a 为一纵距

1） 宜靠近主节点设置，偏离主节点的距离不应大于 300mm。

2） 连墙件应从底层第一步大横杆处开始设置，当该处设置有困难时，应采用其他可靠措施固定。

（六）脚手架的使用与管理

（1） 设置供操作人员上下使用的安全扶梯、爬梯或斜道。

（2） 搭设完毕后应进行检查验收，经检查合格后才准使用。特别是高层脚手架和满堂脚手架更应在检查验收后才能使用。

（3） 在脚手架上同时进行多层作业的情况下，各作业层之间应设置可靠的防护棚，以防止上层坠物伤及下层作业人员。

（4） 脚手架专项施工方案中，应包括脚手架拆除的方案和措施，拆除时应严格遵守。

（七）脚手架危险有害因素辨识

脚手架虽然是随着工程进度而搭设，工程完毕后就拆除，但它对建筑施工速度、工作效率、工程质量以及工人的人身安全有着直接影响，如果脚手架搭设不牢固，不稳定，就容易造成施工中的伤亡事故。因此对脚手架的选型、构造、搭设质量等决不可疏忽大意、轻率处理。脚手架一旦发生故障，极易造成重大伤亡事故。根据《企业伤亡事故分类标准》（GB6441—1986），脚手架在建筑施工过程中存在的主要危险有以下几个方面：

1. 高处坠落

（1）立杆、大横杆间距没有按规定进行搭设，架体刚性不够、搭设困难等。

（2）脚手板铺设留有空隙，出现探头板，使用脚手板数量不够 3 块。

（3）操作层没有设置 1.2m 高防护栏杆和 18cm 挡脚板，人员失稳。

（4）施工层以下没有设置安全平网，或网与网间连接不牢固。

（5）选用的脚手板材质不符合安全要求。

（6）遇雨雪天未及时清理脚手架就开始作业。

（7）风暴过后，未派人检查、维护脚手架就开始作业。

（8）搭设人员在搭设高度超过 2m 后不使用安全带，或使用的安全带不符合安全要求。

（9）搭设人员穿硬底鞋操作。

（10）向上翻架配合不当。

（11）在防护栏上聊天或休息。

（12）工作完毕，不及时清理回收余料，导致摔伤或从高处坠落。

2. 物体打击

（1）垂直运输时，未绑扎牢固或长短混装吊。

（2）操作人员使用的工具未装入专用工具袋。

（3）未使用结实的袋子或使用铁丝串联扣件进行调运。

（4）脚手板外侧未设置密目式安全网或安全网虽然设置但网与网之间不严密，物料坠落至脚手架外侧。

（5）上、下传递搭设材料采用抛掷方式。

（6）施工间歇留有未加固构件，构件跌落。

3. 坍塌

（1）搭设脚手架的基础处理不平、不实，承载力不够，外侧无排水措施。

（2）立杆下面无垫木、底座，或垫木、底座承载力不够，架体失稳。

（3）绑扎立杆基础时，不设扫地杆，架体失稳。

（4）搭设高度在 7m 以上时，架体与建筑结构不连接，或虽有连接但不牢固，架体失稳。

（5）架体与建筑结构拉结，不按横向 7m 以内，纵向 4m 以内位置连接。

（6）架体不设置剪刀撑或虽设置但并未沿脚手架高度连续设置，或角度不符合 45～60°的要求。

（7）脚手架上堆放荷载超过规定要求。

（8）施工中随意拆除基本杆件和连接杆件。

（9）搭设用的钢管严重弯曲、锈蚀严重、有裂纹，但继续使用。

（10）没有满足同步内隔一根立杆的接头在高度方向上错开不小于 500mm 的规定，造成架体强度不够。

4. 机械伤害

车辆未停稳，就开始卸料，易引起机械伤害事故。

5. 其他伤害

不仅限于前述的其他类型伤害。

二、模板工程

模板工程，就其材料用量、人工、费用及工期来说，是混凝土结构工程施工中十分重要的组成部分，在建筑施工中也占有相当重要的位置。据统计每平方米竣工面积需要配置 0.15m 模板。模板工程的劳动用工约占混凝土工程总用工的 1/3。特别是近年来城市建设高层建筑增多，现浇钢筋混凝土结构数量增加，据测算模板工程约占全部混凝土工程的 70%以上，模板工程的重要性更为突出。

（一）模板的分类及作用

模板按其功能分类，常用的模板主要有 5 大类。

1. 定型组合模板

定型组合模板包括定型组合钢模板、钢木定型组合模板、组合铝模板以及定型木模板。目前我国推广应用量较大的是定型组合钢模板。

2. 墙体大模板

大模板有钢制大模板、钢木组合大模板以及由大模板组合而成的筒子模等。

3. 飞模（台模）

飞模是用于楼盖结构混凝土浇筑的整体式工具式模板，具有支拆方便、周转快、文明施工的特点。飞模有铝合金桁架与木（竹）胶合板面组成的铝合金飞模，有轻钢桁架与木（竹）胶合板面组成的轻钢飞模，也有用门式钢脚手架或扣件钢管脚手架与胶合板或定型模板面组成的脚手架飞模，还有将楼面与墙体模板连成整体的工具式模板——隧道模。

4. 滑升模板

滑升模板是整体现浇混凝土结构施工的一项新工艺。广泛应用于工业建筑的烟囱、水塔、筒仓、竖井和民用高层建筑的剪力墙、框剪、框架结构施工。

滑升模板主要由模板面、围圈、提升架、液压千斤顶、操作平台、支承杆等组成，滑升模板一般采用钢模板面，也可用木或木（竹）胶合板面。围圈、提升架、操作平台一般为钢结构，支承杆一般用直径 25mm 的圆钢或螺纹钢制成。

5. 一般木模板

一般木模板板面采用木板或木胶合板，支承结构采用木龙骨、木立柱，连接件采用螺栓或铁钉。

（二）模板的构造和使用材料的性能

一般模板通常由 3 部分组成：模板面、支撑结构（水平支承结构，如龙骨、桁架、小梁等；垂直支承结构，如立柱、格构柱等）和连接配件（穿墙螺栓、模板面联结卡扣、模板面与支承构件以及支承构件之间连接零配件等）。

模板的结构设计，必须能承受作用于模板结构上的所有垂直荷载和水平荷载（包括混凝土的侧压力、振捣和倾倒混凝土产生的测压力、风力等）。在所有可能产生的荷载中选择最不利的组合，验算模板整体结构和构件及配件的强度、稳定性和刚度。当然，模板结构设计必须先保证模板支撑系统形成空间稳定的结构体系。

模板工程所使用的材料，可以是钢材、木材和铝合金等。下面分别介绍这些材料的规格和性能。

1. 钢材

模板支架的材料宜优先选用钢材。采用平炉或氧气转炉 3 号钢（沸腾钢或镇静钢）、16Mn 钢、16Mng 钢。

钢材质量应符合现行国家标准《碳素结构钢》（GB/T700—2006）的规定。钢管应符合现行国家标准《直缝电焊钢管》（GB/T13793—2008）或《低压流体输送用焊接钢管》（GBT3091—2008）中规定的3号普通钢管，其质量应符合现行国家标准《碳素结构钢》（GBT700—2006）中Q235A级钢的规定。有严重锈蚀、弯曲、压扁及裂纹等病的不得使用。钢铸件应符合现行国家标准《一般工程用铸造碳钢件》（GB/T11352—2009）的规定。组合钢模板及配件制作质量应符合现行国家标准《组合钢模板技术规范》（GBT50214—2001）的规定。

2. 木材

木材的树种可根据各地区实际情况选用，材质不宜低于Ⅲ等材。木材有腐朽、折裂、枯节等问题，不得使用。

木材选材时，应根据模板构件受力种类，按表6-2选用适当等级的木材。

表6-2　不同受力木构件材质选择等级

构件受力种类	材质等级
受拉或拉弯构件	Ⅰ等材
受弯或压弯构件	Ⅱ等材
受压构件	Ⅲ等材

3. 铝合金材

建筑模板结构若采用铝合金材时，应采用纯铝加入锰、镁等合金元素后的铝合金型材。

4. 面板材料

面板除采用钢、木外，还可采用胶合板、复合纤维板、塑料板、玻璃钢板等。其中胶合板应符合《混凝土模板用胶合板》（GB/T17656—2008）的有关规定。

（1）覆面木胶合板的规格和技术性能应符合下列规定：

1）厚度应采用12～18mm的板材。

2）其剪切强度应符合下列要求：

不浸泡、不蒸煮　　1.4～1.8N/mm²

室温水浸泡　　1.2～1.8N/mm²

沸水煮　　24hl.2～1.8N/mm²

含水率　　5%～13%

密度　　4.5～8.8kN/m³

（2）覆面竹胶合板的表面应平整光滑，具有防水、耐磨、耐酸碱的保护膜，厚度不小于15mm。

（3）复合纤维板应符合下列规定：

1）表面应平整光滑不变形，厚度应采用12mm及以上板材。

2）技术性能应符合下列要求：

72h吸水率　　<5%

72h吸水膨胀率　　<4%

耐酸碱腐蚀性　　在1%苛性钠中浸泡24h，无软化及腐蚀现象

耐水汽性能　　在水蒸气中喷蒸24h，表面无软化及明显膨胀

（三）荷载规定

设计模板首先要确定模板应承受的荷载。荷载分为：

1. 荷载标准值

（1）恒荷载标准值。包括模板及其支架自重标准值、新浇筑混凝土自重标准值、钢筋重标

准值。当采用内部振捣器时，新浇筑的混凝土作用于模板的最大侧压力标准值的确定方法及计算公式。

（2）活荷载标准值。包括施工人员及设备荷载标准值。

（3）风荷载标准值。

2. 荷载设计值

计算模板及支架结构或构件的强度、稳定性和连接的强度时，应采用荷载设计值（荷载标准值乘以荷载分项系数）。计算正常使用极限状态的变形时，应采用荷载标准值。

荷载分项系数：永久荷载为1.2，活荷载为1.4。

钢模板及其支架的荷载设计值可乘以系数0.95予以折减。采用冷弯薄壁型钢，其荷载设计值不应折减。

3. 荷载组合

按极限状态设计时，其荷载组合应按两种情况分别选派：

（1）对于承载能力极限状态，应按荷载效应的基本组合采用。

（2）对于正常使用极限状态应采用标准组合。模板及其支架荷载效应组合的各项荷载分别按平板和薄壳的模板及支架、梁和拱模板的底板及支架、梁、拱、柱、墙的侧模等分别选取。

变形值的规定。当验算模板及其支架的刚度时，其最大变形值不得超过下列容许值：对结构表面外露的模板，为模板构件计算跨度的1/400；对结构表面隐蔽的模板，为模板构件计算跨度的1/250；支架的压缩变形或弹性挠度，为相应结构计算跨度的1/1000。

（四）设计计算

模板及其支架的设计应根据工程结构形式、荷载大小、地基土类别、施工设备和材料供应等条件进行。

1. 模板及其支架的设计应符合的要求

（1）应具有足够的承载能力、刚度和稳定性，应能可靠地承受新浇混凝土的自重、侧压力和施工过程中所产生的荷载及风荷载。

（2）构造应简单，装拆方便，便于钢筋的绑扎、安装和混凝土的浇筑、养护等要求。

（3）根据混凝土的施工工艺和季节性施工措施，确定其构造和所承受的荷载。

（4）绘制配板设计图、支撑设计布置图、细部构造和异型模板大样图。

（5）按模板承受荷载的最不利组合对模板进行验算。

（6）制订模板安装及拆除的程序和方法。

（7）编制模板及配件的规格、数量汇总表和周转使用计划。

（8）编制模板施工安全、防火技术措施及设计、施工说明书。

2. 钢模板及其支撑的设计

钢模板及其支撑的设计应符合现行国家标准《钢结构设计规范》（GB50017—2001）的规定，其截面塑性发展系数取1.0。组合钢模板、大模板、滑升模板等的设计应符合国家现行标准《组合钢模板技术规范》（GB50214—2001）《大模板多层住宅结构设计与施工规程》（JGJ20—1984）和《液压滑动模板施工技术规范》（GB113—1987）的相应规定。

3. 木模板及其支架的设计

应符合现行国家标准《木结构设计规范》（GB50005—2003）的规定，其中受压立杆除满足计算需要外，其梢径不得小于60mm。

4. 模板结构构件的长细比规定

模板结构构件的长细比应符合下列规定：

（1）受压构件长细比：支架立柱及桁架不应大于150；拉条、缀条、斜撑等联系构件不应大于200。

（2）受拉构件长细比：钢杆件不应大于350，木杆件不应大于250。

5. 用扣件式钢管脚手架等做支架立柱规定

用扣件式钢管脚手架做支架柱时应符合下列规定：

（1）连接扣件和钢管立杆底座应符合现行国家标准《钢管脚手架扣件》（GB15831—2006）的规定。

（2）采用四柱形，并于四面两横杆间设有斜缀条时，可按格构式柱计算，否则应按单立杆计算，其荷载应直接作用于四角立杆的轴线上。

（3）支架立柱为群柱架时，高宽比不应大于5，否则应架设抛撑或缆风绳，保证该方向的稳定。

6. 用门式钢管脚手架做支架立柱规定

用门式钢管脚手架做支架立柱时应符合下列规定：

（1）几种门架混合使用时，必须取支承力最小的门架作为设计依据。

（2）荷载宜直接作用在门架两边立杆的轴线上，必要时可设横梁将荷载传于两立杆顶端，且应按单门架进行承力计算。

7. 支承楞梁计算

次楞一般为两跨以上连续楞梁，当跨度不等时，应按不等跨连续楞梁或悬臂据梁设计；主楞可根据实际情况按连续梁、简支梁或悬臂梁设计；同时主次杨梁均应进行最不利抗弯强度与挠度验算。

8. 柱箍

柱箍用于直接支承和夹紧柱模板，应用扁钢、角钢、槽钢和木楞制成，其受力状态为拉弯杆件，按拉弯杆件计算。

9. 钢、木支柱应承受模板结构的垂直荷载

当支柱上下端之间不设纵横向水平拉条或设有构造拉条时，按两端铰接的轴心受压杆件计算，其计算长度L_O＝L（支柱长度）；当支柱上下端之间设有多层截面不小于40mm×50mm的方木或脚手架钢管的纵横向水平拉条时，仍按两端铰接轴心受压杆件计算，其计算长度L_O应取支柱上多层纵横向水平拉条之间最大的长度。当多层纵横向水平拉条之间的间距相等时，应取底层。

（五）危险、有害因素

模板工程施工过程中可能出现的主要危险、有害因素如下：

1. 高处坠落

（1）作业高度在2m及以上时，没有设置安全防护装置。

（2）在坡度大于25°的屋面操作，没有设置防滑软梯，没有穿软底防滑鞋，檐口处没有按规定设安全防护栏，没有挂密目安全网。操作人员在墙顶、独立梁及其他高处狭窄而无防护的模板面上行走。

（3）操作人员登高时没有走人行梯道，而是利用模板支撑攀登上下。

（4）拆除电梯井及大型孔洞模板时，下层没有支搭安全网等可靠防坠落措施。

（5）拆模作业时，拆模人员没有站在平稳牢固可靠的位置。

（6）在没有模板的轻型屋面上安装石棉瓦等，屋架下弦没有支设水平安全网。

2. 物体打击

(1) 拆模作业时，没有设置安全警戒区，没有专人看管，使得无关人员进入拆模现场。

(2) 已拆活动的模板，没有一次连续拆除完。拆除高而窄的预制构件模板时，没有随时加设支撑将构件支稳。

3. 坍塌事故

(1) 作业前没有认真检查模板、支撑等构件是否符合要求，使用已经被腐蚀或者变形的模板。

(2) 由于工人自身原因或是管理的疏忽，拆除模板时没有按照先支后拆、后支先拆的顺序；没有先拆非承重模板、后拆承重的模板及支撑。

(3) 屋面吊装就位后，没有及时安装脊檩、拉杆或临时支撑。

(4) 拆除模板时没有经过工程技术领导同意，混凝土强度不够。

(5) 模板工程未经设计计算，由工人随意乱搭，模板和支撑强度不够。

(6) 柱子和梁板分开浇筑。

4. 其他伤害

拆除的模板、支撑等材料，没有及时清理和码放整齐，有可能碰伤现场工作人员。

(六) 模板的安装

1. 模板安装的规定

(1) 对模板施工队进行全面的安全技术交底，施工队应具有资质。

(2) 挑选合格的模板和配件。

(3) 模板安装应按设计与施工说明书循序拼装。

(4) 竖向模板和支架支承部分安装在基土上时，应加设垫板，如钢管垫板上应加底座。垫板应有足够强度和支承面积，且应中心承载。基土应坚实，并有排水措施。对湿陷性黄土应有防水措施；对特别重要的结构工程可采用混凝土、打桩等措防止支架柱下沉。对冻胀性土应有防冻融措施。

(5) 模板及其支架在安装过程中，必须设置有效防倾覆的临时固定设施。

(6) 现浇钢筋混硬土梁、板的跨度大于 4m 时，模板应起拱；当设计无具体要求时，起拱高度宜为全跨长度的 1/1000～3/1000。

(7) 现浇多层或高层房屋和构筑物时，安装上层模板及其支架应符合下列规定：

1) 下层楼板应具有承受上层荷载的承载能力或加设支架支撑。

2) 上层支架立柱应对准下层支架立柱，并于立柱底铺设垫板。

3) 当采用悬臂吊模板、桁架支模方法时，其支撑结构的承载能力和刚度必须符合要求。

(8) 当层间高度大于 5m 时，宜选用桁架支模或多层支架支模。当采用多层支架支模时，支架的横垫板应平整，支柱应垂直，上下层支柱应在同一竖向中心线上，且其支柱不得超过二层，并必须待下层形成整体空间后，方允许安装上层支架。

(9) 模板安装作业高度超过 2m 时，必须搭设脚手架或平台。

(10) 模板安装时，上下应有人接应，随装随运，严禁抛掷。且不得将模板支搭在门窗框上，也不得将脚手板支搭在模板上，并严禁将模板与井字架脚手架或操作平台连成一体。

(11) 五级风及以上应停止一切吊运作业。

(12) 拼装高度为 2m 以上的竖向模板，不得站在下层模板上拼装上层模板。安装过程中应设置足够的临时固定设施。

(13) 当支撑成一定角度倾斜，或其支撑的表面倾斜时，应采取可靠措施确保支点稳定，支撑底脚必须有防滑移的措施。

（14）除设计图另有规定者外，所有垂直支架柱应保证其垂直。当层高不大于5m时垂直允许偏差为6mm，当层高大于5m时偏差为8mm。

（15）已安装好的模板的实际荷载不得超过设计值。已承受荷载的支架和附件，不得随意拆除或移动。

2. 单立柱做支撑的要求

（1）木立柱宜选用整料，当不能满足要求时，立柱的接头不宜超过两个，并应采用对接夹板接头方式。立柱底部可采用垫块垫高，但不得采用单码砖垫高。

（2）立柱支撑群（或称满堂架）应沿纵、横向设水平拉杆，其间距按设计规定；立杆上、下两端20cm处设纵、横向扫地杆；架体外侧每隔6m设置一道剪刀撑，并沿竖向连续设置，剪刀撑与地面的夹角应为45°～60°。当楼层高超过10m时，还应设置水平方向剪刀撑。拉杆和剪刀撑必须与立柱牢固连接。

（3）单立柱支撑的所有底座板或支撑顶端都应与底座和顶部模板紧密接触，支撑头不得承受偏心荷载。

（4）采用扣件式钢管脚手架做立柱支撑时，立杆接长必须采用对接，主立杆间距不得大于1m，纵横杆步距不应大于1.2m。

（5）门式钢管脚手架（简称门架）做支撑时，跨距和间距宜小于1.2m；支撑架底部垫木上应设固定底座或可调底座。支撑宽度为4跨以上或5个间距及以上时，应在周边底层、顶层、中间每5列、5排于每门架立杆根部设Φ48×3.5水平加固杆，并应用扣件与门架立杆扣紧。

支撑高度超过10m时，应在外侧周边和内部每隔15m间距设置剪刀撑，剪刀撑不应大于4个间距，与水平夹角应为45°～60°，沿竖向应连续设置，并用扣件与门架立杆扣牢。

3. 柱模板的安装要求

（1）现场拼装柱模时，应设临时固定，斜撑与地面的倾角宜为60°，严禁将大片模板系于柱子钢筋上。

（2）若为整体组合柱模，吊装时应采用卡环和柱模连接。

（3）当高度超过4m时，应群体或成列同时支模，并应将支撑连成一体，形成整体框架体系。

（七）模板拆除

拆模时，下方不能有人，拆模区应设警戒线，以防有人误入被砸伤。拆模施工应符合以下规定：

1. 拆模申请要求

拆模之前必须有拆模申请，并根据同条件养护试块强度记录达到规定时，技术负责人方可批准拆模。

2. 拆模顺序和方法的确定

各类模板拆除的顺序和方法，应根据模板支撑设计书的规定进行。如果模板设计无规定时，可按先支的后拆，后支的先拆顺序进行。先拆非承重的模板，后拆承重的模板及支架。

3. 拆模时混凝土强度

拆模时混凝土的强度，应符合设计要求；当设计无要求时，应符合下列规定：

（1）不承重的侧模板，包括梁、柱、墙的侧模板，只要混凝土强度能保证其表面及棱角不因拆除模板面受损坏，即可拆除。一般墙体大模板在常温条件下，混凝土强度达到$1N/mm^2$即可拆除。

（2）承重模板，包括梁、板等水平结构构件的底模，应根据与结构同条件养护的试块强度达到规定，方可拆除。

(3) 在拆模过程中，如发现实际结构混凝土强度并未达到要求，有影响结构安全的质量问题，应暂停拆模，经妥当处理，实际强度达到要求后，方可继续拆除。

(4) 已拆除模板及其支架的混凝土结构，应在混凝土强度达到设计的混凝土强度标准值后，才允许承受全部设计的使用荷载。

4. 现浇楼盖及框架结构拆模

一般现浇楼盖及框架结构的拆模顺序如下：拆柱模斜撑与柱箍→拆柱侧模→拆楼板底模→拆梁侧模→拆梁底模。

楼板小钢模的拆除，应设置供拆模人员站立的平台或架子，必须将洞口和临边封闭后，才能开始工作，拆除时先拆除钩头螺栓和内外钢楞，然后拆下 U 形卡、L 形插销，再用钢钎轻轻撬动钢模板，用木槌或带胶皮垫的铁锤轻击钢模板，把第一块钢模板拆下，然后将钢模逐块拆除。拆下的钢模板不准随意向下抛掷，要向下传递至地面。

多层楼板模板支柱的拆除，下面应保留几层楼板的支柱，应根据施工速度、混凝土强度增长的情况、结构设计荷载与支模施工荷载的差距通过计算确定。

5. 现浇柱模板拆除

柱模板拆除顺序如下：拆除斜撑或拉杆（或钢拉条）→自上而下拆除柱箍或横楞→拆除竖楞并由上向下拆除模板连接件、模板面。

典型例题

1. 当使用竹笆脚手板时，大横杆应采用直角扣件固定在小横杆上，并应等间距设置，间距不应大于（　　）mm。

A. 200　　B. 400　　C. 600　　D. 800

【答案】 B

【解析】 当使用冲压钢脚手板、木脚手板、竹串片脚手板时，大横杆应作为小横杆的支座，用直角扣件固定在立杆上；当使用竹笆脚手板时，大横杆应采用直角扣件固定在小横杆上，并应等间距设置，间距不应大于 400mm。

2. 作业层上非主节点处的小横杆，宜根据支承脚手架的需要等间距设置，最大间距不应大于纵距的（　　）。

A. 1/2　　B. 2/3　　C. 3/4　　D. 4/5

【答案】 A

【解析】 小横杆的构造应符合下列规定：

(1) 主节点处必须设置一根小横杆，用直角扣件扣接且严禁拆除。

(2) 作业层上非主节点处的小横杆，宜根据支承脚手架的需要等间距设置，最大间距不应大于纵距的 1/2。

3. 下列情况存在高处坠落风险的是（　　）。

A. 立杆、大横杆、间距没有按规定进行搭设，架体刚性不够、搭设困难等

B. 脚手板铺设留有空隙，出现探头板，使用脚手板数量不够 2 块

C. 操作层没有设置 1.2m 高防护栏杆和 18cm 挡脚板，人员失稳

D. 向上翻架配合不当

E. 工作完毕，不及时清理回收余料

典型例题

【答案】ACDE

【解析】高处坠落

（1）立杆、大横杆、间距没有按规定进行搭设，架体刚性不够、搭设困难等。

（2）脚手板铺设留有空隙，出现探头板，使用脚手板数量不够3块。

（3）操作层没有设置1.2m高防护栏杆和18cm挡脚板，人员失稳。

（4）施工层以下没有设置安全平网，或网与网间连接不牢固。

（5）选用的脚手板材质不符合安全要求。

（6）遇雨雪天未及时清理脚手架就开始作业。

（7）风暴过后，未派人检查、维护脚手架就开始作业。

（8）搭设人员在搭设高度超过2m后不使用安全带，或使用的安全带不符合安全要求。

（9）搭设人员穿硬底鞋操作。

（10）向上翻架配合不当。

（11）在防护栏上聊天或休息。

（12）工作完毕，不及时清理回收余料，引起摔倒，导致摔伤或从高处坠落。

第三节　脚手架、模板工程作业安全措施

一、脚手架工程施工安全管理

脚手架是土木工程施工的重要设施，是为保证高处作业安全、顺利进行施工而搭设的工作平台和作业通道。在结构施工、装修施工和设备管道的安装施工中，都需要按照操作要求搭设脚手架。

（一）脚手架的施工准备工作

（1）脚手架搭设之前，应根据工程的特点和施工工艺要求确定搭设与拆除的施工方案。

（2）施工方案内容主要应包括：

1）材料要求。

2）基础要求。

3）荷载计算、计算简图、计算结果、安全系数。

4）立杆横距、立杆纵距、杆件连接、步距、允许搭设高度、连墙杆做法、门洞处理、剪刀撑要求、脚手板、挡脚板、扫地杆等构造要求。

5）脚手架搭设、拆除，安全技术措施及安全管理、维护、保养，以及平面图、剖面图、立面图、节点图要反映的杆件连接、拉结基础等情况。

6）悬挑式脚手架有关悬挑梁、横梁等的加工节点图，悬挑梁与结构的连接节点图，钢梁平面图，悬挑设计节点图。

（二）脚手架的地基与基础施工

（1）脚手架底面底座标高宜高于自然地坪50～100mm。

（2）当脚手架基础下有设备基础、管沟时，在脚手架使用过程中不应开挖，否则必须采取加固措施。

（3）地基与基础经验收合格后，应按专项施工方案的要求放线定位。

（三）脚手架的搭设

（1）底座、垫板均应准确地放在定位线上；垫板应采用长度不少于2跨、厚度不小于50mm、宽度不小于200mm的木垫板。

（2）作业层上的施工荷载应符合作业要求，不得超载。不得将模板支架、缆风绳、泵送混凝土和砂浆的运输管等固定在脚手架上；严禁悬挂起重设备。

（3）单排脚手架的横向水平杆不应设置在下列部位：

1）设计上不许留脚手眼的部位。

2）过梁上与过梁两端成60°的三角形范围内及过梁净跨度1/2的高度范围内。

3）宽度小于1m的窗间墙；120mm厚墙、料石清水墙和独立柱。

4）梁或梁垫下及其左右500mm范围内。

5）砖砌体门窗洞口两侧200mm（石砌体为300mm）和转角处450mm（石砌体为600mm）范围内。

6）独立或附墙砖柱，空斗砖墙、加气块墙等轻质墙体。

7）砌筑砂浆强度等级小于或等于M2.5的砖墙。

（4）脚手架必须配合施工进度搭设，一次搭设高度不应超过相邻连墙件以上两步。

（5）纵向水平杆应设置在立杆内侧，其长度不应小于3跨。

（6）纵向水平杆接长应采用对接扣件连接或搭接。纵向水平杆的对接扣件应交错布置：两根相邻纵向水平杆的接头不应设置在同步或同跨内；不同步或不同跨两个相邻接头在水平方向错开的距离不应小于500mm；各接头中心至最近主节点的距离不应大于纵距的1/3。搭接长度不应小于1m，应等间距设置3个旋转扣件固定，端部扣件盖板边缘至搭接纵向水平杆杆端的距离不应小于100mm。

（7）主节点处必须设置一根横向水平杆，用直角扣件扣接且严禁拆除。主节点处的两个直角扣件的中心距不应大于150mm。在双排脚手架中，离墙一端的外伸长度不应大于0.4倍的两节点的中心长度，且不应大于500mm。作业层上非主节点处的横向水平杆，最大间距不应大于纵距的1/2。

（8）冲压钢脚手板、木脚手板、竹串片脚手板等，应设置在三根横向水平杆上。当脚手板长度小于2m时，可采用两根横向水平杆支撑，但应将脚手板两端与其可靠固定，严防倾翻。此三种脚手板的铺设应采用对接平铺或搭接铺设。脚手板对接平铺时，接头处必须设两根横向水平杆，脚手板外伸长度应取130～150mm，两块脚手板外伸长度之和不应大于300mm；脚手板搭接铺设时，接头必须支在横向水平杆上，搭接长度不应小于200mm，其伸出横向水平杆的长度不应小于100mm。

（9）脚手架必须设置纵、横向扫地杆。纵向扫地杆应采用直角扣件固定在距底座上皮不大于200mm处的立杆上。横向扫地杆宜采用直角扣件固定在紧靠纵向扫地杆下方的立杆上。当立杆的基础不在同一高度上时，必须将高处的纵向扫地杆向低处延长两跨与立杆固定，高低差不应大于1m。靠边坡上方的立杆轴线到边坡的距离不应小于500mm。

（10）立杆必须用连墙件与建筑物可靠连接，连墙件布置间距要符合规定。

（11）立杆接长除顶层顶部可采用搭接外，其余各层各部接头必须采用对接扣件连接。立杆上的对接扣件应交错布置，两根相邻立杆的接头不应设置在同步内，同步内每隔一根立杆的两个相邻接头在高度方向错开的距离不宜小于500mm；各接头中心至主节点的距离不宜大于步距的1/3。搭接长度不应小于1m，应采用不少于2个旋转扣件固定，端部扣件盖板的边缘至杆端距离不应小于 100mm。

（12）开口形脚手架的两端必须设置连墙件，连墙件的垂直间距不应大于建筑物的层高，且不应大于 4m。

（13）对高度 24m 及以下的单、双排脚手架，宜采用刚性连墙件与建筑物可靠连接，亦可采用钢筋与顶撑配合使用的附墙连接方式。严禁使用只有钢筋的柔性连墙件。对高度 24m 以上的双排脚手架，必须采用刚性连墙件与建筑物可靠连接。

（14）连墙件必须采用可承受拉力和压力的构造。采用拉筋必须配用顶撑，顶撑应可靠地顶在混凝土圈梁、柱等结构部位。拉筋应采用两根以上直径 4mm 的钢丝拧成一股，使用时不应少于两股；亦可采用直径不小于 6mm 的钢筋。

（15）剪刀撑应随立杆、纵向和横向水平杆等同步设置，各底层斜杆下端必须支承在垫块或垫板上。高度在 24m 以下的单、双排脚手架，必须在外侧两端、转角及中间不超过 15m 的立面上，各设置一道剪刀撑，并应由底至顶连续设置；高度在 24m 及以上的双排脚手架在外侧全立面连续设置剪刀撑。开口形双排脚手架的两端必须设置横向斜撑。

（四）脚手架的拆除

（1）拆除作业必须由上而下逐层进行，严禁上下同时作业。

（2）连墙件必须随脚手架逐层拆除，严禁先将连墙件整层拆除后再拆脚手架；分段拆除高差不应大于 2 步，如高差大于 2 步，应增设连墙件加固。

（3）拆除作业应设专人指挥，当有多人同时操作时，应明确分工、统一行动，且应具有足够的操作面。

（4）拆除的构配件应采用起重设备吊运或人工传递到地面，严禁抛掷。

（五）脚手架的检查验收

（1）脚手架在下列阶段应进行检查与验收：

1）脚手架基础完工后，架体搭设前。

2）每搭设完 6～8m 高度后。

3）作业层上施加荷载前。

4）达到设计高度后或遇有六级及以上风或大雨后，冻结地区解冻后。

5）停用超过一个月。

（2）脚手架定期检查的主要内容：

1）杆件的设置与连接，连墙件、支撑、门洞桁架的构造是否符合要求。

2）地基是否积水，底座是否松动，立杆是否悬空，扣件螺栓是否松动。

3）高度在 24m 以上的双排、满堂脚手架，高度在 20m 以上的满堂支撑架，其立杆的沉降与垂直度的偏差是否符合技术规范要求。

4）架体安全防护措施是否符合要求。

5）是否有超载使用现象。

（3）严禁将支撑架体、防护架体与起重机械、其他作业脚手架等相连接。

（4）作业脚手架、支撑脚手架及防护脚手架等在使用过程中，非经构造设计更改和安全性验算，严禁拆除任何构配件。

（六）脚手架施工安全技术措施

（1）脚手架搭设前必须根据工程的特点，按照规范、规定，制订施工方案和搭设的安全技术措施。

（2）脚手架搭设或拆除人员必须由符合劳动部发的《特种作业人员安全技术培训考核管理

规定》，并经考核合格后领取特种作业人员操作证。

(3) 操作人员应持证上岗。操作时必须佩戴安全帽、安全带，穿防滑鞋。

(4) 大雾、雨天和6级以上大风时，不得进行脚手架上的高处作业。雨天后作业，必须采取安全防滑措施。

(5) 脚手架搭设作业时，应按形成基本构架单元的要求逐排、逐跨和逐步地进行搭设。矩形周边脚手架宜从其中的一个角开始向两个方向延伸搭设，并确保已搭部分稳定。

(6) 门式脚手架以及其他纵向立面刚度差的脚手架，在连墙点设置层宜加设纵向水平长横杆，并与连接件连接。

(7) 搭设作业，应按以下要求做好自我保护和保护好作业现场人员的安全：

1) 在架上作业人员应穿防滑鞋和佩戴好安全带。保证作业的安全，脚下应铺设必要的脚手板，并应铺设平稳，且不得有探头板。当时无法铺设落脚板时，用于落脚、把（夹）持的杆件均应为稳定的构架部分，垂直距离应不大于15m。位于立杆接头之上的自由立杆（尚未与水平杆连接者）不得用作把持杆。

2) 架上作业人员应做好分工配合，传杆件应掌握好重心，平稳传递。不要用力太猛，以免引起人身或杆件失衡。每完成一道工序，要相互询问确认后才能进行下一道工序。

3) 作业人员应佩戴工具袋，工具用后装于袋中，不得放在架子上，以免掉落伤人。

4) 架设材料要随上随用，以免放置不当时掉落。

5) 每次收工以前，所有上架材料应全部搭设上，不要存留在架子上，而且一定要形成稳定的构架。不能形成稳定构架的部分应采取临时撑拉措施予以加固。

6) 在搭设作业进行中，地面上的配合人员应避开可能落物的区域。

(8) 架上作业时的安全注意事项：

1) 作业前应注意检查作业环境是否可靠，安全防护设施是否齐全有效，确认无误后方可作业。

2) 作业时应注意随时清理落在架面上的材料，保持架面上规整清洁，不要乱放材料、工具，以免影响作业的安全和发生掉物伤人。

3) 在进行撬、拉、推等操作时，要注意采取正确的姿势，站稳脚跟，或一手把持在稳固的结构或支持物上，以免用力过猛身体失去平衡或把东西甩出。在脚手架上拆除模板时，应采取必要的支托措施以防拆下的模板材料掉落架外。

4) 当架面高度不够、需要垫高时，一定要采用稳定可靠的垫高办法，且垫高不要超过50cm；超过50cm时，应按搭设规定升高铺板层。在升高作业面时，应相应加高防护设施。

5) 在架面上运送材料经过正在作业中的人员时，要及时发出“请注意”“请让一让”的信号。材料要轻搁稳放，不许采用倾倒、猛磕或其他匆忙卸料方式。

6) 严禁在架面上打闹戏耍、退着行走和跨坐在外防护横杆上休息。不要在架面上抢行、跑跳，相互避让时应注意身体不要失衡。

7) 在脚手架上进行电气焊作业时，要铺铁皮接着火星或移去易燃物，以防火星点着易燃物，并应有防火措施。一旦着火时，及时予以扑灭。

二、模板工程

(一) 模板工程专项方案的编制

模板工程及支撑体系施工前，要按有关规定编制专项方案，必要时进行专家论证。

(1) 模板工程及支撑体系需编制专项方案的范围：

1) 各类工具式模板工程：包括大模板、滑模、爬模、飞模等工程。

2) 混凝土模板支撑工程：搭设高度5m及以上；搭设跨度10m及以上；施工总荷载

10kN/m²及以上；集中线荷载 15kN/m 及以上；高度大于支撑水平投影宽度且相对独立无联系构件的混凝土模板支撑工程。

3）承重支撑体系：用于钢结构安装等满堂支撑体系。

（2）模板工程及支撑体系须编制专项方案，且必须进行专家论证的范围：

1）工具式模板工程：包括滑模、爬模、飞模工程。

2）混凝土模板支撑工程：搭设高度 8m 及以上；搭设跨度 18m 及以上；施工总荷载 15kN/m²及以上；集中线荷载 20kN/m 及以上。

3）承重支撑体系：用于钢结构安装等满堂支撑体系，承受单点集中荷载 700kg 以上。

（二）保证模板安装施工安全的基本要求

（1）模板工程安装高度超过 3.0m，必须搭设脚手架，除操作人员外，脚手架下不得站其他人。

（2）模板安装高度在 2m 及以上时，临边作业安全防护应符合国家现行标准《建筑施工高处作业安全技术规范》（JGJ 80—2016）的有关规定。

（3）施工人员上下通行必须借助马道、施工电梯或上人扶梯等设施，不允许攀登模板、斜撑杆、拉条或绳索等上下，不允许在高处的墙顶、独立梁或其模板上行走。

（4）作业时，模板和配件不得随意堆放，模板应放平放稳，严防滑落。脚手架或操作平台上临时堆放的模板不宜超过 3 层，脚手架或操作平台上的施工总荷载不得超过其设计值。

（5）高处支模作业人员所用工具和连接件应放在箱盒或工具袋中，不得散放在脚手板上，以免坠落伤人。

（6）模板安装时，上下应有人接应，随装随运，严禁抛掷。且不得将模板支搭在门窗框上，也不得将脚手板支搭在模板上，并严禁将模板与上料井架、有车辆运行的脚手架或操作平台支成一体。

（7）当钢模板高度超过 15m 以上时，应安设避雷设施，避雷设施的接地电阻不得大于 4Ω。大风地区或大风季节施工，模板应有抗风的临时加固措施。

（8）遇大雨、大雾、沙尘、大雪或 6 级以上大风等恶劣天气时，应暂停露天高处作业。6 级及以上风力时，应停止高空吊运作业。雨、雪停止后，应及时清除模板和地面上的积水及积雪。

（9）在架空输电线路下方进行模板施工，如果不能停电作业，应采取隔离防护措施。

（10）模板施工中应设专人负责安全检查，发现问题应报告有关人员处理。当遇险情时，应立即停工和采取应急措施；待修复或排除险情后，方可继续施工。

（三）保证模板拆除施工安全的基本要求

（1）现浇混凝土结构模板及其支架拆除时的混凝土强度应符合设计要求。当设计无要求时，应符合下列规定：

1）不承重的侧模板，包括梁、柱、墙的侧模板，只要混凝土强度能保证其表面及棱角不因拆除模板而受损，即可进行拆除。

2）承重模板，包括梁、板等水平结构构件的底模，应在与结构同条件养护的试块强度达到规定要求时，进行拆除。

3）后张法预应力混凝土结构或构件模板的拆除，侧模应在预应力张拉前拆除，其混凝土强度达到侧模拆除条件即可。进行预应力张拉，必须在混凝土强度达到设计规定值时进行，底模必须在预应力张拉完毕方能拆除。

4）在拆模过程中，如发现实际结构混凝土强度并未达到要求，有影响结构安全的质量问题时，应暂停拆模，经妥当处理使实际结构混凝土强度达到要求后，方可继续拆除。

5）已拆除模板及其支架的混凝土结构，应在混凝土强度达到设计要求后，才允许承受全部设计的使用荷载。

6）拆除芯模或预留孔的内模时，应在混凝土强度能保证不发生塌陷和裂缝时，方可拆除。

（2）拆模作业之前必须填写拆模申请，并在同条件养护试块强度记录达到规定要求时，技术负责人方能批准拆模。

（3）冬期施工的模板拆除应遵守冬期施工的有关规定，其中主要是要考虑混凝土模板拆除后的保温养护，如果不能进行保温养护，必须暴露在大气中，要考虑混凝土受冻的临界强度。

（4）各类模板拆除的顺序和方法，应根据模板设计的要求进行。如果模板设计无要求时，可按先支的后拆，后支的先拆，先拆非承重的模板，后拆承重的模板及支架的顺序进行。

（5）拆模时下方不能有人，拆模区应设警戒线，以防有人误入。拆除的模板向下运送传递时，一定要做到上下呼应，协调一致。

（6）模板拆除不能采取猛撬以致大片塌落的方法进行。

（7）拆除的模板必须随时清理，以免钉子扎脚、阻碍通行。使用后的木模板应拔除铁钉，分类进库，堆放整齐。露天堆放时，顶面应遮盖防雨篷布。

（8）应及时将使用后的钢模、钢构件上的黏结物清理洁净，进行必要的维修、刷油。整理合格后，方可运往其他施工现场或入库。

（9）钢模板在装车运输时，不宜超出车栏杆，少量高出部分必须拴牢，零配件应分类装箱，不得散装运输。装车时，应轻搬轻放，不得相互碰撞。卸车时，严禁成捆从车上推下和拆散抛掷。

（10）模板及配件应放入室内或敞棚内，当必须露天堆放时，底部应垫高 100mm，顶面应遮盖防水篷布或塑料布。

典型例题

1. 当时无法铺设落脚板时，用于落脚、把（夹）持的杆件均应为稳定的构架部分，垂直距离应不大于（　　）m。

A. 5　　B. 10　　C. 15　　D. 20

【答案】C

【解析】在架上作业人员应穿防滑鞋和佩戴好安全带。保证作业的安全，脚下应铺设必要的脚手板，并应铺设平稳，且不得有探头板。当时无法铺设落脚板时，用于落脚、把（夹）持的杆件均应为稳定的构架部分，垂直距离应不大于 15m。位于立杆接头之上的自由立杆（尚未与水平杆连接者）不得用作把持杆。

2. 当风力达到（　　）级时，需要暂停室外的高空作业。

A. 5　　B. 6　　C. 7　　D. 8

【答案】B

【解析】遇 6 级以上大风时，暂停室外的高处作业。有雨、雪、霜时应先清扫施工现场，不滑时再进行工作。

3. 拆除板、梁、柱、墙模板时的正确操作方式为（　　）。

A. 拆除 3m 以上模板时，应搭脚手架或操作平台，并设防护栏杆

B. 严禁在同一垂直面上操作

C. 拆除时应逐块拆卸，不得成片松动和撬落或拉倒

D. 严禁站在悬臂结构上面敲拆底模

E. 拆除平台、楼层板的底模时，应设临时支撑，防止大片模板坠落，尤其是拆支柱时，操作人员应站在门窗洞口外拉拆，更应严防模板突然全部掉落伤人

典型例题

【答案】 BCDE

【解析】 拆除板、梁、柱、墙模板时应注意：

（1）拆除3m以上模板时，应搭脚手架或操作平台，并设防护栏杆。

（2）严禁在同一垂直面上操作。

（3）拆除时应逐块拆卸，不得成片松动和撬落或拉倒。

（4）拆除平台、楼层板的底模时，应设临时支撑，防止大片模板坠落，尤其是拆支柱时，操作人员应站在门窗洞口外拉拆，更应严防模板突然全部掉落伤人。

（5）严禁站在悬臂结构上面敲拆底模。

本章练习

1. 扣件式钢管脚手架由钢管和扣件组成，在立杆、大横杆、小横杆三杆的交叉点称为主节点。主节点处立杆和大横杆的连接扣件与大横杆和小横杆的连接扣件的间距应小于（　　）mm。

A. 100　　B. 150　　C. 200　　D. 350

【答案】 B

【解析】 杆、大横杆、小横杆三杆的交叉点称为主节点。主节点处立杆和大横杆的连接扣件和大横杆与小横杆的连接扣件的间距应小于150mm。在脚手架使用期间，主节点处的大、小横杆，纵、横向扫地杆及连墙件不能拆除。

2. 扣件式钢管脚手架的立杆、纵向水平杆、横向水平杆均用扣件连接，它们之间传递荷载利用的是（　　）。

1. 静力　　B. 扭力　　C. 作用力　　D. 摩擦力

【答案】 D

【解析】 扣件连接是以扣件与钢管之间的摩擦力传递竖向力或水平力的。

3. 模板的结构设计，必须保证能承受作用于模板结构上的所有垂直荷载和水平荷载，在可能产生的荷载中，应选择最不利的组合验算模板整体结构，以及构件、配件的强度、刚度和（　　）。

A. 高度　　B. 宽度　　C. 组合性　　D. 稳定性

【答案】 D

【解析】 模板的结构设计，必须能承受作用于模板结构上的所有垂直荷载和水平荷载（包括混凝土的侧压力、振捣和倾倒混凝土产生的侧压力、风力等）。在所有可能产生的荷载中要选择最不利的组合验算模板整体结构和构件及配件的强度、稳定性和刚度。

4. 为保障施工作业人员安全，确保工程实体质量，梁、板模板拆除应遵照一定的顺序进行。下列关于梁、板模板拆除顺序的说法中，正确的是（　　）。

A. 先拆梁侧模，再拆板底模，最后拆除梁底模

B. 先拆板底模，再拆梁侧模，最后拆除梁底模

C. 先拆梁侧模，再拆梁底模，最后拆除板底模

D. 先拆梁底模，再拆梁侧模，最后拆除板底模

【答案】 B

【解析】 一般现浇楼盖及框架结构的拆模顺序如下：拆柱模斜撑与柱箍→拆柱侧模→拆楼板底模→拆梁侧模→拆梁底模。

5. 模板工程就其材料用量、人工、费用及工期来说，在混凝土结构工程施工中是十分重要的组成部分，在建筑施工中也占相当重要的位置。据统计每平方米竣工面积需要配置（　　）m^2 模板。

A. 0.10　　B. 0.15　　C. 0.20　　D. 0.25

【答案】 B

【解析】 模板工程就其材料用量、人工、费用及工期来说，在混凝土结构工程施工中是十分重要的组成部分，在建筑施工中也占相当重要的位置。据统计每平方米竣工面积需要配置 0.15m^2 模板。

6. 下列情况存在坍塌风险的是（　　）。

A. 搭设脚手架的基础处理不平、不实，承载力不够，外侧无排水措施

B. 立杆下面无垫木、底座或垫木、底座承载力不够，架体失稳

C. 绑扎立杆基础时，不设扫地杆，架体失稳

D. 搭设高度在 7m 以上时，架体与建筑结构不连接，或虽有连接，但不牢固，架体失稳

E. 脚手架上堆放荷载超过规定要求

【答案】 ABCE

【解析】 坍塌

（1）搭设脚手架的基础处理不平、不实，承载力不够，外侧无排水措施。

（2）立杆下面无垫木、底座或垫木、底座承载力不够，架体失稳。

（3）绑扎立杆基础时，不设扫地杆，架体失稳。

（4）搭设高度在 7m 以上时，架体与建筑结构不连接，或虽有连接，但不牢固，架体失稳。

（5）架体与建筑结构拉结，不按横向 7m 以内，纵向 4m 以内位置连接体不设置剪刀撑或虽设置但并未沿脚手架高度连续设置，或角度不符合 45°～60°的要求。

（6）脚手架上堆放荷载超过规定要求。

（7）施工中随意拆除基本杆件和连接杆件。

（8）搭设用的钢管严重弯曲、锈蚀严重、有裂纹，但继续使用。

（9）没有满足同步内隔一根立杆的接头在高度方向上错开不小于 500mm 的规定，造成架体强度不够多。

7. 围圈、提升架、操作平台一般为钢结构，支承杆一般用直径（　　）的圆钢或螺纹钢制成。

A. 15mm　　B. 20mm

C. 25mm　　D. 30mm

【答案】 C

【解析】 滑升模板是整体现浇混凝土结构施工的一项新工艺。广泛应用于工业建筑的烟囱、水塔、筒仓、竖井和民用高层建筑剪力墙、框剪、框架结构施工。

滑升模板主要由模板面、围圈、提升架、液压千斤顶、操作平台、支承杆等组成，滑升模板一般采用钢模板面，也可用木或木（竹）胶合板面。围圈、提升架、操作平台一般为钢结构，支承杆一般用直径 25mm 的圆钢或螺纹钢制成。

8. 架上作业时应注意以下事项（　　）。

A. 作业前应注意检查作业环境是否可靠

B. 在进行撬、拉、推等操作时，要注意采取正确的姿势，站稳脚跟，或一手把持在稳固的结构或支持物上，以免用力过猛身体失去平衡或把东西甩出

C. 当架面高度不够、面要垫高时，一定要采用稳定可靠的垫高办法，且垫高不要超过40cm；超过40cm时，应按搭设规定升高铺板层

D. 严禁在架面上打闹戏耍、退着行走和跨坐在外防护横杆上休息

E. 在架面上运送材料经过正在作业中的人员时，要及时发出“请注意”“请让一让”的信号

【答案】 ABDE

【解析】 架上作业时的安全注意事项：

（1）作业前应注意检查作业环境是否可靠，安全防护设施是否齐全有效，确认无误后方可作业。

（2）作业时应注意随时清理落在架面上的材料，保持架面上规整清洁，不要乱放材料、工具，以免影响作业的安全和发生掉物伤人。

（3）在进行撬、拉、推等操作时，要注意采取正确的姿势，站稳脚跟，或一手把持在稳固的结构或支持物上，以免用力过猛身体失去平衡或把东西甩出。在脚手架上拆除模板时，应采取必要的支托措施防拆下的模板材料掉落架外。

（4）当架面高度不够、面要垫高时，一定要采用稳定可靠的垫高办法，且垫高不要超过50cm；超过50cm时，应按搭设规定升高铺板层。在升高作业面时，应相应加高防护设施。

（5）在架面上运送材料经过正在作业中的人员时，要及时发出“请注意”“请让一让”的信号。材料要轻搁稳放，不许采用倾倒、猛磕或其他匆忙卸料方式。

（6）严禁在架面上打闹戏耍、退着行走和跨坐在外防护横杆上休息。不要在架面上抢行、跑跳，相互避让时应注意身体不要失衡。

（7）在脚手架上进行电气焊作业时，要铺铁皮接着火星或移去易燃物，以防火星点着易燃物，并应有防火措施。一旦着火时，及时予以扑灭。

9. 门式脚手架以及其他纵向立面刚度差的脚手架，在连墙点设置层宜加设（　　），长横杆与连接件连接。

A. 纵向水平　　B. 支架　　C. 斜向构件　　D. 长横杆

【答案】 A

【解析】 脚手架工程施工安全措施

（1）脚手架搭设前必须根据工程的特点按照规范、规定，制订施工方案和搭设的安全技术措施。

（2）脚手架搭设或拆除人员必须由符合劳动部发的《特种作业人员安全技术培训考核管理规定》经考核合格后领取特种作业人员操作证的专业架子工进行。

（3）操作人员应持证上岗。操作时必须佩戴安全帽、安全带，穿防滑鞋。

（4）大雾、雨天和6级以上大风时，不得进行脚手架上的高处作业。雨天后作业，必须采取安全防滑措施。

（5）脚手架搭设作业时，应按形成基本构架单元的更求逐排、逐跨和逐步地进行搭设。矩形周边脚手架宜从其中的一个角开始向两个方向延伸搭设，并确保已搭部分稳定。

(6) 门式脚手架以及其他纵向立面刚度差的脚手架，在连墙点设置层宜加设纵向水平长横杆，并与连接件连接。

10. 安全带是防止高处作业人员发生坠落的个人防护装备。安全带的种类较多，因各行业的特点不同，选用的安全带也不同，目前建筑业多选用（　　）。

A. 坠落悬挂安全带　　B. 围杆作业安全带

C. 区域限制安全带　　D. 安全绳

【答案】 A

【解析】 安全带可分为围杆作业安全带、区域限制安全带和坠落悬挂安全带。建筑、安装施工中大多使用的是坠落悬挂安全带。

第七章　城市轨道交通工程施工安全技术

考试内容及要求

熟悉城市轨道交通工程施工安全与风险管理方法。掌握施工安全检查的主要内容。运用建筑施工安全技术知识和相关标准，分析城市轨道交通工程施工过程中的危险、有害因素，制订相应的安全技术措施。

第一节　城市轨道交通工程施工安全与风险管理方法

一、风险管理

城市轨道交通地下工程建设应保障人员安全，减小对周边环境影响，将建设风险造成的各种不利影响、破坏和损失降低到合理、可接受的水平。

（一）风险类型

城市轨道交通地下工程建设风险宜根据风险损失分类，风险类型应包括：

（1）人员伤亡风险。

（2）环境影响风险。

（3）经济损失风险。

（4）工期延误风险。

（5）社会影响风险。

（二）风险管理程序

工程建设风险管理程序如下图 7-1 所示：

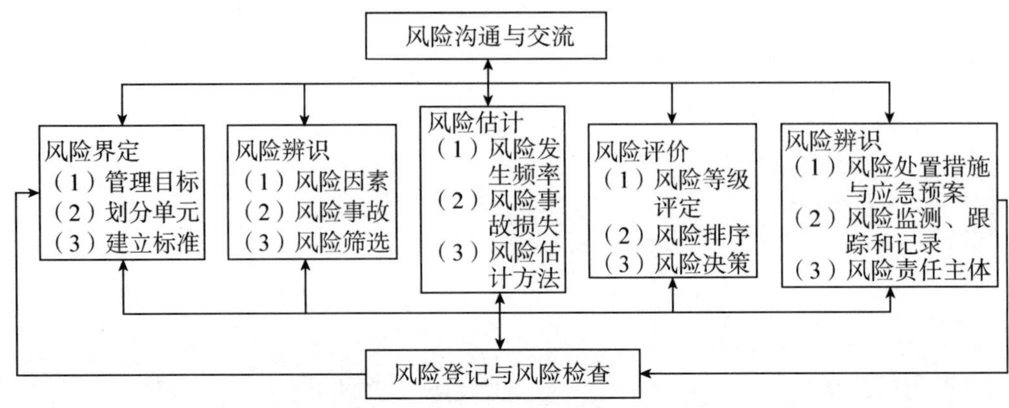

图 7-1　工程建设风险管理程序

工程建设风险管理应由建设单位负责组织和实施，并以合同约定建设各方的风险管理责任。建设单位在编制概算时，应确定建设风险管理的专项费用，做到风险处置措施费专款专用。

按照城市轨道交通地下工程建设内容与实施过程，建设风险管理可分为：

（1）规划阶段风险管理。

（2）可行性研究风险管理。

（3）勘察与设计风险管理。

（4）招标、投标与合同风险管理。

（5）施工风险管理。

城市轨道交通建设项目涉及业主、建设单位、监理单位、勘察设计单位、施工单位和供应商等建设各方，应加强工程建设风险管理实施中的风险沟通与交流，实行风险登记与检查制度，编制风险管理文件。工程建设风险管理各阶段编制完成的风险管理文件，应作为后续阶段实施风险管理的基础依据。

（三）风险界定

城市轨道交通地下工程建设风险管理应界定风险管理对象与目标，划分工程建设风险评估单元，制定本工程建设风险等级标准。

工程建设风险管理目标的制定应遵循以下基本原则：

（1）应与工程建设总体目标、项目特点及经济技术水平相匹配。

（2）应充分发挥工程建设各方的技术优势，调动其积极性。

（3）风险管理责任分担应坚持责、权、利协调一致，权责明确。

根据城市轨道交通地下工程不同的实施内容，应遵循“分类型、分阶段、分目标”的基本原则划分风险评估单元。工程建设风险等级标准应按风险发生可能性及其损失进行划分。

城市轨道交通地下工程建设风险辨识前，应具备下列基础资料：

（1）工程周边水文地质、工程地质、自然环境及人文、社会、区域环境等资料。

（2）已建线路的相关工程建设风险或事故资料，类似工程建设风险资料。

（3）工程规划、可行性分析、设计、施工与采购方案等相关资料。

（4）工程周边建（构）筑物（含地下管线、道路、民防设施等）相关资料。

（5）工程邻近既有轨道交通及其他地下工程等资料。

（6）可能存在业务联系或影响的相关部门与第三方信息。

（7）其他相关资料。

风险辨识可包括风险分类、确定参与者、收集相关资料、风险识别、风险筛选和编制风险辨识报告等6个步骤。

（四）风险分析方法

风险分析方法根据工程特点、评估要求和工程建设风险类型，风险分析方法宜包括三类：定性分析方法、定量分析方法、综合分析方法。

工程规划和可行性研究风险管理中宜采用定性风险分析方法，并辅以定量风险分析方法；工程勘察与设计风险管理中宜采用定量风险分析方法，并辅以综合风险分析方法；工程施工风险管理中宜采用综合风险分析方法。

（五）风险控制

城市轨道交通地下工程建设风险控制必须坚持“安全第一、保护环境、预防为主”的原则，采取经济、可行、主动的处置措施来减少或降低风险。工程建设风险控制方案应由建设单位负责组织，工程建设各方共同参加，按照风险处置对策编制风险控制方案。可采用工程保险转移建设风险，但不应将工程保险作为唯一减轻或降低风险的控制措施。

二、规划阶段风险管理

（一）一般规定

（1）城市轨道交通地下工程规划方案中的主要风险因素应包括：

1）线位和站位选择与敷设方式不当。

2）水文与工程地质及周边环境不确定。

3）工程征地与动拆迁影响总体技术方案及工程建成后运营。

4）其他潜在的重大风险因素。

（2）城市轨道交通地下工程规划阶段风险评估，应包括以下内容：

1）规划方案与城市轨道交通网络协调性风险分析。

2）线位、站位、线路选择与工程选址风险分析。

3）重大不良地质条件与周边区域环境条件风险分析。

4）拆迁风险分析。

5）其他重大风险因素分析。

6）不同工程规划方案风险分析。

城市轨道交通地下工程规划中，应分析城市轨道交通地下工程与其他城市规划工程的相互关系，评估地下工程实施先后顺序及投入运营后可能引起的其他工程建设风险。

（二）重大风险因素分析

城市轨道交通地下工程规划阶段应对下列可能引起重大风险的因素进行专项风险分析：

（1）规划线路的功能定位与远期预测。

（2）邻近或穿越既有轨道线路（含铁路、高速铁路等）的工程。

（3）邻近或穿越既有建（构）筑物（包括建筑物、道路、重要市政管线、水利设施等）的工程。

（4）邻近或穿越有重要保护性的建（构）筑物、古文物或地下障碍物以及沿线车站附近既有遗留工程的工程。

（5）邻近或穿越既有军事保护区及设施等的工程。

（6）邻近或穿越江河湖海的工程。

（7）自然灾害（包括暴雨、飓风、冰雪、冻害、洪水、泥石流、地震等）。

（8）影响结构和施工安全的特殊不良地质条件（包括断裂、采空区、地裂缝、岩溶、洞穴等）、有害气体、大范围污染区等。

（9）需特殊设计或采用新技术、新工艺、新材料或新设备及系统的工程。

（10）生态环境污染及破坏。

三、可行性研究风险管理

（一）一般规定

（1）城市轨道交通地下工程可行性研究风险管理，应具备以下基本资料：

1）工程可行性研究报告和图件。

2）工程地质和水文地质勘查报告。

3）地下工程设计初步方案及图件。

4）地下工程沿线的周边环境（包括地下管线和障碍物等）调查报告。

5）完成的规划阶段风险评估报告。

6）其他相关专题研究报告和参考资料。

（2）城市轨道交通地下工程可行性研究风险管理，应完成下列工作：

1）城市轨道交通地下工程现场风险调查。

2）工程可行性方案风险分析评估。

3）重要、特殊的地下工程结构设计和施工方法的适用性风险分析。

4）施工及运营期环境影响风险分析。

5）车辆及机电设备系统选型与配置风险分析。

6）可行性方案风险综合比选与方案优化，确定推荐方案。

7）提出降低可行性方案风险的处置措施，包括工程保险建议方案。

（3）城市轨道交通地下工程可行性研究风险管理实施主要内容应包括现场风险调查、可行性方案风险评估等。

1）现场风险调查。

现场风险调查前应了解工程沿线的工程地质和水文地质情况，根据划分的风险评估单元，制订现场风险调查计划。现场风险调查应安排专业人员按照可行性方案进行全线线路和站位的现场踏勘，开展现场风险记录。现场风险调查应调查工程影响范围内的交通流、道路、地面建（构）筑物、特殊建（构）筑物、文物或保护性建筑等情况，必要时应要求进行补充调查或现状安全评估。

现场风险调查应核查地下工程影响范围内的地下障碍物、地下构筑物、地下管线和地下水等情况。现场风险调查应了解工程所在地的动拆迁规模和环境保护要求，并应进行施工环境影响风险调研。

2）风险评估。

城市轨道交通地下工程可行性研究中的主要风险因素包括：①自然灾害；②区域特殊不良工程地质与水文地质条件；③地下工程施工方法选择与工期拟定；④工程施工对周边环境的影响（包括第三方损失及周边区域环境影响）；⑤施工场地动拆迁及交通疏解；⑥重大关键性节点工程；⑦工程施工环境保护，包括污染、粉尘、噪声、振动或地下水流失等；⑧危及人员和工程安全的各种危险物质，包括地下水、气体、化学品及其他污染物、爆炸物及放射性物质等；⑨线路建设规模、客流预测以及车辆、机电设备及系统选型与配置对线路的服务水平、工程投资的影响；⑩地下工程运营及其对周边区域环境的影响。

可行性研究风险评估应评估风险因素和工期风险，并对重大关键节点工程进行专项风险评估。地下工程施工方法的选择应与工程地质、水文地质及周边环境等条件相适应，应采用工艺成熟、安全可靠、技术可行、风险可接受的施工方法。可行性研究风险评估应合理处理新建地下工程与近、远期实施地下工程的相互关系，对于地质条件差、后期施工影响大的工程，应在本期工程建设阶段为后期工程施工预留条件，避免相互交叉影响引起的风险。

可行性研究风险管理应针对重大风险提出风险控制方案，宜采用优化可行性方案、调整施工方法和调整机电系统配置等风险处置措施。

四、勘察与设计风险管理

（一）一般规定

（1）城市轨道交通地下工程勘察与设计风险管理，应具备下列基础资料：

1）城市轨道交通地下工程规划报告和图件。

2）工程地质及水文地质勘察报告，沿线环境、地下管线和障碍物等调查报告。

3）城市轨道交通地下工程设计文件及图件。

4）城市轨道交通地下工程批复文件、相关专题研究报告与专家咨询意见等。

5）已完成的规划阶段和可行性研究中的风险评估报告。

6）其他相关资料。

（2）城市轨道交通地下工程勘察与设计风险管理，应完成以下工作：

1）工程勘察与设计潜在风险辨识，编制风险记录表。

2）针对重大风险因素进行专项风险分析与评估。

3）制定Ⅲ级及以上风险的风险处置措施，并编制风险应急预案。

（3）城市轨道交通地下工程勘察与设计风险管理，应遵循“分阶段、分对象、分等级”的基本原则，控制工程建设风险至可接受水平。

（4）工程勘察与设计风险管理实施主要内容应包括：

1）工程勘察风险管理。

2）总体设计风险管理。

3）初步设计风险管理。

4）施工图设计风险管理。

（二）工程勘察风险管理

（1）工程勘察主要风险因素包括：

1）勘察方案不全面，包括勘察孔位布置与数量、钻探与原位测试技术、室内土工试验方法、试验数据分析等。

2）地下障碍物、构筑物及地下管线调查不清。

3）不良工程地质与水文地质及周边环境影响未探明。

4）工程勘察与环境调查报告有误。

5）勘察设施故障及人员操作不当或失控等。

因现场场地条件或现有技术手段的限制，存在无法探明的工程地质或水文地质情况时，应分析设计和施工中潜在的风险。工程勘察及环境调查中应制订并实施预防措施，防范发生地下管线破坏、停电、爆炸和火灾等风险。

（2）工程勘察风险管理宜采用的风险处置措施包括：

1）收集并利用邻近已建的建（构）筑物工程勘察成果。

2）审查勘察报告，检查试验方法与数据，抽查钻孔芯样。

3）调整钻孔间距，增加钻孔数量。

4）采取多种勘察手段。

5）充分利用现场及室内测试等技术人员的工程实践经验。

6）总体设计风险管理。

（3）总体设计中的主要风险因素包括：

1）自然灾害。

2）不良地质条件和工程周边环境条件。

3）地下工程交叉相互影响。

4）邻近重要的古建筑、国家和城市标志性建筑等。

5）车辆、机电设备及系统选型与配置。

6）工程设计缺陷或失误。

总体设计风险管理，应对工程建设用地范围地质灾害危险性评估、地震安全性评价与环境影响评价等相关专题进行研究做出报告，并进行复查或专项风险评估。总体设计风险管理应根据地下工程类型、施工难易程度和邻近区域影响特征，评估地下工程自身的风险等级。总体设计风险管理，应根据地下工程周边环境设施重要性和邻近影响距离关系，评估周边环境影响的风险等级。

针对重大风险可开展专题试验研究和风险分析，编制风险处置措施与应急技术处置方案。总体设计风险管理应编制风险记录文件，记录Ⅱ级及以上风险的名称、发生位置、风险等级、描述、建议控制方案及备注等信息。

（4）初步设计风险管理。

1）初步设计中的主要风险因素包括：①自然灾害；②不良工程地质及水文地质条件；③地层物理、力学参数的取值，工程荷载与计算模型，工况选取不当或失误；④车辆及机电设备系统配置不当；⑤设计方案变更不确定性。

2）初步设计风险管理应划分风险分析单元。主要风险管理工作应包括：①编制工程建设风险清单，建立层状或树状结构风险评估列表，对全线地下工程的风险进行分级评估；②对工程自身的风险进行风险评估，编制Ⅰ级工程自身的风险控制专项措施；③对Ⅰ级环境影响的风险应通过理论和试验研究，评估其影响程度和范围；④应编制Ⅱ级及以上环境影响的风险应急处置方案。

对关键工程、重大周边建（构）筑物影响以及采用新技术、新工艺、新设备的地下工程应进行专题风险评估。初步设计风险管理应分析因城市规划调整或更新所引起的周边环境变化，评估其对地下工程建设的影响风险。

3）初步设计风险管理可采用的风险处置措施包括：①补充地质勘探资料，提高勘察精确性，获取可靠的设计计算参数；②对周围环境建（构）筑物进行调查，并提出保护性措施；③建立、建设风险等级审查、设计变更风险管理办法；④制定重大风险控制指导文件；⑤聘请有经验的设计咨询单位参与初步设计建设风险管理。

初步设计风险管理应编制风险记录文件，记录Ⅱ级及以上风险的名称、发生位置、风险等级、描述、建议控制方案及备注等信息。

（5）施工图设计风险管理。

1）施工图设计中的主要风险因素包括：①自然灾害；②不良工程地质与水文地质及不明地下障碍物等；③工程结构变形、沉降和位移；④工程施工偏差；⑤结构形式与施工方法不适应；⑥车辆、机电设备及系统选型与配置不当；⑦工程运营功能调整；⑧现场施工场地及周边环境条件限制。

在前期工程建设风险评估和风险管理基础上，应结合施工图设计方案再次进行建设风险辨识，编制工程建设风险清单。

2）施工图设计风险管理，应建立风险评估层状或树状结构表，并结合现场调查资料开展。施工图设计风险管理包括：①对环境风险因素进行现状调查、检测和评估；②编制工程建设风险和风险等级清单；③对重大环境影响风险开展工程建设风险专项设计；④地下结构自身的风险控制措施；⑤其他施工影响分析。

施工图设计风险管理，应对采用新技术、新材料、新工艺、新型车辆、新设备系统及关键单项工程进行风险分析，对建设中的关键工序或难点进行专项风险评估。施工图设计风险管理，还应针对周边重要环境影响区域，结合现场监控制订环境影响风险预警控制指标，编制施工注意事项说明及事故应对技术处置方案。

3）施工图设计风险管理中，可采用的风险处置措施包括：①实施风险等级审查制度；②对重大建设风险进行多级审查；③审查工程控制性节点风险控制方案；④加强相关单位间的风险沟通与交流；⑤建立施工图设计变更风险管理办法。

施工图设计风险管理应编制施工图设计风险记录文件，记录Ⅲ级及以上风险的名称、发生范围、风险等级、监控指标、控制方案及备注等信息。

五、安全风险管理体系

（一）注重风险评估，强化源头预防预控

复杂的施工环境，特殊、多变的地质条件，使轨道交通工程建设面临着非常大的安全风险。如何在工程建设中，预判、预控安全风险，做好行为管理、施工管理、风险管理、应急处理，是轨道交通工程建设实现安全生产的关键。

因此，实施安全风险评估预控制度，通过事前对安全风险的有效辨识、风险评估、分级预控、专家把关等措施，消减安全风险，同时对不可避免的安全风险实施强化管理措施，制订专项应急预案，确保安全风险处于可控状态。

（1）实施安全风险分级评估体系：进行风险分级，要求各建设、施工、设计单位建立安全风险评估体系，在轨道交通工程规划、设计、施工等各个阶段，开展多层次的风险评估。

（2）积极化解风险，减少施工困难：对于识别出来的安全风险，采取针对性措施，预先有效防范、降低甚至消除安全风险。

（3）突出重点，强化政府监督：有时无法规避的重大危险源，采取强化监管措施，预防预控安全风险。

（二）注重过程控制，强化各项安全措施

在轨道交通工程施工阶段，按照关口前移、重心下移的管理思路，通过精细化、信息化、程序化的管理手段，强化动态管理，强化过程控制，监督措施和行为规范的有效执行，将风险防范落实与绩效考核及奖惩制度挂钩，保障轨道交通工程建设稳定、安全的生产形势。

1. 实施第三方检测

所有轨道交通工程深基坑、盾构隧道工程在施工单位监测的基础上，必须由建设单位再委托第三方监测单位对工程本身和周边房屋、道路、管线进行监测，复核施工单位监测数据，防止瞒报、修改数据等行为，对达到设定的预警值、控制值时，及早采取针对性的措施进行处置。

2. 实施关键节点施工前条件验收

在安全风险较大的深基坑工程开挖，盾构进出洞施工，联络通道施工，隧道工程穿越建筑物、河流、桥梁或既有地铁线路等关键节点施工前，由建设单位组织勘察、设计、施工、监理等单位进行施工前条件验收，政府部门重点监管。

3. 动态管理安全隐患

通过专职安全员现场排查，项目部检查，施工单位季度检查，建设、监理单位巡查，主管部门督查的多种方式，实现对安全隐患多层次、滚动式的排查整治；对发现的安全隐患建档登记，跟踪消除；实施发现一处，登记一处，整改一处，复查一处的动态管理，不留漏洞，不留死角。

4. 推行信息化监控措施

针对轨道交通工程施工难度大，地质条件复杂多变等特点，为提高信息化施工水平，轨道交通工程安全风险管理平台系统及站点区间施工视频监控系统的建立对于及时发现险情，及时

上报，及时处置，控制险情的进一步发展起到积极作用。

5. 严把地质超前预控关

复杂的地质条件一直是轨道交通工程建设的安全管控难点，政府主管部门明确要求对复杂地质条件必须采取地面补充勘探、物理勘探等手段，全面掌握水文地质、工程地质情况；各参建单位也常重视地质勘查和不良地质条件管控工作，强化施工补勘和地质情况超前预报，努力将风险降到最低。

6. 提高从业人员安全素质

各建设单位积极行动，开展各具特色的培训教育工作。

7. 强化管理人员配备，提高安全管理能力

各轨道交通工程建设单位根据合同的约定对施工、监理人员到位、履职情况进行检查和考核，对不到位或未履职的，按合同违约条款处理。

8. 强化设计、施工、管理一体化，提高安全防范能力，在施工图设计、交底、专业综合现场施工等环节形成交叉、互动、互补、优化行为机制，建立综合安全防范机制，解决设计、施工和管理脱节的问题，增强设计、施工与管理的统筹与协调。

9. 合理划分标段招标，严格市场准入

在工期紧、任务重的情况下，通过合理划分标段，实施大标段乃至整条线路招标，实现轨道交通建设管理的集约化和扁平化，对保障工程建设的安全生产起到积极的促进作用。首先，合理划分标段招标减少了招标次数，同时减少了项目接口，也为保障施工顺利进行减少了障碍；其次，通过精细化投标人条件设置，提高市场的准入门槛，有利于选择优秀企业，有利于建筑市场的规范有序竞争；再次，合理加大标段使施工企业重视项目，主动增加技术力量和设备投入，在轨道交通建设管理资源、技术资源十分紧张的情况下，有助于引入优秀人才，强化工程质量安全管理，提高管理水平。

（三）注重应急管理，强化险情处置工作

轨道交通建设所面临的地表建（构）筑物环境、地下管线环境、工程地质和水文地质环境的复杂性、多样性和不确定性，加大了施工难度和安全风险，事故和险情难免发生。为最大限度地控制险情发展，减少损失，保障公众的生命财产安全，政府部门、各轨道交通工程参建单位要积极强化应急管理工作：

1. 实施“三级”应急管理体系

在施工单位、建设单位、政府部门三个层级，分别制订应急预案，组建应急抢险队伍，配置应急抢险设备和物资，健全应急管理机构，形成分级响应，齐抓共管的应急管理格局。施工单位是工地应急抢险的中坚力量，各建设单位对每条线路的应急抢险实施统筹、调度，政府部门对全市的应急抢险工作进行指挥、协调，确保及时、高效处置地铁工程建设中出现的事故或险情。

2. 实现应急物资的集中统筹管理

在施工单位正常配备应急抢险物资的基础上，综合考虑工点位置，可能发生的险情类型，应急需求等因素，将工程量较大，装备力量较强，应急支援覆盖面较广的标段作为应急物资储备基地，实现全市轨道交通应急抢险物资集中统筹管理，一旦某工点发生险情，可以及时、就近提供支援，确保应急设备和应急物资供应的可靠性。

3. 开展应急抢险演练

检验应急抢险队伍水平，锻炼队伍，积累经验，强化应急管理工作。

4. 推行应急队伍的激励机制与动态管理机制

为提高企业参与应急抢险的主动性和积极性，对应急抢险队伍应实行合理激励与动态管理机制，给予应急抢险队伍参加建设工程招投标优惠等政策，并定期考核企业的技术管理、机械

设备配置、应急物资储备和劳务工储备水平。凡是队伍建设水平达不到要求或抢险任务执行不力的，坚决清出，并重新补充新生力量，确保应急抢险队伍训练有素，准备充分，本领过硬。

（四）注重各方主体作用，强化安全责任落实

1. 建立安全责任体系

与各轨道交通工程建设单位签订轨道交通工程建设安全管理目标责任书，明确安全生产管理的要求，通过责任书的形式，强化建设单位安全生产责任落实；各建设单位应分别与承建单位签订生产责任书，落实安全管理责任；各承建单位在企业内部健全安全责任体系，形成环环相扣的安全管理责任链条，齐心协力，抓好安全生产工作。

2. 建立安全生产考核机制

政府部门每年对各建设单位安全管理控制目标完成情况和轨道交通工程建设安全管理目标责任书落实情况进行考核，每季度对各条线路安全管理状况进行检查、考评，并组织会议通报；各建设单位每季度对施工、监理单位进行检查、考核和评比工作，对安全管理工作成绩显著的单位及个人给予表彰，对安全管理工作不达标的单位及个人，给予通报批评。

3. 实施安全生产奖惩机制

各轨道交通工程建设单位根据安全生产考核结果及有关安全管理规章制度，每季度对各施工、监理单位进行评比排序，对安全管理优秀，总排序在前 5 名的单位和个人进行奖励，对管理不善，总排序在后 5 名的单位和个人进行处罚；尤其对发生事故或险情责任单位按照合同违约条款进行处理。

（五）注重监督指导，强化执法力度

1. 强化轨道交通工程制度建设

轨道交通工程建设初期，如接连发生了基坑失稳、地面塌陷等险情，虽及时抢险避免了事态扩大，但应针对暴露出的安全管理的漏洞和薄弱环节，为强化工程质量安全管理的制度体系，提高管理水平，有效防范和遏制事故险情多发的局面。

2. 实施分级管理制度

根据深基坑、盾构隧道工程的地质条件、周边环境以及基坑支护情况，将工程分为一级、二级、三级三个安全等级，每周召开例会，对每个深基坑、盾构隧道工程的安全状况进行分析，并根据分析结果对基坑等级进行评定，实施差异化动态管理，对安全风险大的 C 级工程一周一检，重点监控高危工程，防范事故发生。

3. 落实安全预警制度

针对暴雨等特殊气象条件，五一、十一节假日等特殊时段，发布安全生产预警，根据隐患排查统计分析数据，对易发生的隐患、险情发布安全生产预警，要求企业落实预防预控措施；针对个别企业安全生产形势严峻，安全事故或险情连续发生等情况，采取约谈企业负责人等形式，向该企业发布安全生产预警，要求其分析原因，采取措施，强化安全管理，提高安全管理水平；同时通过巡视单位以手机短信的方式每天发送施工安全简报，发生险情时及时报警，知会相关人员做出快速反应。

4. 强化安全执法力度

参与轨道交通工程建设的队伍多，管理水平参差不齐，现场安全水平各不相同。对此，一方面进行差异化管理，对能力弱、管理差、险情高、隐患多的企业进行重点监管；另一方面强化监督执法，实施铁腕整治，采取红黄色警示措施对违规企业和个人进行惩处，对受到红色警示的单位和个人暂停其参加投标和承接业务资格。轨道交通工程建设安全生产的核心是各参建企业，注重明晰政府和企业安全管理的角色和定位，政府部门发挥监督指导作用，各参建企业发挥安全主体作用，各负其责，齐抓共管，形成政府和企业互动式的管理机制，充分调动各方的主观能动性，才能取得积极的成效，实现轨道交通工程建设安全基本受控，避免发生重大质量安全事故。

典型例题

1. 城市轨道交通地下工程建设风险宜根据风险损失进行分类，风险类型应包括（　　）。

A. 人员伤亡风险　　B. 环境影响风险

C. 经济损失风险　　D. 建筑物破坏风险

E. 社会影响风险

【答案】ABCE

【解析】城市轨道交通地下工程建设风险宜根据风险损失进行分类，风险类型应包括：①人员伤亡风险；②环境影响风险；③经济损失风险；④工期延误风险；⑤社会影响风险。

2. 根据城市轨道交通地下工程不同的实施内容，应遵循（　　）的基本原则划分风险评估单元。

A. “分类型、分阶段、分目标”　　B. “分时间、分阶段、分目标”

C. “分类型、分阶段、分对象”　　D. “分类型、分任务、分目标”

【答案】A

【解析】根据城市轨道交通地下工程不同的实施内容，应遵循“分类型、分阶段、分目标”的基本原则划分风险评估单元。工程建设风险等级标准应按风险发生可能性及其损失进行划分。城市轨道交通地下工程建设风险辨识前，应具备下列基础资料：

（1）工程周边水文地质、工程地质、自然环境及人文、社会区域环境等资料。

（2）已建线路的相关工程建设风险或事故资料，类似工程建设风险资料。

（3）工程规划、可行性分析、设计、施工与采购方案等相关资料。

（4）工程周边建（构）筑物（含地下管线、道路、民防设施等）等相关资料。

（5）工程邻近既有轨道交通及其他地下工程等资料。

（6）可能存在业务联系或影响的相关部门与第三方等信息。

（7）其他相关资料。

3. 风险分析方法根据工程特点、评估要求和工程建设风险类型，风险分析方法不包括（　　）。

A. 定性分析方法　　B. 统计分析法

C. 综合分析方法　　D. 定量分析方法

【答案】B

【解析】风险分析方法根据工程特点、评估要求和工程建设风险类型，风险分析方法宜包括三类：定性分析方法、定量分析方法、综合分析方法。

第二节　城市轨道交通工程施工风险分析

随着我国城市轨道交通工程建设的不断发展，进行工程施工风险识别变得愈加重要。只有进行有效的风险识别，才能制订出规避风险的措施，推动工程安全施工，保证人生命财产安全，充分发挥轨道交通对城市发展的积极作用。

一、城市轨道交通工程建设风险识别的现实意义

城市轨道交通工程建设是一门涉及多专业、多工种的综合性建设工程。从一般意义上分类，轨道交通系统是由线路、车辆与车辆段、限界、轨道、车站建筑、结构工程、供电、通信信号、环控系统、给排水等组成。因此，要建设一条轨道交通线路，必须有上述所有专业的技术人员共同参与，建设过程中涉及的各专业间的协调工作显得十分复杂和必要。

随着我国经济的不断发展，城市化进程加剧，在此背景下，我国的城市轨道交通建设规模和数量不断加大，城市轨道交通工程建设承载着城市一半左右的交通量，对缓解城市交通压力做出了重要贡献，但在建设过程中，存在着诸多风险，具体分析如下：

城市轨道交通工程建设中涉及的专业比较多，是一种涉及多专业、多工种的综合性建设工程，只有各个专业间协调工作才能完成这项复杂的系统工程，在此过程中任何一个环节出现问题都会造成极大的安全事故。另外，建设工程的时期较长，一般工程都需要五六年的时间才能完工，在这段时间内，出现任何监督不到位的情况，都可能造成危险。最重要的是，城市轨道交通工程地点都是在建筑密集区域，周围的交通情况复杂，各种地下管线密集，建设设备机械体型庞大，且工程多见于地表以下，地质条件相当复杂，不可预知的情况很容易发生。因此城市轨道交通工程建设施工的风险系数非常大，在这样的作业环境下规避各种工程风险，对风险进行评估，应该成为建设者的管理重点。风险是客观存在的，我们只有经过细致的专业化研究，全面分析建设中存在的各类风险，加强管理，加强技术创新，采取有效的措施规避风险，才能保证工程顺利完工，保证人民的生命财产不受损害。因此，城市轨道工程建设施工的风险识别意义重大。

二、城市轨道交通工程建设施工的风险识别分类

（一）工程建设前的风险点识别

在工程建设前就要对施工地点及其施工周围的风险点进行识别，这样才能为安全施工创造条件。工程建设前的风险点识别的内容很多，如：拆迁工作有没有做好，各级市政及公用管线的改移是否完工，施工期间的交通组织以及申请施工临时用水、临时用电的工程是否到位，三证是否办理，拆迁单位是否持有许可证等问题，这些都需要在施工前做好风险识别。只有工程施工前进行风险点识别，把一切安全隐患排除，才能为安全施工创造可能。否则，工程还未开工就出现问题，会极大地影响施工的进度和质量。

（二）工程建设施工机械风险点识别

在城市轨道交通工程建设中需要用到许多建筑工程的机械设备，这些设备有挖掘机、起重机、吊机、混凝土搅拌机等，在施工前要对这些机械的安全隐患做好评估，保证机械在施工中正常安全地运行。工程建设施工机械的风险点识别主要有机械的运输安全，尤其是大型机械要保证在运输过程中安全到达施工现场；起重机的工作安全，包括大量的细节工作，如起重机的违反变幅限位，力矩限位，起重量限位规定、盾构机的吊装等；只有把所用的机械风险识别工作做好，才能保证在施工过程中正常工作，不出现安全隐患。

（三）工程建设用水用电风险点识别

在施工之前要对工程用水用电进行风险点识别，遇到问题及时解决，才能保证施工安全。尤其是对用电风险点的识别，电是看不见摸不着的，如果这个风险点识的别工作没做好，在施工过程中很容易出问题。电的风险点的识别主要有以下几点：外接电源的安全可靠性，漏电保护开关状态是否安好，用电操作是否规范，用电设备的安全接地装置工作状态等，这些部位都

要做好风险点识别。保证安全，才能保证施工，保证生命。

（四）工程施工过程中各种风险点识别

在工程施工过程中，更要注重各种风险点的识别，通过识别加强管理，保证人们的生命财产安全。在施工过程中需要识别的风险点很多，涉及的面很广，主要包括：工程地质等自然条件的风险点识别，要通过这个风险点识别把各种不利的地质条件都挖掘出来，用于施工分析，减少危害等级；施工环境保护风险，需要把一些公用管线，邻近建筑物、构筑物的保护，临近交通防护工作做好；基坑工程风险识别，是把基坑挖掘过程中的风险分析出来；除此以外，还有盾构工程施工风险，高架工程施工风险，轨道工程施工风险等多个风险点，通过对施工过程进行风险识别，制订有效措施规避风险发生的创造条件，以保证工程施工安全。

（五）竣工验收交付使用的风险点识别

在工程竣工之后，交付使用之前，还需要进行风险点识别以保证运营畅通，这部分的风险点识别主要包括：交付使用前的产品保护，对各种手续进行验收，对交接条件进行风险识别，产权移交风险识别等，在各种风险点识别完后，工程才能正式投入运营。

总之，城市轨道交通工程建设施工风险识别工作十分重要，对于保证工程顺利完工，保护人民的生命财产安全等方面具有积极的作用。参与轨道交通建设的各方要努力采取有效措施规避建设过程中的各种风险，在现代城市轨道建设规模和数量不断扩大的状态下，只有进行科学全面的工程风险识别，才能为制定各类风险预案提供参照，有效加强风险管理，从而促进施工安全推进。

典型例题

1. 通过这个风险点识别把各种不利的地质条件都挖掘出来，用于施工分析，减少危害等级的风险点识别属于（　　）。

A. 盾构工程施工风险点识别　　B. 高架工程施工风险点识别

C. 工程地质等自然条件的风险点识别　　D. 基坑工程风险点识别

【答案】C

【解析】在施工过程中需要识别的风险点很多，涉及的面很广，主要包括：工程地质等自然条件的风险点识别，要通过这个风险点识别把各种不利的地质条件都挖掘出来，用于施工分析，减少危害等级；施工环境保护风险，需要把一些公用管线，邻近建筑物、构筑物的保护，邻近交通防护工作做好；基坑工程风险识别，探讨该个风险识别把基坑挖掘过程中的风险分析出来；此外，还有盾构工程施工风险，高架工程施工风险，轨道工程施工风险等多个风险点。通过对施工过程进行风险识别，制订有效措施规避风险发生的创造条件，以保证工程施工安全。

第三节 城市轨道交通工程施工安全技术措施

一、城市轨道铺设施工概述

（一）施工原理

通常情况下，城市轨道交通工程施工建设阶段，需要在预先确定的道床区域铺设钢轨。为了保证钢轨之间的缝隙数量的最小化，降低因轨道缝隙而产生危险的频率，常常需要不断增加铺设钢轨的单个长度，从而为地铁作业时的线路提前做好准备。

（二）施工技术要点

1. 明挖法

在我国城市轨道交通工程的众多施工技术当中，明挖法出现的比较早，施工难度较低。主要的施工环境是一些周边建筑整体高度较低，楼房的数量较少的区域。明挖法施工准备阶段，需要结合施工现场的实际环境布置基坑维护结构。施工方从地表向深处挖的过程中需要在挖好的坑边设置护坑壁。工程的基地验收完成阶段，可随着深度的逐渐降低向坑洞的周边浇筑墙板。

与其他方式的工程施工技术比较，明挖法能够更加节省工程施工的成本，并且施工的整体效率相对较高，有利于加快工程的施工进度。当然，明挖法对施工环境要求较高，如果施工环境周边的建筑物比较密集，则会严重影响工程的施工质量。近年来，随着科学技术水平的不断提高，各式各样的理论知识逐渐融入明挖法当中，提高了明挖法在实际施工阶段的灵活性。

2. 暗挖法

暗挖法与明挖法之间存在着较大的差异。暗挖法在施工准备阶段，需要对施工环境的地质条件进行改善，侧重于加强施工环境地表沉降的控制力度，同时结合地层加固以及降水的措施。工程初期的支护方式主要运用搁栅以及锚喷等技术，严格遵循施工的相关原则，例如严密注浆、短期开挖、强化支护、加快封闭、增加测量次数等。由于暗挖法在施工阶段对于地表产生的影响较低，所以在城市中得到了广泛的应用。

3. 盾构法

盾构法需要借助盾构机等设备。在施工阶段，盾构机利用所带的钢壳对周边进行支护，并实现坑洞的挖掘以及出渣等操作。盾构机的尾部支持对周边岩石的衬砌以及注浆操作，从而保证了轨道交通工程的施工安全性、稳定性。

盾构机在进入施工场地之前，需要根据进洞之后使用的技术对盾构机的相关参数进行审核以及调整，保证后续的工作能够正常的开展。其中，需要着重注意动态监测前进轴线，避免在设备运行期间造成偏差，影响整个施工工程的方向以及长度。盾构机在完成洞中的工作后，需要为出洞进行参数的再次审核，保证其能够满足出洞的条件。盾构机在运行阶段，需要降低对周边地质的影响程度，确定挖开断面的稳定性。

二、城市轨道交通工程相关管理措施

（一）制定科学的工程质量管理体制

由于城市轨道交通工程所涉及的社会资本以及施工技术比较复杂，因此工程施工团队在施工阶段需要建立负责各种任务的部门，例如工程建设部门、地质勘查部门等。只有保证建筑施工单位各部之间的有效合作，才能确保城市轨道交通工程在规定时间内竣工。由于城市轨道交通工程属于社会公共工程，因此，地方政府需要为工程投入一定的资金，制定相关政策，以保证工程的正常施工。同时，为了区分城市轨道交通工程与城市中其他工程之间的区别，需要建立一套科学合理的工程质量管理体制，并且提供相关的法律保障。

（二）运用先进的施工技术以及设备

城市轨道交通工程的施工需要进行深度作业，需要使用吊机设备以及运输设备等，并且对机械设备的要求比较严格。工程施工准备阶段，需要选取具备较强的专业素质工作人员来操作先进的机械设备，逐渐将传统的人力施工转变为现代化机械设备的施工。通过这种施工方式，不仅能够提高工程的施工质量，也能够加快施工进度。

（三）实现工程施工阶段的绿色施工

为保证城市轨道交通工程的绿色施工，施工单位在施工准备阶段需要对工地周边的环境进行全面的了解以及分析，掌握当地气候的变化规律，结合当地地质环境选择科学的施工方案以及机械设备。另外，在施工阶段，应当最大程度的降低施工对于周边环境的影响，即工程施工前需要制定环境保护措施，确定环境管理方案。注意施工阶段噪声污染以及光污染的程度，使用节能材料以及节约能源，提高资源的利用效率。

（四）明确工程施工主体的相关职责

城市轨道交通工程主要是针对施工阶段的各项施工工作进行全面的管理，例如工程的土木建设施工、电气施工、设备安装施工等。为保证工程质量能够达到预期的标准，需要施工单位制定完善的工程质量管理制度，同时根据工作的内容配置对应的工程施工人员，即确定每一位工作人员应当担负的责任，从而提高员工工作时的认真态度，保证工程的施工质量。

本章练习

1. 工程勘察与设计中的风险管理实施主要内容应包括（　　）。

A. 工程勘察风险管理　　B. 总体设计风险管理

C. 初步设计风险管理　　D. 施工图设计风险管理

E. 现场平面图的风险管理

【答案】ABCD

【解析】工程勘察与设计中的风险管理实施主要内容应包括：

（1）工程勘察风险管理。

（2）总体设计风险管理。

（3）初步设计风险管理。

（4）施工图设计风险管理。

2. 根据深基坑、盾构隧道工程的地质条件、周边环境以及基坑支护情况，将工程分为（　　）安全等级。

A. 2 个　　B. 3 个　　C. 4 个　　D. 5 个

【答案】B

【解析】根据深基坑、盾构隧道工程的地质条件、周边环境以及基坑支护情况，将工程分为一级、二级、三级三个安全等级，每周召开例会，对每个深基坑、盾构隧道工程的安全状况进行分析，并根据分析结果对基坑等级进行评定，实施差异化动态管理，对安全风险大的 C 级工程一周一检，重点监控高危工程，防范事故发生。

3. 城市轨道交通工程施工技术的要点包括（　　）。

A. 明挖法　　B. 建造法　　C. 暗挖法　　D. 盾构法

E. 构筑法

【答案】ACD

【解析】施工技术的要点包括明挖法、暗挖法、盾构法。

第八章　专项施工安全技术

考试内容及要求

掌握钢结构工程、建筑幕墙工程、机电安装工程、装饰装修工程、有限空间作业、拆除工程等专项工程安全技术要点。掌握危险性较大的分部分项工程的范围和安全技术要求。运用建筑施工安全技术和相关标准，分析专项工程施工过程中的危险、有害因素，制定相应的安全技术措施。

第一节　分部分项工程范围及安全技术管理规定

《危险性较大的分部分项工程安全管理规定》已经于2018年2月12日第37次部常务会议审议通过，现予发布，自2018年6月1日起施行。

一、总则

第一条　为加强对房屋建筑和市政基础设施工程中危险性较大的分部分项工程安全管理，有效防范生产安全事故，依据《中华人民共和国建筑法》《中华人民共和国安全生产法》《建设工程安全生产管理条例》等法律法规，制定本规定。

第二条　本规定适用于房屋建筑和市政基础设施工程中危险性较大的分部分项工程安全管理。

第三条　本规定所称危险性较大的分部分项工程（以下简称“危大工程”），是指房屋建筑和市政基础设施工程在施工过程中，容易导致人员群死群伤或者造成重大经济损失的分部分项工程。

危大工程及超过一定规模的危大工程范围由国务院住房城乡建设主管部门制定。省级住房城乡建设主管部门可以结合本地区实际情况，补充本地区危大工程范围。

第四条　国务院住房城乡建设主管部门负责全国危大工程安全管理的指导监督。

县级以上地方人民政府住房城乡建设主管部门负责本行政区域内危大工程的安全监督管理。

二、前期保障

第五条　建设单位应当依法提供真实、准确、完整的工程地质、水文地质和工程周边环境等资料。

第六条　勘察单位应当根据工程实际及工程周边环境资料，在勘察文件中说明地质条件可能造成的工程风险。

设计单位应当在设计文件中注明涉及危大工程的重点部位和环节，提出保障工程周边环境安全和工程施工安全的意见，必要时进行专项设计。

第七条　建设单位应当组织勘察、设计等单位在施工招标文件中列出危大工程清单，要求施工单位在投标时补充完善危大工程清单并明确相应的安全管理措施。

第八条　建设单位应当按照施工合同约定及时支付危大工程施工技术措施费以及相应的安全防护文明施工措施费，保障危大工程施工安全。

第九条　建设单位在申请办理安全监督手续时，应当提交危大工程清单及其安全管理措施等资料。

三、专项施工方案

第十条　施工单位应当在危大工程施工前组织工程技术人员编制专项施工方案。

实行施工总承包的，专项施工方案应当由施工总承包单位组织编制。危大工程实行分包的，专项施工方案可以由相关专业分包单位组织编制。

第十一条　专项施工方案应当由施工单位技术负责人审核签字、加盖单位公章，并由总监理工程师审查签字、加盖执业印章后方可实施。

危大工程实行分包并由分包单位编制专项施工方案的，专项施工方案应当由总承包单位技术负责人及分包单位技术负责人共同审核签字并加盖单位公章。

第十二条　对于超过一定规模的危大工程，施工单位应当组织召开专家论证会对专项施工方案进行论证。实行施工总承包的，由施工总承包单位组织召开专家论证会。专家论证前专项施工方案应当通过施工单位审核和总监理工程师审查。

专家应当从地方人民政府住房城乡建设主管部门建立的专家库中选取，符合专业要求且人数不得少于5名。与本工程有利害关系的人员不得以专家身份参加专家论证会。

第十三条　专家论证会后，应当形成论证报告，对专项施工方案提出通过、修改后通过或者不通过的一致意见。专家对论证报告负责并签字确认。

专项施工方案经论证需修改后通过的，施工单位应当根据论证报告修改完善后，重新履行本规定第十一条的程序。

专项施工方案经论证不通过的，施工单位修改后应当按照本规定的要求重新组织专家论证。

四、现场安全管理

第十四条　施工单位应当在施工现场显著位置公告危大工程名称、施工时间和具体责任人员，并在危险区域设置安全警示标志。

第十五条　专项施工方案实施前，编制人员或者项目技术负责人应当向施工现场管理人员进行方案交底。

施工现场管理人员应当向作业人员进行安全技术交底，并由双方和项目专职安全生产管理人员共同签字确认。

第十六条　施工单位应当严格按照专项施工方案组织施工，不得擅自修改专项施工方案。

因规划调整、设计变更等原因确需调整的，修改后的专项施工方案应当按照本规定重新审核和论证。涉及资金或者工期调整的，建设单位应当按照约定予以调整。

第十七条　施工单位应当对危大工程施工作业人员进行登记，项目负责人应当在施工现场履职。

项目专职安全生产管理人员应当对专项施工方案实施情况进行现场监督，对未按照专项施工方案施工的，应当要求立即整改，并及时报告项目负责人，项目负责人应当及时组织限期整改。

施工单位应当按照规定对危大工程进行施工监测和安全巡视，发现危及人身安全的紧急情况，应当立即组织作业人员撤离危险区域。

第十八条　监理单位应当结合危大工程专项施工方案编制监理实施细则，并对危大工程施工实施专项巡视检查。

第十九条　监理单位发现施工单位未按照专项施工方案施工的，应当要求其进行整改；情节严重的，应当要求其暂停施工，并及时报告建设单位。施工单位拒不整改或者不停止施工的，监理单位应当及时报告建设单位和工程所在地住房城乡建设主管部门。

第二十条　对于按照规定需要进行第三方监测的危大工程，建设单位应当委托具有相应勘察资质的单位进行监测。

监测单位应当编制监测方案。监测方案由监测单位技术负责人审核签字并加盖单位公章，报送监理单位后方可实施。

监测单位应当按照监测方案开展监测，及时向建设单位报送监测成果，并对监测成果负责；发现异常时，及时向建设、设计、施工、监理单位报告，建设单位应当立即组织相关单位采取处置措施。

第二十一条　对于按照规定需要验收的危大工程，施工单位、监理单位应当组织相关人员进行验收。验收合格的，经施工单位项目技术负责人及总监理工程师签字确认后，方可进入下一道工序。

危大工程验收合格后，施工单位应当在施工现场明显位置设置验收标识牌，公示验收时间及责任人员。

第二十二条　危大工程发生险情或者事故时，施工单位应当立即采取应急处置措施，并报告工程所在地住房城乡建设主管部门。建设、勘察、设计、监理等单位应当配合施工单位开展应急抢险工作。

第二十三条　危大工程应急抢险结束后，建设单位应当组织勘察、设计、施工、监理等单位制定工程恢复方案，并对应急抢险工作进行后评估。

第二十四条　施工、监理单位应当建立危大工程安全管理档案。

施工单位应当将专项施工方案及审核、专家论证、交底、现场检查、验收及整改等相关资料纳入档案管理。

监理单位应当将监理实施细则、专项施工方案审查、专项巡视检查、验收及整改等相关资料纳入档案管理。

五、监督管理

第二十五条　设区的市级以上地方人民政府住房城乡建设主管部门应当建立专家库，制定专家库管理制度，建立专家诚信档案，并向社会公布，接受社会监督。

第二十六条　县级以上地方人民政府住房城乡建设主管部门或者所属施工安全监督机构，应当根据监督工作计划对危大工程进行抽查。

县级以上地方人民政府住房城乡建设主管部门或者所属施工安全监督机构，可以通过政府购买技术服务方式，聘请具有专业技术能力的单位和人员对危大工程进行检查，所需费用向本级财政申请予以保障。

第二十七条　县级以上地方人民政府住房城乡建设主管部门或者所属施工安全监督机构，在监督抽查中发现危大工程存在安全隐患的，应当责令施工单位整改；重大安全事故隐患排除前或者排除过程中无法保证安全的，责令从危险区域内撤出作业人员或者暂时停止施工；对依法应当给予行政处罚的行为，应当依法作出行政处罚决定。

第二十八条　县级以上地方人民政府住房城乡建设主管部门应当将单位和个人的处罚信息纳入建筑施工安全生产不良信用记录。

六、法律责任

第二十九条　建设单位有下列行为之一的，责令限期改正，并处 1 万元以上 3 万元以下的罚款；对直接负责的主管人员和其他直接责任人员处 1000 元以上 5000 元以下的罚款：

(1) 未按照本规定提供工程周边环境等资料的。

(2) 未按照本规定在招标文件中列出危大工程清单的。

(3) 未按照施工合同约定及时支付危大工程施工技术措施费或者相应的安全防护文明施工措施费的。

(4) 未按照本规定委托具有相应勘察资质的单位进行第三方监测的。

(5) 未对第三方监测单位报告的异常情况组织采取处置措施的。

第三十条　勘察单位未在勘察文件中说明地质条件可能造成的工程风险的，责令限期改正，依照《建设工程安全生产管理条例》对单位进行处罚；对直接负责的主管人员和其他直接责任人员处 1000 元以上 5000 元以下的罚款。

第三十一条　设计单位未在设计文件中注明涉及危大工程的重点部位和环节，未提出保障工程周边环境安全和工程施工安全的意见的，责令限期改正，并处 1 万元以上 3 万元以下的罚款；对直接负责的主管人员和其他直接责任人员处 1000 元以上 5000 元以下的罚款。

第三十二条　施工单位未按照本规定编制并审核危大工程专项施工方案的，依照《建设工程安全生产管理条例》对单位进行处罚，并暂扣安全生产许可证 30 日；对直接负责的主管人员和其他直接责任人员处 1000 元以上 5000 元以下的罚款。

第三十三条　施工单位有下列行为之一的，依照《中华人民共和国安全生产法》《建设工程安全生产管理条例》对单位和相关责任人员进行处罚：

(1) 未向施工现场管理人员和作业人员进行方案交底和安全技术交底的。

(2) 未在施工现场显著位置公告危大工程，并在危险区域设置安全警示标志的。

(3) 项目专职安全生产管理人员未对专项施工方案实施情况进行现场监督的。

第三十四条　施工单位有下列行为之一的，责令限期改正，处 1 万元以上 3 万元以下的罚款，并暂扣安全生产许可证 30 日；对直接负责的主管人员和其他直接责任人员处 1000 元以上

5000 元以下的罚款：

（1）未对超过一定规模的危大工程专项施工方案进行专家论证的。

（2）未根据专家论证报告对超过一定规模的危大工程专项施工方案进行修改，或者未按照本规定重新组织专家论证的。

（3）未严格按照专项施工方案组织施工，或者擅自修改专项施工方案的。

第三十五条　施工单位有下列行为之一的，责令限期改正，并处 1 万元以上 3 万元以下的罚款；对直接负责的主管人员和其他直接责任人员处 1000 元以上 5000 元以下的罚款：

（1）项目负责人未按照本规定现场履职或者组织限期整改的。

（2）施工单位未按照本规定进行施工监测和安全巡视的。

（3）未按照本规定组织危大工程验收的。

（4）发生险情或者事故时，未采取应急处置措施的。

（5）未按照本规定建立危大工程安全管理档案的。

第三十六条　监理单位有下列行为之一的，依照《中华人民共和国安全生产法》《建设工程安全生产管理条例》对单位进行处罚；对直接负责的主管人员和其他直接责任人员处 1000 元以上 5000 元以下的罚款：

（1）总监理工程师未按照本规定审查危大工程专项施工方案的。

（2）发现施工单位未按照专项施工方案实施，未要求其整改或者停工的。

（3）施工单位拒不整改或者不停止施工时，未向建设单位和工程所在地住房城乡建设主管部门报告的。

第三十七条　监理单位有下列行为之一的，责令限期改正，并处 1 万元以上 3 万元以下的罚款；对直接负责的主管人员和其他直接责任人员处 1000 元以上 5000 元以下的罚款：

（1）未按照本规定编制监理实施细则的。

（2）未对危大工程施工实施专项巡视检查的。

（3）未按照本规定参与组织危大工程验收的。

（4）未按照本规定建立危大工程安全管理档案的。

第三十八条　监测单位有下列行为之一的，责令限期改正，并处 1 万元以上 3 万元以下的罚款；对直接负责的主管人员和其他直接责任人员处 1000 元以上 5000 元以下的罚款：

（1）未取得相应勘察资质从事第三方监测的。

（2）未按照本规定编制监测方案的。

（3）未按照监测方案开展监测的。

（4）发现异常未及时报告的。

第三十九条　县级以上地方人民政府住房城乡建设主管部门或者所属施工安全监督机构的工作人员，未依法履行危大工程安全监督管理职责的，依照有关规定给予处分。

七、附则

第四十条本规定自 2018 年 6 月 1 日起施行。

典型例题

1. 建设单位出现未按照施工合同约定及时支付危大工程施工技术措施费或者相应的安全防护文明施工措施费时，责令限期改正，并处（　　）的罚款；对直接负责的主管人员和其他直接责任人员处（　　）的罚款。

A. 1 万元以上 3 万元以下，3000 元以上 5000 元以下

B. 3 万元以上 5 万元以下，1000 元以上 5000 元以下

C. 1 万元以上 3 万元以下，1000 元以上 5000 元以下

D. 3 万元以上 5 万元以下，3000 元以上 5000 元以下

【答案】C

【解析】未按照施工合同约定及时支付危大工程施工技术措施费或者相应的安全防护文明施工措施费的，责令限期改正，并处 1 万元以上 3 万元以下的罚款；对直接负责的主管人员和其他直接责任人员处 1000 元以上 5000 元以下的罚款；

2. 建设单位有下列行为之一的，责令限期改正，并处 1 万元以上 3 万元以下的罚款；对直接负责的主管人员和其他直接责任人员处 1000 元以上 5000 元以下的罚款。

A. 未按照本规定提供工程周边环境等资料的

B. 未按照本规定在招标文件中列出危大工程清单的

C. 未按照本规定委托具有相应勘察资质的单位进行第三方监测的

D. 未进行安全评价的

E. 未对第三方监测单位报告的异常情况组织采取处置措施的

【答案】ABCE

【解析】《危险性较大的分部分项工程安全管理规定》第二十九条建设单位有下列行为之一的，责令限期改正，并处 1 万元以上 3 万元以下的罚款；对直接负责的主管人员和其他直接责任人员处 1000 元以上 5000 元以下的罚款：

（1）未按照本规定提供工程周边环境等资料的。

（2）未按照本规定在招标文件中列出危大工程清单的。

（3）未按照施工合同约定及时支付危大工程施工技术措施费或者相应的安全防护文明施工措施费的。

（4）未按照本规定委托具有相应勘察资质的单位进行第三方监测的。

（5）未对第三方监测单位报告的异常情况组织采取处置措施的。

3. 设计单位未在设计文件中注明涉及危大工程的重点部位和环节，未提出保障工程周边环境安全和工程施工安全的意见的，责令限期改正，并处（　　）的罚款；对直接负责的主管人员和其他直接责任人员处（　　）的罚款。

A. 1 万元以上 3 万元以下，3000 元以上 5000 元以下

B. 1 万元以上 3 万元以下，1000 元以上 5000 元以下

C. 3 万元以上 5 万元以下，1000 元以上 5000 元以下

D. 3 万元以上 5 万元以下，3000 元以上 5000 元以下

【答案】B

■ 典型例题 ■

【解析】《危险性较大的分部分项工程安全管理规定》第三十一条　设计单位未在设计文件中注明涉及危大工程的重点部位和环节，未提出保障工程周边环境安全和工程施工安全的意见的，责令限期改正，并处1万元以上3万元以下的罚款；对直接负责的主管人员和其他直接责任人员处1000元以上5000元以下的罚款。

第二节　专项工程施工作业危险、有害因素及防护措施

在大型模板、脚手架工程的施工过程中可能发生的事故类型主要有：坍塌、高处坠落、物体打击、机械伤害等事故。

一、坍塌事故及监控措施

（一）坍塌

模板支撑系统失稳、连接不牢固，构件安装连接不牢固，模板、构件堆放不符合规定，脚手架搭设、装拆不规范，材料配件不合格或不按专项方案施工，遇到大风、暴雨、火灾和地震等恶劣气候及自然灾害时。易发生坍塌事故，坍塌很容易造成群死群伤的重大恶性事故。

（二）坍塌事故预防监控措施

（1）制定针对性强，能指导施工的模板支撑和脚手架专项方案。

（2）严格按规范及施工方案进行架设，架设完按规定进行验收。

（3）基础必须平整夯实，设排水沟，铺设5cm厚20cm宽的通长木垫板（特殊部位应按照施工方案执行），立杆下垫底座，立杆、横杆间距符合规范要求。

（4）架体与结构拉接牢固，水平方向不大于6m，垂直方向不大于4m。

（5）架体外立面按规范设剪刀撑；架子一次性搭设不宜过高。

（6）搭设拆除应交叉进行，拆除架子应由上而下逐步进行；严禁擅自拆除拉结点；高大架子应按规定采取卸荷措施。

（7）遇有恶劣天气和自然灾害时，要停止作业，并进行加固。

二、高处坠落事故及监控措施

（一）高处坠落

高空构件安装、装拆脚手架、搭设模板支撑系统等作业中，如果安全防护措施不规范，作业人员不使用安全带，易造成高处坠落事故。

（二）高处坠落事故预防监控措施

（1）凡身体不适合从事高处作业的人员，不得从事高处作业。从事高处作业的人员按规定进行定期体检，持证上岗。

（2）严禁穿高跟鞋或硬塑料底等易滑鞋进入施工现场。不得攀爬脚手架。作业人员严禁互相打闹，以免失足发生坠落事故。

（3）进行悬空作业时，应有牢靠的立足点并正确系挂安全带；按规范要求支挂好安全立网、平网，铺好脚手板、挡脚板，搭好护身栏。

（4）建筑物及作业层临边等，必须设置 1.2m 高且能承受任何方向的 100N 外力的临时护栏，护栏围密目式（200 目）的安全网。

（5）边长大于 250mm 的预留洞口，采用贯穿于混凝土板内的钢筋构成防护网，面用木板盖板加砂浆封固，边长大于 1500mm 的洞口，四周设置防护栏杆并围密目式（2000 目）安全网，洞口下挂安全平网。

（6）各种脚手架及模板支撑系统搭好后，必须组织检查验收，验收合格后，方准上架操作。

（7）施工使用的临时梯子要牢固，踏步 300～400mm，与地面角度成 60～70°，梯脚要有防滑措施，顶端捆扎牢固或设专人扶梯。

（8）起重吊装人员高处作业时应有可靠的立足点，作业平台临边按要求进行防护，作业平台应满铺脚手板。

三、物体打击及监控措施

（一）物体打击

在高空安装构件、装拆脚手架、搭设模板支撑系统等作业中，如进行交叉作业，不设置封闭护栏和搭防护隔离栅，作业人员违章从高处往下抛掷建筑材料、杂物、垃圾或向上抛递工具、材料，脚手架上材料堆放不稳、过多、过高等，都易造成下放人员物体打击伤亡事故。

（二）预防监控措施

（1）人员进入施工现场必须按规定佩戴好安全帽。应在规定的安全通道内出入和上下，不得在非规定通道位置行走。搭设、拆除架子时应设置警戒线，并设专人监护；避免交叉作业。

（2）传送物料时，上下呼应，严禁抛掷物料。及时清理架子上杂物，禁止存放零散物料。

（3）按规范要求支挂好密闭式安全立网和平网，铺好脚手板、挡脚板。

（4）模板、构件安装作业区应有警戒标志，并设专人负责警戒。

（5）模板施工，严禁猛撬，硬砸或大面积撬落，拉落。不得留下松动或悬挂模板。

（6）脚手架及结构临边严禁堆放物料，且脚手架应封闭严密，斧头、锤子、钢钎等工具应放在工具袋内，注意模板放置角度要求。

（7）安全通道上方应搭设双层防护棚，防护棚使用的材料要能防止高空坠落物穿透。

四、机械伤害及监控措施

（一）机械伤害

在模板、构件机械加工过程中，如加工机械没有可靠的安全防护装置或操作人员违章操作，易出现机械伤害事故。

（二）预防监控措施

（1）施工机械设备应按其技术性能和有关规定正确使用。缺少安全装置或安全装置已失效的机械设备不得使用。

（2）机械设备应按时进行保养。当发现有漏保、失修或超载、带病运转等情况时，有关部门应停止其使用。严禁在作业中对机械设备进行维修、保养或调整等作业。

（3）机械操作人员和配合作业人员，必须按规定穿戴劳动保护用品。

（4）机械作业时，操作人员不得擅自离开工作岗位或将机械交给非本机操作人员操作。严禁无关人员进入作业区和操作室，严禁酒后操作。

（5）搅拌机的启动装置、离合器制动器、保险链、防护罩应齐全完好。停止使用料斗升起时，必须挂好上料斗的保险链。维修、保养、清理时必须切断电源，设专人监护。

五、触电事故及预防监控措施

（一）触电事故

在建工程与外电高压线之间不达安全操作距离或防护不符合安全要求；临时用电架设未采用 TN－S 系统，不达“三级配电两级保护”要求；雨天露天电焊作业；不遵守手持电动工具安全操作规程；照明灯具金属外壳未做接零保护，潮湿作业未采用安全电压；高大机械设备未设防雷接地；非专职电工操作临时用电等。

（二）预防监控措施

（1）施工现场临时用电的架设、维护、拆除等由专职电工完成。

（2）在建工程的外侧防护与外电高压线之间必须保持安全操作距离。达不到要求的，要增设屏障、遮栏或保护网，避免施工机械设备或钢架触高压电线。无安全防护措施时，禁止强行施工。

（3）综合采用 TN－S 系统和漏电保护系统，组成防触电保护系统，形成防触电两道防线。

（4）在建工程不得在高、低压线下方施工、搭设工棚或堆放构件、架具、材料及其他杂物等。

（5）坚持“一机、一闸、一漏、一箱”。配电箱、开关箱要合理设置，避免不良环境因素损害和引发电气火灾，其装设位置应避开污染介质、外来固体撞击、强烈振动、高温、潮湿、水溅以及易燃易爆物等。

（6）雨天禁止露天电焊作业。

（7）按照《工程施工临时用电安全技术规范》的要求，做好各类电动机械和手持电动工具的接地或接零保护，保证其安全使用。凡移动式照明，必须采用安全电压。

（8）坚持临时用电定期检查制度。

六、中毒事故及预防监控措施

（一）中毒事故

人工挖孔桩中，地下存在的各种毒气；现场焚烧的有毒物质；食堂采购的食物中含有毒物质或工人食用腐烂、变质食品；工人冬季取暖时发生煤气中毒。

（二）预防监控措施

（1）人工挖孔桩时，要进行毒气试验和配备通风设施。

（2）严禁现场焚烧有害有毒物质。

（3）工人生活设施符合卫生要求，不吃腐烂、变质食品。炊事员持健康证上岗。暑伏天要合理安排作息时间。

七、火灾事故预防监控措施

（一）施工现场发生火灾的主要环节

电气线路超过负荷或线路短路引起火灾；电热设备、照明灯具使用不当引起火灾；大功率照明灯具与易燃物距离过近引起火灾；电弧、电火花等引起火灾。电焊机、点焊机使用时电气弧光、火花等会引燃周围物体，引起火灾；民工生活、住宿临时用电拉设不规范，有乱拉乱接现象。民工在宿舍内生火、取暖引燃易燃物质等。

（二）预防监控措施

（1）做施工组织设计时要根据电器设备的用电量正确选择导线截面，导线架空敷设时其安全间距必须满足规范要求。

（2）电气操作人员要认真执行规范，正确连接导线，接线柱要压牢、压实。

（3）现场用的电动机严禁超载使用，电机周围无易燃物，发现问题及时解决，保证设备正常运转。

（4）施工现场内严禁使用电炉子。使用碘钨灯时，灯与易燃物间距要大于 30cm，室内不准使用功率超过 60W 的灯泡。

（5）使用焊机时要执行用火证制度，并有人监护。施焊周围不能存在易燃物体，并配备防火设备。电焊机要放在通风良好的地方。

（6）施工现场的高大设备做好防雷接地工作。

（7）存放易燃气体、易燃物仓库内的照明装置一定要采用防爆型设备，导线敷设、灯具安装、导线与设备连接均应满足有关规范要求。

典型例题

1. 模板支撑系统失稳、连接不牢固，构件安装连接不牢固，模板、构件堆放不符合规定等情况，易发生（　　），造成群死群伤的重大恶性事故。

A. 高处坠落　　B. 坍塌　　C. 物体打击　　D. 车辆伤害

【答案】 B

【解析】 模板支撑系统失稳、连接不牢固，构件安装连接不牢固，模板、构件堆放不符合规定，脚手架搭设、装拆不规范、材料配件不合格或不按专项方案施工，遇到大风、暴雨和火灾、地震等恶劣气候及自然灾害时，易发生坍塌事故，坍塌容易造成群死群伤的重大恶性事故。

2. 下列措施，能够预防和监控坍塌事故的措施有（　　）。

A. 制定针对性强能指导施工的模板支撑和脚手架专项方案

B. 架体与结构拉接牢固，水平方向不大于 6m，垂直方向不大于 3m

C. 架体外立面按规范设剪刀撑；架子一次性搭设不宜过高

D. 遇有恶劣天气和自然灾害时，要停止作业，并进行加固

E. 建筑物及作业层临边等，必须设置 1.2m 高且能承受任何方向的 100N 外力的临时护栏，护栏围密目式（200 目）的安全网

【答案】 ACD

【解析】 坍塌事故预防监控措施：

（1）制定针对性强能指导施工的模板支撑和脚手架专项方案。

（2）严格按规范及施工方案进行架设，架设完按规定进行验收。

（3）基础必须平整夯实，设排水沟，铺设 5cm 厚 20cm 宽的通长木垫板（特殊部位应按照施工方案执行），立杆下垫底座，立杆、横杆间距符合规范要求。

（4）架体与结构拉接牢固，水平方向不大于 6m，垂直方向不大于 4m。

（5）架体外立面按规范设剪刀撑；架子一次性搭设不宜过高。

（6）搭设拆除应交叉进行，拆除架子应由上而下逐步进行；严禁擅自拆除拉结点；高大架子应按规定采取卸荷措施。

（7）遇有恶劣天气和自然灾害时，要停止作业，并进行加固。

其中 E 选项为预防监控高处坠落事故的安全措施。

第三节　专项工程施工作业安全技术要求

一、专项安全施工组织设计的要点

专项安全施工组织设计也称分部分项工程安全施工组织设计。《建筑法》第三十八条规定，对专业性较强的工程项目，应当编制专项安全施工组织设计。《建设工程安全生产管理条例》第二十六条规定，对专业性较强的，达到一定规模的危险性较大的分部分项工程，如：基坑支护与降水工程、土方开挖工程、模板工程、起重吊装工程、脚手架工程、拆除、爆破工程应编制专项施工方案。

根据法规条例，除必须在施工组织设计中编制施工安全技术措施外，还应编制分部分项工程，如：脚手架、塔吊安拆、临时用电、爆破工程等的专项安全施工方案或者称为施工安全技术措施，详细地制订施工程序、方法及防护措施，确保该分部分项工程的安全施工。

施工安全技术措施内容必须符合现行安全生产法律、法规和安全技术规范、标准。

（一）基坑（槽）土方开挖及降水工程

1. 土方开挖

（1）应针对土质的类别、基坑的深度、地下水位、施工季节、周围环境、拟采用的机具来确定开挖方案。

（2）开挖的基坑（槽）设计深度如比邻近建筑物、构筑物的基础深时，应采取边坡支撑加固措施，并在施工中进行沉降和位移动态观测。

（3）根据基坑的深度、土质的特性和周围环境确定对基坑的支护方案。

（4）根据选定的基坑支护方案进行设计和验算。

（5）根据所采用的开挖方案编制操作程序和规程。

（6）绘制施工图。

（7）制订回填方案。

2. 降水工程

（1）根据基坑的开挖深度、地下水位的标高、土质的特性及周围环境，确定降水方案。

（2）设计和验算降水方案的可靠性。

（3）编制降水的程序、操作规定、管理制度。

（4）绘制施工图。

（二）临时用电（也称施工用电）工程

（1）现场勘测，确定变电所、配电室、总配电箱、分配电箱、开关箱及电线线路走向。

（2）负荷计算，根据用电设备等计算，确定电气设备及电线规格。

（3）变电所设计。

（4）配电线路设计。

（5）配电装置设计。

（6）接地设计。

（7）防雷。

（8）外电防护措施。

（9）安全用电及防火。

（10）用电工程设计施工图。

（三）脚手架工程

（1）确定脚手架的种类，搭设方式和形状，使用功能。

（2）设计计算。

（3）绘制施工详图。

（4）编制搭设和拆除方案。

（5）交接验收、自检、互检、使用、维护、保养等的措施。

（四）模板工程

（1）确定现浇混凝土梁、板、柱等采用的模板的种类及支撑材料。

（2）设计计算模板面和支撑体系的强度和变形。

（3）绘制平面、立面、剖面的构造详图。

（4）编制安装、拆除方案。

（5）制订检查、验收、使用等的措施。

（五）高处作业工程

（1）确定对“四口”（楼梯口、电梯井口、预留口、通道口）临边、登高、悬空及交叉作业的防护方案。

（2）设计计算所选择的防护设施的可靠性能。

（3）绘制防护设施施工图。

（4）安装、拆除的规定。

（5）使用、管理、维护等措施。

（六）起重吊装工程

（1）根据构件或设备的形状、位置、质量、环境制订吊装方案。

（2）选择吊装机具。

（3）绘制吊装机位、路线等实施图。

（4）编制操作、防护及管理措施。

（七）塔式起重机

（1）根据塔式起重机的产品性能及安全使用规程，编制安装及拆除的方案。

（2）设计轨道或塔式起重机基础及附墙装置。

（3）制订检查、验收、使用、维修、保养等措施。

（八）钢结构工程

钢结构施工一般分为高空作业、攀登作业、悬空作业、交叉作业这几种主要形式，具体安全要求如下：

1. 高空作业的安全要求

单位工程施工负责人应对工程的高空作业安全技术负责，并建立相应的责任制。施工前，应逐级进行安全技术教育及交底，落实所有安全技术措施和人身防护用品，未经落实时不得进行施工。高空作业中的设施、设备，必须在施工前进行检查，确认其完好，方能投入使用。

攀登和悬空作业人员，必须经过专业技术培训及专业考试合格，持证上岗，并必须定期进行体检。施工中发现高空作业的安全技术设施有缺陷和隐患时，必须及时解决，危及人身安全时必须停止作业。施工作业场所有坠落可能的物件，应一律先进行撤除或加以固定。

雨天进行高空作业时，必须采取可靠的防滑、防冷和防冻措施。凡水、冰、霜、雪均应及时清除。在高耸建筑物上进行高空作业时，应事先设置避雷设施，遇有6级以上强风、浓雾等恶劣天气，不得进行露天攀登与悬空高空作业。狂风雪及台风、暴雨后，应对高空作业安全设施逐一加以检查，发现问题，立即修理完善。钢结构吊装前，应进行安全防护设施的逐项检查和验收，验收合格后，方可进行高空作业。

2. 攀登作业的安全要求

现场登高应借助建筑结构或脚手架上的登高设施，也可采用载人的垂直运输设备。进行攀登作业时，也可使用梯子或采用其他攀登设施。柱、梁和构件吊装所需的直爬梯及其他登高用的拉攀件，应在构件施工图或说明内做出规定，攀登的用具在结构构造上，必须牢固可靠。梯脚底部应垫实，不得垫高使用，梯子上端应有固定措施。安装钢结构件及网架构件登高时，应使用钢挂梯或设置在钢柱上的爬梯。登高安装钢梁时，应视钢梁高度，在两端设置挂梯或设钢管脚手架。在钢屋架上下弦登高操纵时，应在三角形屋架的屋脊处，梯形屋架的两端，设置攀登时上下的梯架。

3. 悬空作业的安全要求

悬空作业处应有牢固的立足处，并视具体情况，配置防护栏网、栏杆或其他安全设施。悬空作业所用的索具、脚手架、吊篮、吊笼、平台等设备，均需经过技术鉴定或验证方可使用。钢结构的吊装，构件应尽可能在地面组装，并搭设进行临时固定、电焊、高强度螺栓连接等工序的高空安全设施，随构件同时上吊就位。拆卸时的安全措施，亦应一并考虑和落实。高空吊装大型构件前也应塔设悬空作业中所需的安全设施。进行预应力张拉时，应搭设站立操纵人员的脚手架和设置张拉设备的操纵平台。预应力张拉区域应指示明显的安全标志，禁止非操纵人员进入。悬空作业人员，必须戴好安全带。

4. 交叉作业的安全要求

结构安装过程各工种进行上下立体交叉作业时，工作人员不得在同一垂直方向上作业，下层作业的位置，必须处于上层高度确定的可能坠落范围半径之外，不符合以上条件时，应设置安全防护层。由于上方施工可能坠落物件或处于起重机吊杆回转范围之内的通道，在其受影响的范围内，必须搭设顶部能防止穿透的双层防护走廊。

（九）建筑幕墙工程

为加强建筑幕墙建设管理，提高安全性能，保障公共安全，根据《中华人民共和国建筑法》《建设工程质量管理条例》和《建设工程勘察设计管理条例》等有关法律、法规以及相关工程建设标准规定，提出以下技术要求：

1. 使用范围

（1）严格控制住宅、医院、学校、养老院的新建、改建、扩建工程以及立面改造工程使用玻璃或石材幕墙。其中，医院门诊楼（含急诊楼）和病房楼、中小学校教学楼、托儿所、幼儿园和养老院二层以上部位不得采用玻璃或石材幕墙。严禁建筑外墙石材采用湿贴工艺。

（2）在T形路口正对直线路段处，不得采用玻璃幕墙。

（3）玻璃幕墙用玻璃的可见光反射率不得大于0.30。其中，下列区域幕墙用玻璃的可见光反射率不得大于0.16：

1）城市道路红线宽度大于30m的，其道路两侧建筑物20m以下立面，其余路段两侧建筑物10m以下立面。

2）城市立交桥、高架桥两侧相邻建筑。

3）十字路口或多路交叉口处的建筑。

2. 设计审查

(1) 建筑幕墙工程应当进行专项设计。单体建筑幕墙面积大于3000m^2或者幕墙顶部标高大于24m的，建设单位应当组织专家对幕墙专项设计方案进行结构安全性论证。

(2) 施工图设计文件应当落实结构安全性论证意见。建设单位在报审建筑幕墙施工图设计文件时，按规定需要进行结构安全性论证的建筑幕墙应当提交结构安全性论证报告；建筑幕墙与建筑主体委托不同单位设计时，幕墙施工图设计文件报审时还须附建筑设计单位的确认意见。施工图设计文件审查机构应当审查施工图设计文件是否满足结构安全要求。施工图设计文件未经审查的，不得使用。变更建筑幕墙设计的，建设单位应当将施工图设计文件送原审查机构重新审查。

3. 幕墙设计

(1) 对采用建筑幕墙的建设工程，设计单位应当结合建筑布局，合理设计绿化带、裙房等缓冲区域以及挑檐、顶棚等防护设施，防止发生幕墙玻璃、石材或其他材料坠落的伤害事故。建筑出入口上方设有建筑幕墙的，应当设置防护措施。建筑玻璃采光顶和玻璃雨蓬应当设置防坠落措施。

(2) 建筑幕墙构造应当满足功能和安全要求。外倾式或水平倒挂式玻璃幕墙不得采用隐框形式。隐框玻璃幕墙高度大于100m时，面板和支承结构之间还应当设置防面板脱落构造措施。当石材幕墙使用倒挂构造时，石材幕墙距离垂直立面不得大于900mm，且应在板背设置有防止石材碎裂的安全措施。

(3) 玻璃幕墙采用隐框形式时，横向隐框玻璃板块应设置托板，托板应与框架可靠连接。开启扇托板应与窗扇可靠连接，铝合金副框应在角部可靠连接。

(4) 玻璃幕墙采用隐框形式时，中空玻璃合片用硅酮结构密封胶的位置和中空玻璃与副框粘接用硅酮结构密封胶的位置应当重合。因特殊结构需要，确需采用玻璃飞边或者中空玻璃采用大小片构造时，应当至少确保在一对边位置的硅酮结构密封胶重合。

(5) 建筑幕墙的面材与支承框架之间的连接构造应当安全可靠。干挂石材幕墙单块板倒挂和多条实线条之间的连接应采用锚固工艺，禁止仅用胶粘接。干挂石材幕墙顶部标高大于24m的，禁止使用T型挂件和斜插入式挂件。

(6) 建筑幕墙设计应采用预埋件为主。当采用后置埋件时，应在设计图中明确单个锚栓的抗拉力设计值。

(7) 玻璃幕墙的玻璃选用应当符合下列安全要求：

1）高层建筑24m以上部位应当采用安全夹层玻璃或者其他具有防坠落性能的玻璃。

2）在商业中心、交通枢纽、公共设施等人员密集、流动性大的区域，临街建筑和因幕墙玻璃坠落容易造成人身伤害、财产损坏的其他情形的建筑，二层以上应当采用安全夹层玻璃或者其他具有防坠落性能的玻璃。

3）采光顶、雨蓬用玻璃应当采用由半钢化玻璃、超白钢化玻璃或者均质钢化玻璃合成的安全夹层玻璃。

(8) 消防登高面侧外墙不宜设置双层玻璃幕墙和大面积的其他玻璃幕墙。当建筑幕墙采用安全夹层玻璃时，消防登高面侧外墙每层应当设置不少于 2 块应急击碎玻璃，且间距不大于 20m；每块应急击碎玻璃的宽度和高度应分别不小于 1.2m 和 1m，并设置明显的警示标志。应急击碎玻璃应当采用超白钢化玻璃或均质钢化玻璃，不得采用夹胶玻璃。应急击碎玻璃不宜设置在建筑的出入口上方。消防登高面侧玻璃幕墙应在首层设置挑檐等防碎片坠落措施。

（9）建筑幕墙用防火、保温、隔热材料应当符合相关规范要求。同一块幕墙玻璃板块不应跨越建筑物上下、左右相邻的防火分区。楼面梁、房间间隔墙等容易导致火灾蔓延的部位，玻璃幕墙的内衬板应采用燃烧性能为 A 级的材料。非透明处玻璃幕墙的内衬板与玻璃内表面的间距不得小于 50mm，且不应使用深颜色的内衬板。

（10）采用洞石、砂岩等强度较弱的板材，应在板背设置有防止石材碎裂的安全措施。

（11）高度超过 50m 的建筑幕墙工程应当设置满足面板清洗、更换和维护要求的装置。

4. 材料控制

（1）建筑幕墙工程采用的建筑材料应当符合国家、行业和地方相关工程建设标准以及工程设计要求。其中支承框架、面板、结构胶与密封材料、防火保温材料、锚栓等采用新技术、新材料的，还应当符合新技术、新材料推广应用等有关规定。

（2）石材幕墙金属挂件与石材间的固定和填缝应当采用强度可靠、耐久性强的粘接材料，禁止使用云石胶等易老化的粘接材料。

（3）建筑幕墙用安全夹层玻璃外露时应有封边保护措施。安全夹层玻璃应当采用 PVB（聚乙烯醇缩丁醛）或 SGP（离子性中间膜）胶片干法加工合成技术，严禁采用湿法工艺。其中，采用 PVB 胶片合成技术时，胶片的厚度应不小于 0.76mm。

（4）中空玻璃用硅酮结构密封胶的尺寸应当符合设计要求。中空玻璃用硅酮结构密封胶和玻璃与铝框粘接用硅酮结构密封胶应当根据采购合同采用相同品牌、相同型号的产品。中空玻璃加工企业出具的产品合格证中应当载明加工时所用硅酮结构密封胶的品牌、型号和尺寸。

（5）建筑幕墙用不锈钢材料应采用奥氏体不锈钢。其中，暴露于室外或处于高腐蚀环境的不锈钢承重构件（包括背栓）的镍含量应不小于 16%；非外露的不锈钢构件的镍含量应不小于 10%。紧固件螺栓、螺钉、螺柱等的机械性能、化学成分应符合《紧固件机械性能》系列国家标准（GBT 3098.1～3098.21）的规定。

（6）建筑幕墙的后置埋件应当根据设计要求选用后切（扩）底机械锚栓和定型化学锚栓等性能可靠的锚栓，禁止使用普通化学锚栓。当采用定型化学锚栓时，供应商应当提供化学锚栓的耐高温测试报告。

（7）对按照规定应当进行检测、检验的幕墙建筑材料，生产厂家应当提供产品质量的检测、检验报告，出具质量保证书。施工单位应当按照工程设计要求、施工技术标准和合同的约定，对幕墙建筑材料进行复验。复验项目如下：

1）主受力杆件的铝（型）材的力学性能检测、壁厚、膜层厚度和硬度。

2）主受力杆件的钢材的力学性能检测、壁厚和防腐层厚度。

3）螺栓的抗拉、抗剪和承压。

4）保温材料的导热系数和密度。

5）玻璃幕墙用结构胶的邵氏硬度和标准条件拉伸粘结强度。

6）中空玻璃的可见光透射比、传热系数、遮阳系数和露点。

7）石材用结构胶的粘结强度和石材用密封胶的污染性。

8）石材的弯曲强度。

9）铝塑复合板的剥离强度。

10）合同约定的其他复验项目。

未经生产厂家检验或者检验不合格的和按规定施工单位应当复验，未复验或者复验不合格的，不得使用。

5. 施工要求

（1）单元式玻璃幕墙的单元组件、隐框式玻璃幕墙的装配组件，均应在工厂加工组装，严禁在工地现场进行构件加工。玻璃幕墙组件制作应有完整的厂内打胶记录，并且具有可追溯性。除全玻璃幕墙外，严禁在现场打注硅酮结构密封胶。

（2）建筑幕墙施工前应完成幕墙物理性能的检测，送检样品应与工程设计相符，检测报告必须附样品构造图，并在图中标注轴线及标高，检测结果应满足设计要求。

（3）明框玻璃幕墙外侧用压板应连续设置，不得采用分段固定方式。后置式隔热条应连续安装固定。

（4）后置埋件锚栓抗拔承载力应当按照国家规范规定进行现场检测。现场检测极限承载力应当大于设计值的2倍。轻质填充墙不应作为幕墙的支承结构。

（5）建筑幕墙工程的验收应当符合相关工程建设标准的规定。隐蔽工程的验收还应提供相应的影像资料。涉及台风、暴雨等恶劣天气影响较多的地区，还应进行闭水、可靠度等试验。住宅工程在分户验收时应将幕墙作为重要内容检查验收。

6. 维护保养

（1）建筑幕墙工程竣工验收时，应向业主提供《幕墙使用维护说明书》，其内容应符合《玻璃幕墙工程技术规范》（JGJ102—2013）和《建筑幕墙》（GB/T21086）等相关工程建设标准的规定。

（2）建筑幕墙的安全维护实行业主负责制。在建筑幕墙工程竣工验收后，建筑幕墙的业主应当每五年组织一次安全隐患排查；幕墙使用期满十年后的半年内及以后的每三年，应当委托有相应资质的机构对幕墙工程进行安全性能检查和评估。

（3）建筑幕墙的使用应当保障幕墙结构的完整性，不得随意改变或附加构造。确需改变或附加构造的，应当事先征得原幕墙设计单位的复核认可。

（4）建筑幕墙使用中发现面板破损、松动等安全隐患时，业主应当及时采取隔离和防护措施，并尽快组织维修。

建筑幕墙工程的建设除执行本技术要求外，还应当符合《玻璃幕墙工程技术规范》（JGJ102—2013）和《建筑幕墙》（GB/T21086）等相关的国家、行业和地方工程建设标准的规定。

（十）机电安装工程

1. 机电设备安装的施工程序

（1）开箱与清点

机电设备在安装之前，由工程总负责人与业主或者供货商共同按照设备装箱清单以及设备技术文件对安装的机电设备进行详细的清点、登记，对于重要的设备要进行检查验收，双方确认签字，办理移交手续。

（2）基础放线

指根据设备布置图和有关建筑的轴线、或边缘线和标高线，来进行安装基准线的划定。

（3）设备就位

机电设备安装中的固定式机电设备普遍机体较重，运到工程现场需要使用一些机械。需要通过起重搬运方式将设备安全地放在指定的位置。

（4）精度检测和调整

这一环节是安装过程中的重要环节。它直接影响到了安装工程的质量。该程序包括尺寸链原理、误差分析、所有精度项目和部分形状精度项目等。

（5）设备固定

将重型、高速、振动幅度较大的机电设备固定在设备基础上，假如不能进行牢固固定，将导致事故的发生。

（6）拆卸、清洗与装配

该环节主要针对于解体机电设备和超过防锈保存期的整体机电设备。这是一个比较精细的工作，如果清洗不净或装配不当，将会给机电设备的正常使用带来隐患。

（7）润滑与设备加油

润滑油路和润滑部位要洁净，润滑剂选择要合理，质量要符合要求，同时，设备用油和润滑剂加入的剂量也要适当。

（8）调整、试运转和验收

此环节是综合检验设备制造和设备安装质量的重要环节，设计的专业面较广，人员较多，应精心组织、统一筹划。待设备运转符合标准之后，要及时办理工程的验收程序。

2. 机电设备安装工程的特点

机电设备安装工程开始的时间，一般位于建筑主体结构施工完成后、装修结束前。该工程项目的特点如下：

（1）施工周期短。

（2）工程材料种类繁多。根据材料品种、规格的不同，机电设备的施工方法和成本是不同的。如蝶阀、球阀、闸阀等，由于各阀的直径分为许多不同的规格，因此各阀的施工方法和成本是不同的。这在实际施工中是必须注意的。

（3）接口多，由于机电设备安装前后连接主题建筑施工和装饰工程，不可避免要与两个工程接口，因此发生变更的情况也比较多，在施工中要做好安装工程的变更工作。

（4）暗装、暗敷多，出于对建筑美观效果的考虑，机电设备多安装在隐蔽的角落，而相应的管线多采用暗埋暗敷的方式，这样对竣工验收造成了一定的影响，因此要求机电设备安装各方要做好隐蔽工程的验收，避免后期不必要的返工而增加造价。

（5）机电设备安装人员专业性强。在建筑工程机电设备的安装中，程序的繁琐和组合需要安装人员具有较高的专业素质，同时，安装经验在不同安装环境下起到了重要的参考作用，在机电设备安装的一线上，高水平的安装人员急迫性和重要性越来越突出。

（十一）有限空间作业安全技术要求：

1. 通风

（1）在有限空间作业过程中，应当采取通风措施，保持空气流通，禁止采用纯氧通风换气。

(2) 发现通风设备故障停止运转，必须立即停止有限空间作业，清点作业人员，撤离作业现场。

(3) 作业中断超过30分钟，作业人员再次进入有限空间作业前，应当重新通风后方可进入。

2. 照明

相应部门应为作业人员配备符合国家标准要求的通风设备、照明设备、通讯设备和个人防护用品。当有限空间存在可燃性气体和爆燃性粉尘时，照明、通讯设备应符合防爆要求。

3. 劳动防护用品

根据有限空间存在危险有害因素的种类和危害程度，为作业人员提供符合国家标准或者行业标准规定的劳动防护用品，并教育监督作业人员正确佩戴与使用。

二、危险性较大的分部分项工程安全管理

2009年5月，住房和城乡建设部为加强对危险性较大的分部分项工程安全管理，明确安全专项施工方案编制内容，规范专家论证程序，确保安全专项施工方案实施，积极防范和遏制建筑施工生产安全事故的发生，依据《建设工程安全生产管理条例》及相关安全生产法律法规制度，制定并下发了《危险性较大的分部分项工程安全管理办法》，对应制定专项方案的危险性较大的分部分项工程和应组织专家对方案进行论证的超过一定规模的危险性较大的分部分项工程的范围做出了详细的规定。

(一) 危险性较大的分部分项工程范围

1. 基坑支护、降水工程

开挖深度超过3m（含3m）或虽未超过3m但地质条件和周边环境复杂的基坑（槽）支护、降水工程。

2. 土方开挖工程

开挖深度超过3m（含3m）的基坑（槽）的土方开挖工程。

3. 模板工程及支撑体系

(1) 各类工具式模板工程。包括大模板、滑模、爬模、飞模等工程。

(2) 混凝土模板支撑工程。搭设高度5m及以上；搭设跨度10m及以上；施工总荷载$10kN/m^2$及以上；集中线荷载15kN/m及以上；高度大于支撑水平投影宽度且相对独立无联系构件的混凝土模板支撑工程。

(3) 承重支撑体系。用于钢结构安装等满堂支撑体系。

4. 起重吊装及安装拆卸工程

(1) 采用非常规起重设备、方法，且单件起吊质量在10kN及以上的起重吊装工程。

(2) 采用起重机械进行安装的工程。

(3) 起重机械设备自身的安装、拆卸。

5. 脚手架工程

(1) 搭设高度24m及以上的落地式钢管脚手架工程。

(2) 附着式整体和分片提升脚手架工程。

(3) 悬挑式脚手架工程。

（4）吊篮脚手架工程。

（5）自制卸料平台、移动操作平台工程。

（6）新型及异型脚手架工程。

6. 拆除、爆破工程

（1）建筑物、构筑物拆除工程。

（2）采用爆破拆除的工程。

7. 其他

（1）建筑幕墙安装工程。

（2）钢结构、网架和索膜结构安装工程。

（3）人工挖扩孔柱工程。

（4）地下暗挖、顶管及水下作业工程。

（5）预应力工程。

（6）采用新技术、新工艺、新材料、新设备及尚无相关技术标准的危险性较大的分部分项工程。

（二）超过一定规模的危险性较大的分部分项工程范围

1. 深基坑工程

（1）开挖深度超过 5m（含 5m）的基坑（槽）的土方开挖、支护，降水工程。

（2）开挖深度虽未超过 5m，但地质条件、周围环境和地下管线复杂，或影响毗邻建筑（构筑）物安全的基坑（槽）的土方开挖、支护，降水工程。

（3）深基坑施工应设置扶梯、入坑踏步及专用载人设备或斜道等设施。采用斜道时，应加设间距不大于 400mm 的防滑条等防滑措施。作业人员严禁沿坑壁、支撑或乘运土工具上下。

2. 模板工程及支撑体系

（1）工具式模板工程，包括滑模、爬模、飞模工程。

（2）混凝土模板支撑工程，搭设高度 8m 及以上；搭设跨度 18m 及以上；施工总载荷 $15kN/m^2$ 及以上；集中线荷载 20kN/m 及以上。

（3）承重支撑体系，用于钢结构安装等满堂支撑体系，承受单点集中载荷 700kg 以上。

3. 起重吊装及安装拆卸工程

（1）采用非常规起重设备，起重方法，且单件起吊质量在 100kN 及以上的起重吊装工程。

（2）起重量 300kN 及以上的起重设备安装工程；高度 200m 及以上内爬起重设备的拆除工程。

4. 脚手架工程

（1）搭设高度 50m 以上落地式钢管脚手架工程。

（2）提升高度 150m 及以上附着式整体和分片提升脚手架工程。

（3）架体高度 20m 及以上悬挑式脚手架工程。

5. 拆除、爆破工程

（1）采用爆破拆除的工程。

（2）码头，桥梁，高架，烟囱，水塔或拆除中容易引起有毒有害气（液）体或粉尘扩散、易燃易爆事故发生的特殊建、构筑物的拆除工程。

（3）可能影响行人，交通、电力设施，通信设施或其他建、构筑物安全的拆除工程。

（4）文物保护建筑、优秀历史建筑或历史文化风貌区控制范围的拆除工程。

6. 其他

(1) 施工高度 50m 及以上的建筑幕墙安装工程。

(2) 跨度大于 36m 及以上的钢结构安装工程；跨度大于 60m 及以上的网架和索膜结构安装工程。

(3) 开挖深度超过 16m 的人工挖孔桩工程。

(4) 地下暗挖工程、顶管工程、水下作业工程。

(5) 采用新技术、新工艺、新材料、新设备及尚无相关技术标准的危险性较大的分部分项工程。

典型例题

临时用电工程专项施工方案的内容不包括（ ）。

A. 安全用电及防火　　B. 外电防护措施

C. 现场勘测　　D. 绘制施工图

【答案】D

【解析】临时用电工程专项施工方案的内容包括：安全用电及防火、外电防护措施、现场勘测。不包括绘制施工图。

本章练习

1. 施工单位未按照规定编制并审核危大工程专项施工方案的，依照《建设工程安全生产管理条例》对单位进行处罚，并暂扣安全生产许可证（ ）日；对直接负责的主管人员和其他直接责任人员处 1000 元以上 5000 元以下的罚款。

A. 15　　B. 30　　C. 45　　D. 60

【答案】B

【解析】《危险性较大的分部分项工程安全管理规定》第三十二条　施工单位未按照本规定编制并审核危大工程专项施工方案的，依照《建设工程安全生产管理条例》对单位进行处罚，并暂扣安全生产许可证 30 日；对直接负责的主管人员和其他直接责任人员处 1000 元以上 5000 元以下的罚款。

2. 施工单位拒不整改或者不停止施工时，未向建设单位和工程所在地住房城乡建设主管部门报告的，依照《中华人民共和国安全生产法》《建设工程安全生产管理条例》对监理单位进行处罚；对直接负责的主管人员和其他直接责任人员处（ ）的罚款。

A. 1000 元以上 5000 元以下　　B. 3000 元以上 5000 元以下

C. 1000 元以上 3000 元以下　　D. 5000 元以上 7000 元以下

【答案】A

【解析】《危险性较大的分部分项工程安全管理规定》第三十六条　监理单位有下列行为之一的，依照《中华人民共和国安全生产法》《建设工程安全生产管理条例》对单位进行处罚；对直接负责的主管人员和其他直接责任人员处 1000 元以上 5000 元以下的罚款：

(1) 总监理工程师未按照本规定审查危大工程专项施工方案的。

(2) 发现施工单位未按照专项施工方案实施，未要求其整改或者停工的。

(3) 施工单位拒不整改或者不停止施工时，未向建设单位和工程所在地住房城乡建设主管部门报告的。

3.《危险性较大的分部分项工程安全管理规定》规定，当开挖土方工程超过一定深度时，需要编制专项施工方案。该土方开挖工程的最小深度为（　　）m。

A. 2　　B. 3　　C. 5　　D. 8

【答案】 B

【解析】《危险性较大的分部分项工程安全管理规定》对应制定专项方案的危险性较大的分部分项工程和应组织专家对方案进行论证的超过一定规模的危险性较大的分部分项工程的范围做了详细规定。开挖深度超过 3m（含 3m）的基坑（槽）土方开挖工程属于危险性较大的工程。

4. 施工现场内严禁使用电炉子。使用碘钨灯时，灯与易燃物间距要大于（　　）cm，室内不准使用功率超过（　　）W 的灯泡。

A. 25，30　　B. 30，45　　C. 30，60　　D. 60，60

【答案】 C

【解析】 施工现场内严禁使用电炉子。使用碘钨灯时，灯与易燃物间距要大于 30cm，室内不准使用功率超过 60W 的灯泡。

5. 焊、割作业点与氧气瓶、电石桶和乙炔发生器等危险品物品的距离不得少于（　　）m，与易燃、易爆物品的距离不得少于（　　）m。

A. 10，30　　B. 20，45　　C. 10，60　　D. 10，20

【答案】 A

【解析】 预防监控措施：

（1）使用挥发性、易燃性等易燃、易爆危险品的现场不得使用明火或吸烟，同时应加强通风，使作业场所有害气体浓度降低。

（2）焊、割作业点与氧气瓶、电石桶和乙炔发生器等危险品物品的距离不得少于 10m，与易燃、易爆物品的距离不得少于 30m。

6. 建筑物及作业层临边等，必须设置（　　）高且能承受任何方向的 100N 外力的临时护栏，护栏围密目式（200 目）的安全网。

A. 6m　　B. 12m　　C. 18m　　D. 22m

【答案】 B

【解析】 高处坠落事故预防监控措施：

（1）凡身体不适合从事高处作业的人员，不得从事高处作业。从事高处作业的人员按规定进行定期体检，持证上岗。

（2）严禁穿高跟鞋和硬塑料底等易滑鞋进入施工现场。不得攀爬脚手架。作业人员严禁互相打闹，以免失足发生坠落事故。

（3）进行悬空作业时，应有牢靠的立足点并正确系挂安全带；按规范要求支挂好安全立网、平网，铺好脚手板、挡脚板、搭好护身栏。

（4）建筑物及作业层临边等，必须设置 1.2m 高且能承受任何方向的 100N 外力的临时护栏，护栏围密目式（200 目）的安全网。

7. 危险性较大的脚手架工程包括（　　）。

A. 搭设高度 50m 以上落地式钢管脚手架工程

B. 提升高度 150m 及以上附着式整体和分片提升脚手架工程

C. 提升高度 200m 及以上附着式整体和分片提升脚手架工程

D. 搭设高度 2.5m 以上落地式钢管脚手架工程

E. 架体高度 20m 及以上悬挑式脚手架工程

【答案】 ABE

【解析】 危险性较大的脚手架工程：

(1) 搭设高度 50m 以上落地式钢管脚手架工程。

(2) 提升高度 150m 及以上附着式整体和分片提升脚手架工程。

(3) 架体高度 20m 及以上悬挑式脚手架工程。

8. 深基坑施工应设置扶梯、入坑踏步及专用载人设备或斜道等设施。采用斜道时，应加设间距不大于（　　）的防滑条等防滑措施。

A. 200mm　　B. 300mm　　C. 400mm　　D. 500mm

【答案】 C

【解析】 深基坑施工应设置扶梯、入坑踏步及专用载人设备或斜道等设施。采用斜道时，应加设间距不大于 400mm 的防滑条等防滑措施。作业人员严禁沿坑壁、支撑或乘运土工具上下。

第九章 应急救援

考试内容及要求

熟悉应急救援综合预案的基本内容，根据建筑施工存在的事故风险，编制专项应急救援预案并组织演练。

第一节 应急预案的内容

一、应急救援管理

（1）施工企业的应急救援管理应包括建立组织机构，应包预案编制、审批、演练、评价、完善和应急救援响应工作程序及记录等内容。

（2）施工企业应建立应急救援组织机构、应急物资保障体系。

（3）施工企业应根据施工管理和环境特征，组织各管理层制订应急救援预案，应包括下列内容：

1）紧急情况、事故类型及特征分析。

2）应急救援组织机构与人员及职责分工、联系方式。

3）应急救援设备和器材的调用程序。

4）企业内部相关职能部门和外部政府、消防、抢险、医疗等相关单位与部门的信息报告、联系方法。

5）抢险急救的组织、现场保护、人员撤离及疏散等活动的具体安排。

（4）施工企业各管理层应对全体从业人员进行应急救援预案的培训和交底；接到相关报告后，应及时启动预案。

（5）施工企业应根据应急救援预案，定期组织专项应急演练；应针对演练、实战的结果，对应急预案的适宜性和可操作性组织评价，必要时应进行修改和完善。

二、综合应急预案的主要内容

（一）总则

1. 编制目的

简述应急预案编制的目的、作用等。

2. 编制依据

简述应急预案编制所依据的法律、法规、规章，以及有关行业管理规定、技术规范和标准等。

3. 适用范围

说明应急预案适用的区域范围，以及事故的类型、级别。

4. 应急预案体系

说明本单位应急预案体系的构成情况。

5. 应急工作原则

说明本单位应急工作的原则，内容应简明扼要、明确具体。

（二）生产经营单位的危险性分析

1. 生产经营单位概况

主要包括单位地址、从业人数、隶属关系、主要原材料、主要产品、产量等内容，以及周边重大危险源、重要设施、目标、场所和周边布局情况。必要时，可附平面图进行说明。

2. 危险源与风险分析

主要阐述本单位存在的危险源及风险分析结果。

（三）组织机构及职责

1. 应急组织体系

明确应急组织形式，构成单位或人员，并尽可能以结构图的形式表示出来。

2. 指挥机构及职责

明确应急救援指挥机构总指挥、副总指挥、各成员单位及其相应职责。应急救援指挥机构根据事故类型和应急工作需要，可以设置相应的应急救援工作小组，并明确各小组的工作任务及职责。

（四）预防与预警

1. 危险源监测监控

明确本单位对危险源监测监控的方式、方法，以及采取的预防措施。

2. 预警行动

明确事故预警的条件、方式、方法和信息的发布程序。

3. 信息报告与处置

按照有关规定，明确事故及未遂伤亡事故信息报告与处置办法。

（1）信息报告与通知

明确 24 小时应急值守电话、事故信息接收和通报程序。

（2）信息上报

明确事故发生后向上级主管部门和地方人民政府报告事故信息的流程、内容和时限。

（3）信息传递

明确事故发生后向有关部门或单位通报事故信息的方法和程序。

（五）应急响应

1. 响应分级

针对事故危害程度、影响范围和单位控制事态的能力，将事故分为不同的等级。按照分级负责的原则，明确应急响应级别。

2. 响应程序

根据事故的大小和发展态势，明确应急指挥、应急行动、资源调配、应急避险、扩大应急等响应程序。

3. 应急结束

明确应急终止的条件。事故现场得以控制，环境符合有关标准，导致次生、衍生事故隐患消除后，经事故现场应急指挥机构批准后，现场应急结束。

应急结束后，应明确：

（1）事故情况上报事项。

（2）需向事故调查处理小组移交的相关事项。

（3）事故应急救援工作总结报告。

（六）信息发布

明确事故信息发布的部门，发布原则。事故信息应由事故现场指挥部及时准确向新闻媒体通报事故信息。

（七）后期处置

主要包括污染物处理、事故后果影响消除、生产秩序恢复、善后赔偿、抢险过程和应急救援能力评估及应急预案的修订等内容。

（八）保障措施

1. 通信与信息保障

明确与应急工作相关联的单位或人员的通信联系方式和方法，并提供备用方案。建立信息通信系统及维护方案，确保应急期间信息通畅。

2. 应急队伍保障

明确各类应急响应的人力资源，包括专业应急队伍、兼职应急队伍的组织与保障方案。

3. 应急物资装备保障

明确应急救援需要使用的应急物资和装备的类型、数量、性能、存放位置、管理责任人及其联系方式等内容。

4. 经费保障

明确应急专项经费来源、使用范围、数量和监督管理措施，保障应急状态时生产经营单位应急经费的及时到位。

5. 其他保障

根据本单位应急工作需求而确定的其他相关保障措施，如：交通运输保障、治安保障、技术保障、医疗保障、后勤保障等。

（九）培训与演练

1. 培训

明确对本单位人员开展的应急培训计划、方式和要求。如果预案涉及社区和居民，要做好宣传教育和告知等工作。

2. 演练

明确应急演练的规模、方式、频次、范围、内容、组织、评估、总结等内容。

（十）奖惩

明确事故应急救援工作中奖励和处罚的条件和内容。

（十一）附则

1. 术语和定义

对应急预案涉及的一些术语进行定义。

2. 应急预案备案

明确本应急预案的报备部门。

3. 维护和更新

明确应急预案维护和更新的基本要求，定期进行评审，实现可持续改进。

4. 制定与解释

明确应急预案负责制定与解释的部门。

5. 应急预案实施

明确应急预案实施的具体时间。

三、专项应急预案的主要内容

（一）事故类型和危害程度分析

在危险源评估的基础上，对其可能发生的事故类型和可能发生的季节及其严重程度进行分析。

（二）应急处置基本原则

明确处置安全生产事故应当遵循的基本原则。

（三）组织机构及职责

1. 应急组织体系

明确应急组织形式，构成单位或人员，并尽可能以结构图的形式表示出来。

2. 指挥机构及职责

根据事故类型，明确应急救援指挥机构总指挥、副总指挥以及各成员单位或人员的具体职责。应急救援指挥机构可以设置相应的应急救援工作小组，明确各小组的工作任务及主要负责人职责。

（四）预防与预警

1. 危险源监测监控

明确本单位对危险源监测监控的方式、方法，以及采取的预防措施。

2. 预警行动

明确具体事故预警的条件、方式、方法和信息的发布程序。

（五）信息报告程序

（1）确定报警系统及程序。

（2）确定现场报警方式，如电话、警报器等。

（3）确定 24 小时与相关部门的通讯、联络方式。

（4）明确相互认可的通告、报警形式和内容。

（5）明确应急反应人员向外求援的方式。

（六）应急处置

1. 响应分级

针对事故危害程度、影响范围和单位控制事态的能力，将事故分为不同的等级。按照分级负责的原则，明确应急响应级别。

2. 响应程序

根据事故的大小和发展态势，明确应急指挥、应急行动、资源调配、应急避险、扩大应急等响应程序。

3. 处置措施

针对本单位事故类别和可能发生的事故特点、危险性，制定的应急处置措施（如：煤矿瓦斯爆炸、冒顶片帮、火灾、透水等事故应急处置措施，危险化学品火灾、爆炸、中毒等事故应急处置措施）。

（七）应急物资与装备保障

明确应急处置所需的物质与装备数量、管理和维护、正确使用等。

四、现场处置方案的主要内容

（一）事故特征

（1）危险性分析，可能发生的事故类型。

（2）事故发生的区域、地点或装置的名称。

（3）事故可能发生的季节和造成的危害程度。

（4）事故前可能出现的征兆。

（二）应急组织与职责

（1）基层单位应急自救组织形式及人员构成情况。

（2）应急自救组织机构、人员的具体职责，应同单位或车间、班组人员工作职责紧密结合，明确相关岗位和人员的应急工作职责。

（三）应急处置

（1）事故应急处置程序。根据可能发生的事故类别及现场情况，明确事故报警、各项应急措施启动、应急救护人员的引导、事故扩大及同企业应急预案的衔接程序。

（2）现场应急处置措施。针对可能发生的火灾、爆炸、危险化学品泄漏、坍塌、水患、机动车辆伤害等，从操作措施、工艺流程、现场处置、事故控制，人员救护、消防、现场恢复等方面制订明确的应急处置措施。

（3）报警电话及上级管理部门、相关应急救援单位联络方式和联系人员，事故报告的基本要求和内容。

（四）注意事项

（1）佩戴个人防护器具方面的注意事项。

（2）使用抢险救援器材方面的注意事项。

（3）采取救援对策或措施方面的注意事项。

（4）现场自救和互救注意事项。

（5）现场应急处置能力确认和人员安全防护等事项。

（6）应急救援结束后的注意事项。

（7）其他需要特别警示的事项。

五、相关附件

（一）有关应急部门、机构或人员的联系方式

列出应急工作中需要联系的部门、机构或人员的多种联系方式，并不断更新。

（二）重要物资装备的名录或清单

列出应急预案涉及的重要物资和装备名称、型号、存放地点和联系电话等。

（三）规范化格式文本

信息接收、处理、上报等规范化格式文本。

（四）关键的路线、标识和图纸

（1）警报系统分布及覆盖范围。

（2）重要防护目标一览表、分布图。

（3）应急救援指挥位置及救援队伍行动路线。

（4）疏散路线、重要地点等标识。

（5）相关平面布置图纸、救援力量的分布图纸等。

（五）相关应急预案名录

列出直接与本应急预案相关的或相衔接的应急预案名称。

（六）有关协议或备忘录

与相关应急救援部门签订的应急支援协议或备忘录。

事故应急救援预案是重大危险源控制系统的重要组成部分，企业应负责制订现场事故应急救援预案，并且定期检验和评估现场事故应急救援预案和程序的有效程度，以及在必要时修订。场外事故应急救援预案，由政府主管部门根据企业提供的安全报告和有关资料制定。事故应急救援预案的目的是抑制突发事件，减少事故对工人、居民和环境的危害。因此，事故应急救援预案应提出详尽、实用、明确和有效的技术措施与组织措施。政府主管部门应保证发生事故将要采取的安全措施和正确做法的有关资料，散发给可能受事故影响的公众，并保证公众充分了解发生重大事故时的安全措施，一旦发生重大事故，应尽快报警。每隔适当的时间应修订和重新散发事故应急救援预案宣传材料。

六、应急预案编制格式和要求

（一）封面

应急预案封面主要包括应急预案编号、应急预案版本号、生产经营单位名称、应急预案名称、编制单位名称、颁布日期等内容。

（二）批准页

应急预案必须经发布单位主要负责人批准方可发布。

（三）目次

应急预案应设置目次，目次中所列的内容及次序如下：

（1）批准页；

（2）章的编号、标题；

（3）带有标题的条的编号、标题（需要时列出）；

（4）附件，用序号表明其顺序。

（四）印刷与装订

应急预案采用A4版面印刷，活页装订。

典型例题

1. 在应急管理中，（　　）阶段的目标是尽可能地抢救受害人员，保护可能受威胁的人群，并尽可能控制并消除事故。

A. 预防　　B. 准备　　C. 响应　　D. 恢复

【答案】C

【解析】应急响应是指在突发事件发生以后所进行的各种紧急处置和救援工作，组织营救和救治受害人员，疏散、撤离并妥善安置受到威胁的人员以及采取其他救助措施。

■ 典型例题 ■

2. 某港务局针对其码头存放的油品制订了油品泄漏、火灾、爆炸事故应急预案。按照重大事故应急预案的层次划分，该预案是（　　）。

A. 综合预案　　B. 现场预案　　C. 专项预案　　D. 临时预案

【答案】C

【解析】专项预案是指生产经营单位为应对某一种或者多种类型生产安全事故，或者针对重要生产设施、重大危险源、重大活动防止生产安全事故而制定的专项性工作方案。

第二节　专项应急预案的运用

本节主要介绍施工工程常见事故的应急预案及应急预案演练的相关知识。

一、高处坠落事故专项应急预案

（一）总则

1. 编制目的

加强对高处坠落事故的防范，并对可能引起高处坠落因素进行分析，减少事故发生的可能性和危害程度，及时、高效、有序地组织开展事故发生后的抢险救灾处置工作，最大限度地减少人员伤亡，降低事故损失。

2. 适用范围

本预案为发生高处坠落事故后采取的应急响应、救援、恢复等措施的程序性文件，结合事故特征编制。项目要根据具体情况全面考虑编制现场处置方案。

本预案适用于项目及所辖施工现场在高处坠落事故发生时采取的应急准备与响应的指导性措施。

3. 编制依据

(1)《中华人民共和国安全生产法》

(2)《中华人民共和国建筑法》

(3)《建设工程安全生产管理条例》（国务院令第 393 号）

(4)《生产安全事故报告和调查处理条例》（国务院令第 493 号）

(5)《建筑施工安全检查标准》（JGJ59—05）。

(6)《建筑施工高处作业安全技术规范》（JGJ80—91）。

(7) 国家、行业、地方有关安全生产的法规和强制性条文、标准

(8)《职业健康安全管理体系规范》（GB/T28001—2001）

(9)《生产经营单位安全生产事故应急预案编制导则》（AQ/T9002—2006）

（二）事故类型和危害程度分析

危险源辨识应全面考虑三种时态、三种状态和六种类型，经过对施工生产全过程可能发生的事故类型和危害程度分析，确认可能发生高处坠落事故的作业活动和作业内容等因素。

一旦发生高处坠落事故，可能造成人员重伤，甚至发生死亡事件。

（三）应急处置基本原则

按照“安全第一，以人为本；预防为主，常备不懈；资源共享，应急迅速”的基本方针，

实行先近后远、先重后轻、先抢救后治疗的基本原则。

(四)组织机构及职责

1. 应急组织体系

项目部重大事故应急救援领导小组由项目经理任组长，项目副经理、项目总工、综合部经理、安全部主管任副组长，成员由项目综合部、工程部、物资部、安全部、外协部、财务部、技术部等部门成员组成，担负相应应急职责。

(见附录一：应急组织体系图)

2. 指挥机构及职责

项目部重大事故应急救援领导小组具体负责项目重大风险的监控、应急准备、响应、救援、恢复和演练工作。对现场发生的安全事故实施应急救援。

(1) 重大事故应急救援领导小组的主要职责

1) 根据事故发生状态，全面部署安全事故应急救援预案的快速有效实施；组织有关部门和人员，迅速开展抢险救灾，救治伤员。并对应急行动中发生的不协调采取紧急处理措施。防止事故的扩大和蔓延，最大限度地降低事故损失。

2) 根据事故灾害发展情况，当危及到周边的单位和人员时，应及时指挥、组织疏散工作。

3) 密切注视安全事故控制情况，组织召开事故现场会议，做好信息处理，同时协调做好稳定社会秩序和伤亡人员的善后及安抚工作。

4) 根据《预案》实施过程中发生的变化，应及时对《预案》提出调整、修订和补充，确保应急救援预案不断得到规范和完善。

5) 重大事故应急救援领导小组办公室设在项目安全部。

(2) 组长的主要职责

1) 全面负责生产安全事故应急救援指挥工作。根据事故情况，决定应急预案的启动，组织力量，全面指挥、开展应急救援。

2) 负责发生重特大安全事故时及时向上级主管部门和地方安全生产监督管理部门报告。

3) 根据事故灾害与发展情况，决定停止初始扑救，紧急撤离等措施。依据事态扩展状况，决定请求外部援助。

(3) 副组长的主要职责

1) 协助组长，具体负责应急响应救援行动。向应急小组组长提出控制事故扩大的应急救援对策和建议。

2) 协调、组织和获取应急救援所需的资源，迅速有效地组织现场应急救援行动，努力降低事故损失，减少事故影响。

3) 负责与项目外部应急人员、部门、组织和机构联络沟通，协调救援行动；采取有效措施保证事故影响区域的安全性，最大限度地保证现场人员、外援人员及相关人员的安全。

(4) 各职能部门的主要职责

安全部：负责事故报告工作；负责向上级汇报和向有关单位通报事故情况；执行、传达应急救援命令，组织、实施应急救援行动；参与事故调查处理工作。

物资部：负责组织现场抢险救援，协调社会关系，必要时发出救援请求；负责组织应急物资、器材、设备的调配和项目应急物资、器材、设备的准备。

技术部：负责组织现场抢险、排险技术方案的拟定，提供技术支持；参与重特大事故技术性调查处理工作。

外协部：负责二次伤害的防范；负责心理引导及安抚慰问工作，负责善后及恢复工作；参与重特大事故调查处理工作。

财务部：负责组织应急资金的储备和落实工作。

工程部：负责组织现场伤员的抢救和医疗救治工作；负责事故现场的安全警戒与治安保卫工作。负责组织现场危险区域人员的疏散与安置和协调现场周围重要物资的转移；负责阻止未经批准的现场拍摄、采访。

综合部：负责应急人员培训的组织、协调工作。负责信息发布及接待工作；负责应急指挥车辆的准备和协调调度工作。

（五）预防与预警

1. 危险源监控

（1）安全部负责重大危险源信息的收集、调查、处理、统计、分析、总结和报告，建立生产安全事故监测、预警等资料信息。

（2）各部门应当依照国家有关法律、法规和企业有关规定，做好本部门事故预防工作，防止各类生产安全事故发生；对重大危险源进行重点监控，及时分析重点监控信息并跟踪整改情况，报公司安全保障部备案。

2. 预警行动

针对生产施工过程中可能发生的安全事故和突发紧急事件，结合实际情况，进行风险分析和安全评价工作，当发现存在重大安全隐患时，以隐患整改通知、通报等形式传递危险预警信息，并责令责任单位立即进行隐患整改，对整改落实情况进行复查，督促消除隐患，做到早发现、早报告、早处置，实现事前预防控制、降低损失的目的。

（六）信息报告程序

（1）事故发生后，事故现场有关人员应当立即向本项目负责人报告；项目负责人接到报告后，应立即采取相应措施，实施现场处置。如发生人员死亡、重伤或重大经济损失事故时，应立即向公司应急指挥中心报告，指挥中心或事故责任单位应于接到事故报告 1 小时内，向事故发生地县级以上人民政府安全生产监督管理部门和负有安全生产监督管理职责的有关部门报告。

事故报告应包括以下内容：

1）发生事故的单位名称及工程详细名称。

2）事故发生的时间、地点。

3）事故的简要经过、伤亡人数、直接经济损失的初步估计。

4）事故原因、性质的初步判断。

5）事故抢救处理的情况和采取的措施。

6）需要有关部门和单位协助事故抢救和处理的有关事宜。

7）事故的报告单位、签发人和时间。

（见附录二：事故快报表）

（2）事故发生后，事故单位必须严格保护事故现场。因抢救伤员、防止事故的扩大及疏通交通等原因需要移动现场物件时，必须做出标识、拍照、录像、详细记录和绘制事故现场图，并妥善保存现场重要痕迹、物证，封存内业资料，为事故调查提供原始资料。任何单位和个人不得隐瞒、谎报。

（3）当自有应急措施无法保证控制事态发展时，应寻求外部支援。

(4) 为保证信息传递及时准确，应急小组须保持通信通畅。保卫实行24小时值班制度。

(七) 应急响应

1. 响应分级

按安全事故灾难的可控性、严重程度和影响范围，应急响应级别原则上分为Ⅰ、Ⅱ、Ⅲ级。当达到本预案应急分级响应条件时，事故单位应按照应急响应程序，启动相应级别响应，开展应急行动，并根据事故等级及时上报。

(1) Ⅰ级应急响应

出现下列情况之一，应启动Ⅰ级应急响应：

1) 造成3人及以上死亡（含失踪）、遇险事故。

2) 造成10人及以上重伤（含中毒）事故。

3) 特大火灾、爆炸事故。

4) 直接经济损失1000万元以上的事故。

5) 需要启动Ⅰ级应急响应的其他伤亡事故。

(2) Ⅱ级应急响应

出现下列情况之一，应启动Ⅱ级应急响应：

1) 造成1～2人死亡（含失踪）、遇险事故。

2) 造成3人以上、10人以下重伤（含中毒）事故。

3) 重大火灾、爆炸事故。

4) 直接经济损失100万元以上、1000万元以下的事故。

5) 发生与安全生产有关的，被举报或被新闻媒体曝光，造成恶劣社会影响的事件。

6) 需要启动Ⅱ级应急响应的其他伤亡事故。

(3) Ⅲ级应急响应

发生Ⅱ级应急响应条件以下的安全事故启动Ⅲ级应急响应。

2. 响应程序

(1) 响应程序

应急响应程序一般为：接警通报、指挥控制、事态发展、有效控制、应急恢复、应急结束等几个程序。

(见附录三：应急响应流程图)

(2) 应急响应行动

1) Ⅰ级响应行动。

①发生Ⅰ级事故及险情应由事故单位立即上报公司；

②公司接到事故报告后，立即召开紧急会议，启动公司级应急预案，通知指挥中心有关成员，组成事故应急救援领导小组，就有关重大应急事项做出决策和部署，并将有关情况向局里汇报；

③事故应急救援领导小组赶赴现场参加、指导现场应急救援；

④根据事故的类别和特点，事故应急救援领导小组通报、寻求地方主管部门应急救援指挥中心对现场救援提供支持；

⑤根据地方政府主管部门、应急救援指挥中心的建议，确定事故救援方案；

⑥事故应急救援领导小组根据确定的应急救援方案指挥应急队伍实施应急救援；

⑦当出现救援人员及现场人员有可能受到伤害的紧急情况时，事故应急救援领导小组宣布

应急避险命令；当初始救援困难，事态有进一步扩大、蔓延等紧急情况出现时，应立即决定扩大应急程序，请求外部支援。

2）Ⅱ级响应行动

①Ⅱ级应急响应由各项目负责启动，项目接到事故报告后，立即召开紧急会议，启动公司级应急预案，通知本项目指挥中心有关成员，组成事故应急救援领导小组，就有关重大应急事项做出决策和部署，并将有关情况向公司汇报；

②事故应急救援领导小组前往事故地点，指挥现场应急救援工作，并根据事故具体情况通报地方政府主管部门应急指挥中心指导救援行动；

③根据地方政府主管部门和公司应急指挥中心的建议，确定事故救援方案；

④依据确定的事故救援方案，组织应急救援队伍迅速控制事故扩大、蔓延，展开医疗救护、后勤保障、善后处理、信息发布、治安保卫、事故调查等应急救援工作；

⑤当出现救援人员及现场人员有可能受到伤害的紧急情况时，宣布应急避险命令；当救援困难，事态有进一步扩大等紧急情况出现时，向公司申请实施Ⅰ级响应行动；

⑥随时向公司报告有关事故进展情况。

3）Ⅲ级响应行动

发生Ⅱ级以下应急响应的安全事故，由事故项目按其制订的应急预案启动，采取相应措施，消除社会影响。当救援困难，事态有进一步扩大等紧急情况出现时，启动Ⅱ级响应行动。

3. 处置措施

（1）当施工现场发生高处坠落事故时，目击者应高声呼救，并拨打应急电话通报项目经理，同时通报附近的管理人员，管理人员应迅速赶到出事地点，对事故情况迅速做出初步判断，除临时承担指挥应急抢救工作外，应迅速通知项目经理及相关人员、现场救护员马上赶到事发地点；电话通知时，应准确的说明事故地点、时间、受伤人数和伤害程度。

（2）项目经理接到报告后应及时赶到现场或紧急授权应急小组其他领导负责救援工作，并于第一时间进行现场救治；应急救援负责人应根据高处坠落的不同情况采取不同的应急救援措施。

1）从脚手架上、楼面的临边洞口中掉到泥土面、混凝土地面或楼面，坠落高度超过3m以上的，伤势一般较严重，应立即送医院抢救，避免延误时间；应急负责人可依据紧急情况，拨打“120”求助。

指派项目警戒组迅速对现场进行警戒，并维持秩序。出事地点的20m范围内要停止作业，疏散人员，并不得有无关人员围观，特别是要防止脚手架上或临边的其他作业人员的围观。

2）作业人员从脚手架上、楼面的临边洞口中掉到架体内的防护层上、电梯井内的水平安全网上或其他水平安全防护层上时，项目经理或应急领导负责人应迅速对掉落人员的受伤情况做出判断，如有必要应护送医院进行救治，避免延误时间。

指派项目警戒组迅速对现场进行警戒，并维持秩序。掉落地点的所有作业要马上停止，离开作业面，不得在现场围观或逗留；

3）如掉落地点抢救难度大，首先应将坠落者转移至平台上进行救治。因此应急救援领导人必须召集在现场医务人员和现场抢险组一起确定转移方案。

①如掉到与楼面高差不超过80cm的脚手架的操作层上，则由医务人员视察坠落者的伤势情况，如其本人能走动，则由两个救护人员在旁边保护的情况下，自己走下来；如不能走动或已失去意识，则应派两个身强力壮的救护人员在医务人员的指导下把伤者抬到楼面上；

②如掉到与楼面高差超过 80cm 的外脚手架的操作层上，应由医务人员先上去视察坠落者的伤势，其他救援人员必须在先做好防护的情况下才能上去救援，防护措施有使用爬梯、系好安全带、派人在旁边看护等，避免救援人员在转移时发生高处坠落事故；

③如坠落者掉到电梯井或管道井的水平防护层，而防护层是模板、竹笆板或钢筋网片等硬质材料，先由抢险人员察看防护结构的安全性能、使用荷载情况，再确定能多人上去时，再派两个救护人员上去把坠落者转移到楼面平台上，否则要先加固防护结构；如管道井空间小，不能由多人进行转移时，必须要派体力强健的人员救援，并且医务人员一定要把要点讲清楚才能实施救援行动；

④如坠落者掉到电梯井或高支模架等的水平安全网等柔性防护层上时，只要在坠落过程中没有在空中碰撞或没有被同时掉下的硬物击伤，坠落者应是神志清醒的；救援人员首先要对其高声喊话，嘱其不要乱动或用力挣扎，保持安静，避免水平安全网在坠落者的重力冲击下或本身强度不足等原因在坠落者的挣扎下破裂，使坠落者再一次坠地受到伤害；清智清醒的身体强壮身系安全带的救援人员（安全带挂到由坠落地点的上层位置垂下的麻绳上）的帮助下爬到楼面。如果坠落者因在空中碰撞或物体打击等原因已经昏迷或神志不清时，坠落者的下部要先有防护措施，再由两人以上的，由上一层电梯井口或上一层架子上垂下来的麻绳牵引着进入安全网中，共同把坠落者转移至楼面上进行救治。

(3) 现场应急救治措施

高处坠落事故发生后，要对当事者进行及时的治疗，现场抢救的重点应放在休克、骨折和出血等几种情形上。现场救治困难或无效，应尽快送医院进行抢救治疗，避免延误抢救的时间。

1) 首先由现场医务人员观察伤者的受伤情况、部位、伤害性质，如伤员发生休克，应立即处理。遇呼吸、心跳停止者，应立即进行人工呼吸，胸外心脏按压。处于休克状态的伤员要让其安静、平卧、少动，并将下肢抬高约 20°左右。

2) 高处坠落者出现颅脑外伤的，如伤者神志清醒，则先想办法止血；如处在昏迷状态，则在止血的同时必须维持昏迷者的呼吸道畅通，要让昏迷者平卧，头部转向一侧，以防舌根下坠或分泌物、呕吐物吸入，发生阻塞。

3) 如高处坠落者出现骨折，不要盲目搬运伤者。应在骨折部位用夹板把受伤位置临时固定，使断端不再移位或刺伤肌肉、神经或血管。固定方法：以固定骨折处上下关节为原则，可就地取材，用木板、竹竿等，在无材料的情况下，上肢可固定在身侧，下肢与无骨折的下肢缚在一起，然后再用硬板担架搬运。偶有凹陷骨折、严重的颅底骨折及严重的脑损伤症状出现，应用消毒的纱布或清洁布等覆盖伤口，用绷带或布条包扎后，及时送医院治疗。

4) 发现脊椎受伤者，用消毒的纱布或清洁布等覆盖伤口，并用绷带或布条包扎。搬运时，将伤者平卧在硬板担架上，严禁只抬伤者的两肩与两腿或单肩背运，避免受伤者的脊椎移位、断裂，造成截瘫或导致死亡。

5) 遇有创伤出血的伤员，应迅速包扎止血，正确的现场止血处理措施如下：①一般止血法：先用生理盐水（0.9%NaCl 溶液）冲洗伤口，涂上红汞，然后盖上消毒纱布，用绷带较紧地包扎；②加压包扎止血法：用纱布、棉花等做成软垫，放在伤口上再加以包扎，通过增强压力而达到止血；③止血带止血法：选择弹性好的橡皮管、橡皮带或三角巾、毛巾、带状布条等，上肢出血结扎在上臂 1/2 处（靠近心脏位置），下肢出血结扎在大腿上 1/3 处（靠近心脏位置）。结扎时，在止血带与皮肤之间垫上消毒纱布棉纱。每隔 25～40min 放松一次，每次放松 0.5～1min。

4. 应急过程中避免二次伤害的措施

（1）发生高处坠落的伤者可能有骨折类伤害，搬运时要轻、稳、快，避免震荡，并随时注意伤者的病情变化。没有担架时，可利用门板、椅子、梯子等制作简单担架运送。不要把刺出的断骨送回伤口，以免感染和刺破血管和神经。有腹部创伤及脊柱损伤者，应用卧位运送；胸部伤者一般取半卧位，颅脑损伤者一般取仰卧偏头或侧卧位，以免呕吐误吸。避免救治不当引起二次伤害。

（2）如高处坠落者掉落时身体穿有钢筋、钢管、木刺等异物时，不能随便拔出，避免体内大出血造成二次伤害。

（3）高处坠落者落在不易救援的地方时，要有可靠的防护措施之后才能接近进行救援，避免救援者或坠落者的二次坠落等事故。

（4）发生高处坠落处应立即封闭，禁止施工人员围观，避免人多拥挤造成无关人员的二次坠落或其他事故的发生。

（5）要特别防止坠落者的亲属和朋友在情绪失控的情况下对伤者的搬动、搂抱、晃动等动作或其他不正确的救援方法，避免不合理的动作造成对伤者的二次伤害。

（6）及时对高处坠落点派专人进行看护或临时防护。参与事故调查的人员应由熟悉现场环境的专职安全员带路，前往现场调查取证。在取得充分证据，事故原因调查完毕后应及时对该位置和类似位置进行安全防护，防止人员从该位置再次坠落造成二次事故的发生。

5. 应急心理辅导

（1）在救援过程中，要对伤者的朋友和亲属进行心理抚慰，主要把事故发生后采取的救治措施和将要采取的措施向其做简单明了的交代，并征求其意见和要求，合理的意见给予采纳，合理的要求予以满足，避免伤者的朋友和亲属因情绪激动影响救治人员的正常工作。

（2）对坠落在危险位置，一时不能对其进行有效救援且神志清醒的高处坠落者，除了迅速采取有效的措施外，还要由救援负责人或医生对高坠者进行心理安慰，告诉其应急救援小组正在采取有效措施进行救援，劝其平静、不要乱动，也不要大喊大叫或大哭大闹，避免其不当的动作造成二次坠落或由于情绪激动消耗体力加重伤势。

（3）发生高处坠落后，坠落人员往往会因伤势较重，特别是因伤致残产生悲观情绪，应由伤者的朋友或亲属在旁边对其进行鼓励；同时项目领导或公司的领导要派专人对其进行安慰，使其恢复对生活的信心，从而配合医护人员的治疗，早日恢复健康。

（八）应急物资与装备保障

根据建筑工程事故类别、特点以及应急救援工作的实际需要，应急救援物资在施工现场配备，并进行经常性维护、保养。要协调好社会资源，以保证应急状态时的调用和扩大应急之需。

1. 常用物资装备

（1）抢险工具：铁锹、撬棍、锤子、电工工具、气割工具等。

（2）抢险用具：安全带、安全绳、梯子、应急灯、对讲机等。

（3）医疗器械：消毒用品、急救物品（创可贴、绷带、无菌敷料）、各种小夹板、担架、止血带、氧气袋等。

2. 社会应急资源

救护车、挖掘机、装载机、运输车、汽车起重机、发电机等。

社会资源单位联系电话：项目确认应急资源联系电话。

（九）应急结束

当事故已得到控制，不再扩大发展，伤员已得到相应的救护，现场险情已排除，现场经检测没有危险，现场救援工作视为结束。此时可以由指挥中心发布指令，解除紧急状态，并通知相关单位或周边社区，事故危险已解除。

事发单位应配合政府有关部门进行现场取证、事故调查和事故原因分析，写出事故报告，拟定纠正预防措施并组织实施。

（十）应急恢复

应急结束后，经批准，事故责任单位应组织现场清理，尽快恢复生产，并做好善后处理工作。

（十一）检验与更新

应急预案检验的目的是检验应急预案的适宜性、有效性和充分性，以及响应过程的符合性和有效性。检验测试的方法有桌面推演、计算机模拟、功能性演练和现场实际演练。演练应做好记录。应急预案进行测试后，应根据测试结果对应急准备的充分性和应急响应的及时性、准确性和有效性进行评审，找出应急准备和响应过程中存在的不足，对于在抢险过程中发现的不当之处应对应急预案予以补充、修复、更新，改进应急准备和响应过程，使之完善。

（十二）发布与实施

本《预案》作为《综合应急救援预案》的附件，自公布之日起实施。

二、物体打击专项应急预案

（一）总则

1. 编制目的

加强对物体打击事故的防范，并对可能引起物体打击的因素进行分析，减少事故发生的可能性和危害程度，及时、高效、有序地组织开展事故发生后的抢险救灾处置工作，最大限度地降低事故损失，减少人员伤亡。

2. 适用范围

本预案为发生物体打击事故后采取应急响应、救援、恢复等措施的程序性文件，项目要根据具体情况全面考虑编制现场应急处置方案。

本程序适用于项目及所辖施工现场在物体打击发生时采取的应急准备与响应的控制措施。

3. 编制依据

(1)《中华人民共和国安全生产法》

(2)《中华人民共和国建筑法》

(3)《建设工程安全生产管理条例》（国务院令第 393 号）

(4)《生产安全事故报告和调查处理条例》（国务院令第 493 号）

(5)《建筑施工安全检查标准》（JGJ59—05）

(6)《建筑安装工人安全技术操作规程》

(7)《职业健康安全管理体系规范》（GB/T28001—2001）

(8) 国家、行业、地方有关安全生产的法规和强制性条文、标准

(9)《生产经营单位安全生产事故应急预案编制导则》（AQ/T9002—2006）

（二）事故类型和危害程度分析

危险源辨识应全面考虑三种时态、三种状态和六种类型。经过对施工生产全过程可能发生

的事故类型和危害程度分析，确认发生物体打击事故的作业活动和作业内容等因素。

一旦发生物体打击事故，可能造成人员重伤，甚至发生死亡事件。

（三）应急处置基本原则

按照“安全第一，以人为本；预防为主，常备不懈；资源共享，应急迅速”的基本方针，实行先近后远、先重后轻、先抢救后治疗的基本原则。

（四）组织机构及职责

1. 应急组织体系

项目部重大事故应急救援领导小组由项目经理任组长，项目副经理、项目总工、综合部经理、安全部主管任副组长，成员由项目综合部、工程部、物资部、安全部、外协部、财务部、技术部等部门成员组成，担负相应应急职责。

（见附录一：应急组织体系图）

2. 指挥机构及职责

项目部重大事故应急救援领导小组具体负责项目重大风险的监控和应急准备、响应、救援、恢复、演练工作。对现场发生的安全事故实施应急救援。

（1）重大事故应急救援领导小组的主要职责

1）根据事故发生状态，具体全面部署安全事故应急救援预案的快速有效实施；组织有关部门和人员，迅速开展抢险救灾，救治伤员。并对应急行动中发生的不协调采取紧急处理措施。防止事故的扩大和蔓延，最大限度地降低事故损失。

2）根据事故灾害发展情况，当危及到周边的单位和人员时，应及时指挥、组织疏散工作。

3）密切注视安全事故控制情况，组织召开事故现场会议，做好信息处理，同时协调做好稳定社会秩序和伤亡人员的善后及安抚工作。

4）根据《预案》实施过程中发生的变化，应及时对《预案》提出调整、修订和补充，确保应急救援预案不断得到规范和完善。

5）重大事故应急救援领导小组办公室设在项目安全部。

（2）组长的主要职责

1）全面负责生产安全事故应急救援指挥工作。根据事故情况，决定应急预案的启动，组织力量，全面指挥、开展应急救援。

2）负责发生重特大安全事故时及时向上级主管部门和地方安全生产监督管理部门报告。

3）根据事故灾害与发展情况，决定停止初始扑救，紧急撤离等措施，依据事态扩展状况，决定请求外部援助。

（3）副组长的主要职责

1）协助组长，具体负责应急响应救援行动。向应急小组组长提出控制事故扩大的应急救援对策和建议。

2）协调、组织和获取应急救援所需的资源，迅速有效地组织现场应急救援行动，努力降低事故损失，减少事故影响。

3）负责与项目外部应急人员、部门、组织和机构进行联络与沟通，协调救援行动；采取有效措施保证事故影响区域的安全性，最大限度地保证现场人员、外援人员及相关人员的安全。

（4）各职能部门的主要职责

安全部：负责事故报告工作；负责向上级汇报和向有关单位通报事故情况；执行、传达应急救援命令，组织、实施应急救援行动；参与事故调查处理工作。

物资部：负责组织现场抢险救援，协调社会关系，必要时发出救援请求；负责组织应急物资、器材、设备的调配和项目应急物资、器材、设备的准备。

技术部：负责组织现场抢险、排险技术方案的拟定，提供技术支持；参与重特大事故技术性调查处理工作。

外协部：负责二次伤害的防范；负责心理引导及安抚慰问工作，负责善后及恢复工作；参与重特大事故调查处理工作。

财务部：负责组织应急资金的储备和落实工作。

工程部：负责组织现场伤员的抢救和医疗救治工作；负责事故现场的安全警戒与治安保卫工作。负责组织现场危险区域人员的疏散与安置和协调现场周围重要物资的转移；负责阻止未经批准的现场拍摄、采访。

综合部：负责应急人员培训的组织、协调工作。负责信息发布及接待工作；负责应急指挥车辆的准备和协调及调度工作。

（五）预防与预警

1. 危险源监控

（1）安全部负责重大危险源信息的收集、调查、处理、统计、分析、总结和报告，建立生产安全事故监测、预警等资料信息。

（2）各部门应当依照国家有关法律、法规和企业有关规定，做好本部门事故预防工作，防止各类生产安全事故发生；对重大危险源进行重点监控，及时分析重点监控信息并跟踪整改情况，报公司安全保障部备案。

2. 预警行动

针对生产施工过程中可能发生的安全事故和突发紧急事件，结合实际情况，进行风险分析和安全评价工作，当发现存在重大安全隐患时，以隐患整改通知、通报等形式传递危险预警信息，并责令责任单位立即进行隐患整改，对整改落实情况进行复查，督促消除隐患，做到早发现、早报告、早处置，实现事前预防控制、降低损失的目的。

（六）信息报告程序

（1）事故发生后，事故现场有关人员应当立即向本项目负责人报告；项目负责人接到报告后，应立即采取相应措施，实施现场处置。如发生死亡、重伤或重大经济损失事故时，应立即向公司应急指挥中心报告，指挥中心或事故责任单位应于接到事故报告 1 小时内，向事故发生地县级以上人民政府安全生产监督管理部门和负有安全生产监督管理职责的有关部门报告。

事故报告应包括以下内容：

1）发生事故的单位名称及工程详细名称。

2）事故发生的时间、地点。

3）事故的简要经过、伤亡人数、直接经济损失的初步估计。

4）事故原因、性质的初步判断。

5）事故抢救处理的情况和采取的措施。

6）需要有关部门和单位协助事故抢救和处理的有关事宜。

7）事故的报告单位、签发人和时间。

（见附录二：事故快报表）

（2）事故发生后，事故单位必须严格保护事故现场。因抢救伤员、防止事故的扩大及疏通交通等原因需要移动现场物件时，必须做出标识、拍照、录像、详细记录和绘制事故现场图，并妥善保存现场重要痕迹、物证，封存内业资料，为事故调查提供原始资料。任何单位和个人不得隐瞒、谎报。

(3) 当自有应急措施无法保证控制事态发展时，应寻求外部支援。

(4) 为保证信息传递及时准确，应急小组须保持通信通畅。保卫实行 24 小时值班制度。

(七) 应急响应

1. 响应分级

按安全事故灾难的可控性、严重程度和影响范围，应急响应级别原则上分为Ⅰ、Ⅱ、Ⅲ级。当达到本预案应急分级响应条件时，事故单位应按照应急响应程序，启动相应级别响应，开展应急行动，并根据事故等级及时上报。

(1) Ⅰ级应急响应

出现下列情况之一，应启动Ⅰ级应急响应：

1) 造成 3 人及以上死亡（含失踪）、遇险事故。

2) 造成 10 人及以上重伤（含中毒）事故。

3) 特大火灾、爆炸事故。

4) 直接经济损失 1000 万元以上的事故。

5) 需要启动Ⅰ级应急响应的其他伤亡事故。

(2) Ⅱ级应急响应

出现下列情况之一，应启动Ⅱ级应急响应：

1) 造成 1～2 人死亡（含失踪）、遇险事故。

2) 造成 3 人以上、10 人以下重伤（含中毒）事故。

3) 重大火灾、爆炸事故。

4) 直接经济损失 100 万元以上、1000 万元以下的事故。

5) 发生与安全生产有关的，被举报或被新闻媒体曝光，造成恶劣社会影响的事件。

6) 需要启动Ⅱ级应急响应的其他伤亡事故。

(3) Ⅲ级应急响应

发生Ⅱ级应急响应条件以下的安全事故启动Ⅲ级应急响应。

2. 响应程序

(1) 响应程序

应急响应程序一般为：接警通报、指挥控制、事态发展、有效控制、应急恢复、应急结束等几个程序。

(见附录三：应急响应流程图)

(2) 应急响应行动

1) Ⅰ级响应行动

①发生Ⅰ级事故及险情应由事故单位立即上报公司；

②公司接到事故报告后，立即召开紧急会议，启动公司级应急预案，通知指挥中心有关成员，组成事故应急救援领导小组，就有关重大应急事项做出决策和部署，并将有关情况向局里汇报；

③事故应急救援领导小组赶赴现场参加、指导现场应急救援；

④根据事故的类别和特点，事故应急救援领导小组通报、寻求地方主管部门应急救援指挥

中心对现场救援提供支持；

⑤根据地方政府主管部门、应急救援指挥中心和局里的建议，确定事故救援方案；

⑥事故应急救援领导小组根据确定的应急救援方案指挥应急队伍实施应急救援；

⑦当出现救援人员及现场人员有可能受到伤害的紧急情况时，事故应急救援领导小组宣布应急避险命令；当初始救援困难，事态有进一步扩大、蔓延等紧急情况出现时，应立即决定扩大应急程序，请求外部支援。

2）Ⅱ级响应行动

①Ⅱ级应急响应由各项目负责启动，项目接到事故报告后，立即召开紧急会议，启动公司级应急预案，通知本项目指挥中心有关成员，组成事故应急救援领导小组，就有关重大应急事项做出决策和部署，并将有关情况向公司汇报；

②事故应急救援领导小组前往事故地点，指挥现场应急救援工作，并根据事故具体情况通报地方政府主管部门应急指挥中心指导救援行动；

③根据地方政府主管部门和公司应急指挥中心的建议，确定事故救援方案；

④依据确定的事故救援方案，组织应急救援队伍迅速控制事故扩大、蔓延，展开医疗救护、后勤保障、善后处理、信息发布、治安保卫、事故调查等应急救援工作；

⑤当出现救援人员及现场人员有可能受到伤害的紧急情况时，宣布应急避险命令；当救援困难，事态有进一步扩大等紧急情况出现时，向公司申请实施Ⅰ级响应行动；

⑥随时向公司报告有关事故进展情况。

3）Ⅲ级响应行动

发生Ⅲ级以下应急响应的安全事故，由事故项目按其制订的应急预案启动，采取相应措施，消除社会影响。当救援困难，事态有进一步扩大等紧急情况出现时，启动Ⅱ级响应行动。

3. 处置措施

（1）当施工现场发生物体打击事故时，目击者应高声呼救，并拨打应急电话通报项目经理，同时通知附近的管理人员，管理人员应迅速赶到出事地点，对事故情况迅速做出初步判断，除临时承担指挥应急抢救工作外，应迅速通知项目经理及相关人员、现场救护员马上赶到事发地点；电话通知时，应准确地说明事故地点、时间、受伤程度和人数。

（2）项目经理接到报告后应及时赶到现场或紧急授权应急小组其他领导负责救援工作，并第一时间进行现场救治；应急救援负责人应根据物体打击的不同情况采取不同的应急救援措施。

1）如物体打击事故导致人员大出血、昏迷、不能行动等严重情况时，应急负责人应拨打120，详细说明事故的地点、受伤人数、受伤的严重程度和性质，请求120支援，避免延误救治时间。

2）如物体打击事故造成的伤害程度较轻，且受伤者能自由行动时，应急负责人应要求受伤者不能乱动，应在原地坐下由现场医疗救护人员进行检查，如情况不严重，则由现场医疗救护人员进行必要的治疗或由现场医疗救护人员陪同送到医院再进行进一步的治疗和观察；如物体打击是可能引起较重内伤的情况，应果断送往医院进行全面检查和治疗。

3）如物体打击的受伤者倒在危险部位或掉到危险部位自己不能行动时，项目应急小组要先把受伤者转移到便于救治的地面、楼面或其他安全平台上，采用合适的方法进行救治，避免救治过程中发生二次事故。

（3）应急负责人在物体打击造成重伤或死亡的严重事故时，应及时指派项目警戒组组长迅速对现场进行警戒、疏散现场闲杂人员，并维持秩序。发生物体打击区域的所有作业要马上停止，并由相关的施工员或相应的班组长带作业人员离开作业面，以班组为单位有序地从楼梯或脚手架的安全通道上撤到地面，不得在现场围观或逗留。

（4）现场临时治疗措施

1）发生物体打击事故后，医疗急救组根据现场实际情况进行必要的医疗处理。物体打击事故发生在能正常进行救治的地方，医疗急救组应马上投入治疗；如果物体打击事故发生在无法进行急救的地方，应先指导救援人员按正确的方法尽快把伤者转移到安全平台上进行急救。“120”赶到后，现场急救组要尽量配合“120”医生进行急救，由医疗急救负责人把伤情和已经采取的措施向医生做简短而明了的介绍，以便“120”医生能尽快了解情况，快速而有效的做出急救决策。

2）物体打击事故的现场紧急救治时，首先观察伤者的受伤情况、部位、伤害性质，如伤员发生休克，应先处理休克；遇呼吸、心跳停止者，应立即进行人工呼吸，胸外心脏按压。另外也应对颅脑损伤、骨折和出血等情况进行处理：

①如受伤者处于休克状态，要让其平卧、少搬动，并将下肢抬高约 20°左右，要采取相应的办法让其苏醒，尽快送医院进行抢救治疗；

②如物体打击造成颅脑损伤，受伤处于昏迷状态，则必须保持呼吸道通畅。让昏迷者平卧，头部转向一侧，以防舌根下坠或分泌物、呕吐物吸入，发生喉阻塞；

③如物体打击造成骨折，应初步固定后再搬运，创伤处用消毒的纱布或清洁布等覆盖伤口，用绷带或布条包扎后，及时送医院治疗；

④如出现血流严重时，应想办法进行止血，避免流血过多引起生命危险。

4. 应急过程中避免二次伤害的措施

（1）如果物体打击造成钢筋、钢管等插入身体内部，现场不能擅自将异物拔掉，只能做清洗伤口或止血等简单处理，应等“120”到来后，由医院医生进行救治，避免现场处置不当造成二次伤害。

（2）事故现场要有专人维持秩序，特别是在高处发生的物体打击事故，禁止施工人员围观，防止人多杂乱，引起围观人员或救援人员高处坠落或物体打击等二次伤害。

（3）如果物体打击出现在高处位置，救援人员首先要把伤者按正确的方法搬到安全的地方再进行下一步救治，防止伤者或救援人员在不安全的平台上救治时引起高处坠落或物体打击等二次伤害。

（4）如果处在不宜施救的场所，必须将患者搬运到能够安全施救的地方，搬运时应由身体强壮的救援人员进行搬运，如果是脊柱骨折，不要弯曲、扭动患者的颈部和身体，不要接触患者的伤口，要使患者身体放松，尽量将患者放到担架或平板上进行搬运。避免搬运不当引起伤者的二次伤害和救援者的伤害。

（5）事故发生后，要防止受伤者的亲属或朋友在情绪激动的情况下对伤者进行搂抱、翻转或晃动等动作，避免动作不当引起骨折、窒息等二次伤害。

5. 应急心理辅导

（1）在救援过程中，要对伤者的朋友和亲属进行心理抚慰，主要把事故发生后采取的救治措施和将要采取的措施向其做简单明了的交代，并征求其意见和要求，合理的意见给予采纳，合理的要求予以满足，避免伤者的朋友和亲属情绪激动影响救治人员的正常工作。

（2）事故发生后，要注意伤者的朋友或亲属的情绪变化。如果受伤严重，伤者的朋友和亲属有可能对事故的肇事者产生怨恨心理，这时要有专人对伤者亲友进行心理抚慰，情绪不能过激，避免伤者亲友对肇事者进行围攻，从而发生二次伤害事故。

（3）发生物体打击事故后，要对伤者进行心理安慰，特别是对可能受伤后致残的人员要重点关注，要对其进行鼓励，使其树立信心，配合医生的救治工作。

（4）如果伤者住院，单位领导要派人经常探视，派伤者的亲友进行照顾；特别是因伤致残的情况，更要对伤者和伤者的亲属进行安慰，要他们配合治疗，并做好善后处理工作。

（八）应急物资与装备保障

根据建筑工程事故类别、特点以及应急救援工作的实际需要，应急救援物资在施工现场配备，并进行经常性维护、保养。要协调好社会资源，以保证应急状态时的调用和扩大应急之需。

（1）常备物资装备：

1）抢险工具：铁锹、撬棍、锤子、电工工具、气割工具等。

2）抢险用具：安全带、安全绳、梯子、应急灯、对讲机等。

3）医疗器械：消毒用品、急救物品（创可贴、绷带、无菌敷料）、各种小夹板、担架、止血带、氧气袋等。

（2）社会应急资源：

救护车、挖掘机、装载机、运输车、汽车起重机、发电设备等。

社会资源单位联系电话：项目确认应急资源联系电话

（九）应急结束

当事故已得到控制，不再扩大发展，伤员已得到相应的救护，现场险情已排除，现场经检测没有危险，现场救援工作视为结束。此时可以由指挥中心发布指令，解除紧急状态，并通知相关单位或周边社区，事故危险已解除。

事发单位应配合政府有关部门进行现场取证、事故调查和事故原因分析，写出事故报告，拟定纠正预防措施并组织实施。

（十）应急恢复

应急结束后，经批准，事故责任单位应组织现场清理，尽快恢复生产，并做好善后处理工作。

（十一）检验与更新

应急预案检验的目的是检验应急预案的适宜性、有效性和充分性，以及响应过程的符合性和有效性。检验测试的方法有桌面推演、计算机模拟、功能性演练和现场实际演练。演练应做好记录。应急预案进行测试后，应根据测试结果对应急准备的充分性和应急响应的及时性、准确性和有效性进行评审，找出应急准备和响应过程中存在的不足，对于在抢险过程中发现的不当之处应对应急预案予以补充、修复、更新，改进应急准备和响应过程，使之完善。

（十二）发布与实施

本《预案》作为《综合应急救援预案》的附件，自公布之日起实施。

三、机械伤害事故专项应急预案

（一）总则

1. 编制目的

加强对机械设备伤害安全事故的防范，积极应对可能发生的生产安全事故，及时、高效、有序地组织开展生产安全事故发生后的抢险救灾处置工作，结合项目应急资源，强化预防机械伤害事故意识，提高应急救援处理能力，最大限度地减少人员伤亡，降低事故损失。

2. 适用范围

本应急预案适用于项目及其所辖施工现场针对大型机械设备及使用过程中的重大风险因素的应急准备和发生重特大安全事故后的应急响应、救援、恢复、结束等应急程序。

3. 编制依据

（1）《中华人民共和国安全生产法》

（2）《中华人民共和国建筑法》

（3）《中华人民共和国消防法》

（4）《建设工程安全生产管理条例》（国务院令第 393 号）

（5）《生产安全事故报告和调查处理条例》（国务院令第 493 号）

（6）《建筑施工安全检查标准》（JGJ59—05）

（7）《职业健康安全管理体系规范》（GB/T28001—2001）

（8）《塔式起重机安全规程》（GB5144—94）

（9）《塔式起重机操作使用规范》（ZBJ80012—89）

（10）《起重机械钢丝绳检验和报废实用规范》（GB5972—86）

（11）《特种设备安全监察条例》（国务院 373 号令）

（12）国家、行业、地方有关安全生产的法规和强制性条文、标准

（二）事故类型和危害程度分析

危险源辨识应全面考虑三种时态、三种状态和六种类型，经过对施工生产全过程可能发生的事故类型和危害程度分析，确认可能发生起重、机械伤害事故的作业活动和作业内容等因素。

一旦发生起重机械伤害事故，可能造成人员重伤，甚至发生三级以上死亡事件。

（三）应急处置基本原则

按照“安全第一，以人为本；预防为主，常备不懈；资源共享，应急迅速”的基本方针，实行先近后远、先重后轻、先抢救后治疗的基本原则。

（四）组织机构及职责

1. 应急组织体系

项目部重大事故应急救援领导小组由项目经理任组长，项目副经理、项目总工、综合部经理、安全部主管任副组长，成员由项目综合部、工程部、物资部、安全部、外协部、财务部、技术部等部门成员组成，担负相应应急职责。

（见附录一：应急组织体系图）

2. 指挥机构及职责

项目部重大事故应急救援领导小组具体负责项目重大风险的监控、应急准备、响应、救援、恢复和演练工作。对现场发生的安全事故实施应急救援。

（1）重大事故应急救援领导小组的主要职责。

1）根据事故发生状态，全面部署安全事故应急救援预案的快速有效实施；组织有关部门和人员，迅速开展抢险救灾，救治伤员。并对应急行动中发生的不协调采取紧急处理措施。防止事故的扩大和蔓延，最大限度地降低事故损失。

2）根据事故灾害发展情况，当危及到周边的单位和人员时，应及时指挥、组织疏散工作。

3）密切注视安全事故控制情况，组织召开事故现场会议，做好信息处理，同时协调做好稳定社会秩序和伤亡人员的善后及安抚工作。

4）根据《预案》实施过程中发生的变化，应及时对《预案》提出调整、修订和补充，确保应急救援预案不断得到规范和完善。

5）重大事故应急救援领导小组办公室设在项目安全部。

（2）组长的主要职责

1）全面负责生产安全事故应急救援指挥工作。根据事故情况，决定应急预案的启动，组织力量，全面指挥、开展应急救援。

2）负责发生重特大安全事故时及时向上级主管部门和地方安全生产监督管理部门报告。

3）根据事故灾害与发展情况，决定停止初始扑救，紧急撤离等措施。依据事态扩展状况，决定请求外部援助。

（3）副组长的主要职责

1）协助组长，具体负责应急响应救援行动。向应急小组组长提出控制事故扩大的应急救援对策和建议。

2）协调、组织和获取应急救援所需的资源，迅速有效地组织现场应急救援行动，努力降低事故损失，减少事故影响。

3）负责与项目外部应急人员、部门、组织和机构联络沟通，协调救援行动；采取有效措施保证事故影响区域的安全性，最大限度地保证现场人员、外援人员及相关人员的安全。

（4）各职能部门的主要职责

安全部：负责事故报告工作；负责向上级汇报和向有关单位通报事故情况；执行、传达应急救援命令，组织、实施应急救援行动；参与事故调查处理工作。

物资部：负责组织现场抢险救援，协调社会关系，必要时发出救援请求；负责组织应急物资、器材、设备的调配和项目应急物资、器材、设备的准备。

技术部：负责组织现场抢险、排险技术方案的拟定，提供技术支持；参与重特大事故技术性调查处理工作。

外协部：负责二次伤害的防范；负责心理引导及安抚慰问工作，负责善后及恢复工作；参与重特大事故调查处理工作。

财务部：负责组织应急资金的储备和落实工作。

工程部：负责组织现场伤员的抢救和医疗救治工作；负责事故现场的安全警戒与治安保卫工作。负责组织现场危险区域人员的疏散与安置和协调现场周围重要物资的转移；负责阻止未经批准的现场拍摄、采访。

综合部：负责应急人员培训的组织、协调工作。负责信息发布及接待工作；负责应急指挥车辆的准备和协调调度工作。

（五）预防与预警

1. 危险源监控

（1）安全部负责重大危险源信息的收集、调查、处理、统计、分析、总结和报告，建立生产安全事故监测、预警等资料信息。

（2）各部门应当依照国家有关法律、法规和企业有关规定，做好本部门事故预防工作，防止各类生产安全事故发生；对重大危险源进行重点监控，及时分析重点监控信息并跟踪整改情况，报公司安全保障部备案。

2. 预警行动

针对生产施工过程中可能发生的安全事故和突发紧急事件，结合实际情况，进行风险分析和安全评价工作，当发现存在重大安全隐患时，以隐患整改通知、通报等形式传递危险预警信息，并责令责任单位立即进行隐患整改，对整改落实情况进行复查，督促消除隐患，做到早发现、早报告、早处置，实现事前预防控制、降低损失的目的。

（六）信息报告程序

（1）事故发生后，事故现场有关人员应当立即向本项目负责人报告；项目负责人接到报告后，应立即采取相应措施，实施现场处置。如发生人员死亡、重伤或重大经济损失事故时，应立即向公司应急指挥中心报告，指挥中心或事故责任单位应于接到事故报告1小时内，向事故发生地县级以上人民政府安全生产监督管理部门和负有安全生产监督管理职责的有关部门报告。

事故报告应包括以下内容：

1）发生事故的单位名称及工程详细名称。

2）事故发生的时间、地点。

3）事故的简要经过、伤亡人数、直接经济损失的初步估计。

4）事故原因、性质的初步判断。

5）事故抢救处理的情况和采取的措施。

6）需要有关部门和单位协助事故抢救和处理的有关事宜。

7）事故的报告单位、签发人和时间。

（见附录二：事故快报表）

（2）事故发生后，事故单位必须严格保护事故现场。因抢救伤员、防止事故的扩大及疏通交通等原因需要移动现场物件时，必须做出标识、拍照、录像、详细记录和绘制事故现场图，并妥善保存现场重要痕迹、物证，封存内业资料，为事故调查提供原始资料。任何单位和个人不得隐瞒、谎报。

（3）当自有应急措施无法保证控制事态发展时，应寻求外部支援。

（4）为保证信息传递及时准确，应急小组须保持通信通畅。保卫实行24小时值班制度。

（七）应急响应

1. 响应分级

按安全事故灾难的可控性、严重程度和影响范围，应急响应级别原则上分为Ⅰ、Ⅱ、Ⅲ级。当达到本预案应急分级响应条件时，事故单位应按照应急响应程序，启动相应级别响应，开展应急行动，并根据事故等级及时上报。

（1）Ⅰ级应急响应

出现下列情况之一，应启动Ⅰ级应急响应：

1）造成3人及以上死亡（含失踪）、遇险事故。

2）造成10人及以上重伤（含中毒）事故。

3）特大火灾、爆炸事故。

4）直接经济损失1000万元以上的事故。

5）需要启动Ⅰ级应急响应的其他伤亡事故。

（2）Ⅱ级应急响应

出现下列情况之一，应启动Ⅱ级应急响应：

1）造成1～2人死亡（含失踪）、遇险事故。

2）造成3人以上、10人以下重伤（含中毒）事故。

3）重大火灾、爆炸事故。

4）直接经济损失100万元以上、1000万元以下的事故。

5）发生与安全生产有关的，被举报或被新闻媒体曝光，造成恶劣社会影响的事件。

6）需要启动Ⅱ级应急响应的其他伤亡事故。

（3）Ⅲ级应急响应

发生Ⅱ级应急响应条件以下的安全事故启动Ⅲ级应急响应。

2. 响应程序

（1）响应程序

应急响应程序一般为：接警通报、指挥控制、事态发展、有效控制、应急恢复、应急结束等几个程序。

（见附录三：应急响应流程图）

（2）应急响应行动

1）Ⅰ级响应行动

①发生Ⅰ级事故及险情应由事故单位立即上报公司；

②公司接到事故报告后，立即召开紧急会议，启动公司级应急预案，通知指挥中心有关成员，组成事故应急救援领导小组，就有关重大应急事项做出决策和部署，并将有关情况向局里汇报；

③事故应急救援领导小组赶赴现场参加、指导现场应急救援；

④根据事故的类别和特点，事故应急救援领导小组通报、寻求地方主管部门应急救援指挥中心对现场救援提供支持；

⑤根据地方政府主管部门、应急救援指挥中心和局里的建议，确定事故救援方案；

⑥事故应急救援领导小组根据确定的应急救援方案指挥应急队伍实施应急救援；

⑦当出现救援人员及现场人员有可能受到伤害的紧急情况时，事故应急救援领导小组宣布应急避险命令；当初始救援困难，事态有进一步扩大、蔓延等紧急情况出现时，应立即决定扩大应急程序，请求外部支援。

2）Ⅱ级响应行动

①Ⅱ级应急响应由各项目负责启动，项目接到事故报告后，立即召开紧急会议，启动公司级应急预案，通知本项目指挥中心有关成员，组成事故应急救援领导小组，就有关重大应急事项做出决策和部署，并将有关情况向公司汇报；

②事故应急救援领导小组前往事故地点，指挥现场应急救援工作，并根据事故具体情况通报地方政府主管部门应急指挥中心指导救援行动；

③根据地方政府主管部门和公司应急指挥中心的建议，确定事故救援方案；

④依据确定的事故救援方案，组织应急救援队伍迅速控制事故扩大、蔓延，展开医疗救护、后勤保障、善后处理、信息发布、治安保卫、事故调查等应急救援工作；

⑤当出现救援人员及现场人员有可能受到伤害的紧急情况时，宣布应急避险命令；当救援困难，事态有进一步扩大等紧急情况出现时，向公司申请实施Ⅰ级响应行动；

⑥随时向公司报告有关事故进展情况。

3）Ⅲ级响应行动

发生Ⅱ级以下应急响应的安全事故，由事故项目按其制订的应急预案启动，采取相应措施，消除社会影响。当救援困难，事态有进一步扩大等紧急情况出现时，启动Ⅱ级响应行动。

3. 处置措施

根据事故的具体情况，迅速采取有效措施，组织抢救；防止事故扩大，减少人员伤亡和财产损失；避免救护过程中的二次伤害；注意保护好事故现场；及时恢复正常秩序。

（1）起重机械事故防范措施

1）为防止塔吊、施工电梯、物料提升机等大型机械设备事故的发生，设备的安全防护装置必须做到齐全、有效，在安装、使用、维修、保养过程中，不得随意更改和拆卸。

2）起重机械设备使用应实行专人负责制及班前检查制。检查结构、运转机构、安全防护保险装置，电气设施是否完好，有效。确认完好后，方可进行作业。

（2）起重机械设备事故应急

起重机械设备事故类型：

1）塔机安拆时发生倾覆、施工电梯冒顶、龙门架落排。

2）作业中失稳发生坍塌、断臂。

①一旦起重机械设备发生坍塌、冒顶、落排事故，应立即封闭现场，划定警戒区域，派专人警戒，防止他人误入危险区域。出事地点的 20m 范围内要停止一切作业，疏散周边可能受到影响的人员，无关人员不得围观或远观；

②调用救援吊车、气焊机、切割机，迅速投入抢险。如有人员被轧、被压，要积极做好伤员的抢救工作。被压人员如短时间无法救出，应对被压者进行心理安慰，使其平静，便于合理有效地采取措施进行救援。对损毁的机械设备，应进行拆解、修复或更换；

③在采取有效救援措施的同时，应立即将伤员抬离危险区，进行现场救护，对伤者进行止血包扎、断肢固定，并尽最快方式与就近医院联系，在第一时间内得到抢救和治疗。如果受害人员有物体穿过身体，严禁将物体拔出，宜让物体暂留体内送医院处置，在运送伤员和转送伤员时应听从医务人员的指导。避免措施不当，加重伤害。

（3）坠落事故应急措施

1）塔吊、施工电梯、龙门架等垂直起重运输设备安拆作业过程中发生的坠落。

2）构件和设备吊装作业过程中发生的坠落。

①一旦发生机械设备事故导致人员从高处坠落，目击者应高声呼救，并及时通报给项目负责人或管理人员，接报后，相关人员应立即赶到现场，对事故情况迅速做出判断，及时通知医务人员赶到现场进行救治；根据高处坠落的不同情况采取相应的应急措施，积极做好伤员的抢救工作。如果现场救治困难，应急负责人应拨打 120 求救；

②依据坠落者的伤势情况，根据掉落地点抢救难度大小，应急救援负责人应召集在现场医务人员和项目技术支持组一起确定救援方案。制订可靠措施，安全迅速地将受害者转移至安全地带，避免发生其他伤害；

③现场抢救的重点应放在对休克、骨折和出血等几种情形上。应依据实际情况，选用合适的方法进行现场救治，呼吸困难、心跳衰弱或刚刚停止者，要立即进行现场人工急救。同时，迅速送就近医院进行抢救。

4. 应急过程中避免二次伤害的措施

（1）发生机械倾覆、坍塌或高处坠落的伤者可能有骨折类伤害，搬运时要轻、稳、快，避免震荡，并随时注意伤者的病情变化。不要把刺出的断骨送回伤口，以免感染和刺破血管和神经。有腹部创伤及背柱损伤者，应用卧位运送；胸部伤者一般取半卧位，颅脑损伤者一般取仰卧偏头或侧卧位，以免呕吐误吸。避免救治不当引起二次伤害。

（2）如高处坠落者掉落时身体穿有钢筋、钢管、木刺等异物时，不能随便拔出，避免体内大出血造成二次伤害。

（3）高处坠落者落在不易救援的地方时，要有可靠的防护措施之后才能接近救援，避免救援者或坠落者的二次坠落等事故。

（4）发生高处坠落处应立即封闭，禁止施工人员围观，避免人多拥挤造成无关人员的二次坠落或其他事故的发生。

（5）要特别防止坠落者的亲属和朋友在情绪失控的情况下对伤者的搬动、搂抱、晃动等动作或其他不正确的救援方法，避免不合理的动作造成对伤者的二次伤害。

（6）及时对高处坠落点派专人看护。参与事故调查的人员应由熟悉现场环境的专职安全员带路，前往现场调查取证，在取得充分证据且事故原因调查完毕后应及时对该位置和类似位置进行安全防护，防止再次发生高处坠落造成二次事故的发生。

5. 应急心理辅导

（1）在救援过程中，要对伤者的朋友和亲属进行心理抚慰，主要把事故发生后主要采取的救治措施和将要采取的措施向其做简单明了的交代，并征求其意见和要求，合理的意见给予采纳，合理的要求予以满足，避免伤者的朋友和亲属因情绪激动影响救治人员的正常工作。

（2）对坠落在危险位置，一时不能对其进行有效救援且神志清醒的高处坠落者，除了迅速采取有效的措施外，还要由救援负责人或医生对高坠者进行心理安慰，告诉其应急救援小组正在采取有效措施进行救援，劝其平静、不要乱动，也不要大喊大叫或大哭大闹，避免其不当的动作造成二次坠落或由于情绪激动消耗体力加重伤势。

（3）发生高处坠落后，人员往往受伤较重，特别是因伤致残的时候，受伤人员会觉得很悲观，应由伤者的朋友或亲属在旁边对其进行鼓励；同时项目领导或公司的领导要派专人对其安慰，并保证做好善后处理工作，使其恢复对生活的信心，从而配合医护人员的治疗，早日恢复健康。

（4）事故发生后，要注意伤者的朋友或亲属的情绪变化。如果受伤严重，伤者的朋友和亲属有可能对事故的肇事者产生怨恨心理，特别是对可能受伤后致残的人员要重点关注，这时要有专人对伤者亲友进行心理抚慰，要对其进行鼓励，使其树立信心；要安抚人们情绪不能过激，避免伤者亲友对肇事者进行围攻，从而发生二次伤害事故。

（八）应急物资与装备保障

根据建筑工程事故类别、特点以及应急救援工作的实际需要，应急救援物资在施工现场配备，并进行经常性维护、保养。要协调好社会资源，以保证应急状态时的调用和扩大应急之需。

1. 常用物资装备

（1）抢险工具：铁锹、撬棍、锤子、电工用具、气割工具等。

（2）抢险用具：安全带、安全绳、梯子、应急灯、对讲机等。

（3）医疗器械：消毒用品、急救物品（创可贴、绷带、无菌敷料）、各种小夹板、担架、止血带、氧气袋等。

2. 社会应急资源

救护车、挖掘机、装载机、运输车、汽车起重机、切割器具、发电设备等。

社会资源单位联系电话：项目确认应急资源联系电话。

（九）应急结束

当事故已得到控制，不再扩大发展，伤员已得到相应的救护，现场险情已排除，现场经检测没有危险，现场救援工作视为结束。此时可以由指挥中心发布指令，解除紧急状态，并通知相关单位或周边社区，事故危险已解除。

事发单位应配合政府有关部门进行现场取证、事故调查和事故原因分析，写出事故报告，拟定纠正预防措施并组织实施。

（十）应急恢复

应急结束后，经批准，事故责任单位应组织现场清理，尽快恢复生产，并做好善后处理工作。

（十一）检验与更新

应急预案检验的目的是检验应急预案的适宜性、有效性和充分性，以及响应过程的符合性和有效性。检验测试的方法有桌面推演、计算机模拟、功能性演练和现场实际演练。演练应做好记录。应急预案进行测试后，应根据测试结果对应急准备的充分性和应急响应的及时性、准确性和有效性进行评审，找出应急准备和响应过程中存在的不足和缺陷问题，对于在抢险过程中发现的不当之处予以补充、修复、更新，改进应急准备和响应过程，使之完善。

（十二）发布与实施

本《预案》作为《综合应急救援预案》的附件，自公布之日起实施。

四、坍塌事故专项应急预案

（一）总则

1. 编制目的

预防或减少潜在安全事故，有效避免各类事故给项目带来损失，使项目在面对重大突发事故危险时，对可能出现的自然灾害等重特大事故的紧急情况，能迅速反应、快速采取有效控制措施，妥善处理，正确救护，有效控制事态发展，防止事故扩大，努力减少人员伤亡、财产损失和环境破坏，将事故损失降到最低，尽快消除事故影响，确保各项工作能正常有序开展，针对土石方坍塌及高支模失稳、坍塌。

2. 适用范围

本预案适用于项目范围内深基坑施工、人工挖孔桩等土石方工程可能出现的坍塌事故或紧急情况的预防与应急处理。适用于高支模失稳与坍塌事故及可能突发的自然灾害等重特大事故的预防和紧急救援。

项目必须结合实际和工程特点，制订出切实可行的安全事故现场应急处置方案，并组织有关人员演练，熟悉、掌握预案要求和相关措施，并根据现场条件和环境的变化适时修改、补充和完善预案内容。

3. 编制依据

（1）《中华人民共和国安全生产法》

（2）《中华人民共和国建筑法》

（3）《中华人民共和国消防法》

（4）《中华人民共和国职业病防治法》

（5）《建设工程安全生产管理条例》

(6)《特种设备安全监察条例》(国务院令第373号)

(7)《生产安全事故报告和调查处理条例》

(8)《危险性较大工程安全专项施工方案编制及专家论证审查办法》(建质[2004]213号)

(9)《职业健康安全管理体系规范》(GB/T28001—2001)

(10) 国家、行业、地方有关安全生产的法规和强制性条文、标准

(11)《生产经营单位安全生产事故应急预案编制导则》(AQ/T9002—2006)

(二) 事故类型和危害程度分析

危险源辨识应全面考虑三种时态、三种状态和六种类型，经过对施工生产全过程可能发生的事故类型和危害程度分析，确认可能发生坍塌事故的作业活动和作业内容等因素。

依据风险评价结果，确认土石方和高支模施工重大风险因素如下：

1. 坍塌

(1) 土石方坍塌：包括深基坑坍塌、人工桩孔坍塌等造成人员掩埋，物体打击、触电、透水、窒息等伤害。

(2) 高支模坍塌：支护结构失稳致使高处坠落、人员掩埋、打击、触电等伤害。

2. 自然灾害

台风、地震、雷电等造成煤气管泄漏、供水管破坏、断电、结构坍塌、场地扬尘等严重影响。

实践证明，只要施工人员树立安全意识，加强安全教育，做好安全技术交底，执行正确的专项方案，完善各种安全技术措施，这些常见安全事故是完全可以预防的。

应急处置方案是应急预案体系的基础，应做到事故类型和危害程度清楚，应急管理责任明确，应对措施正确有效，应急资源准备充分，确保应急响应迅速、有效。

一旦发生坍塌事故，可能造成人员重伤，掩埋，甚至发生死亡事件。

(三) 应急处置基本原则

按照“安全第一，以人为本；预防为主，常备不懈；资源共享，应急迅速”的基本方针，实行先近后远、先重后轻、先抢救后治疗的基本原则。

(四) 组织机构及职责

1. 应急组织体系

项目部重大事故应急救援领导小组由项目经理任组长，项目副经理、项目总工、综合部经理、安全部主管任副组长，成员由项目综合部、工程部、物资部、安全部、外协部、财务部、技术部等部门成员组成，担负相应应急职责。

(见附录一：应急组织体系图)

2. 指挥机构及职责

项目部重大事故应急救援领导小组具体负责项目重大风险的监控和应急准备、响应、救援、恢复、演练工作。对现场发生的安全事故实施应急救援。

(1) 重大事故应急救援领导小组的主要职责

1) 根据事故发生状态，全面部署安全事故应急救援预案的快速有效实施；组织有关部门和人员，迅速开展抢险救灾，救治伤员。并对应急行动中发生的不协调采取紧急处理措施。防止事故的扩大和蔓延，最大限度地降低事故损失。

2) 根据事故灾害发展情况，危及到周边的单位和人员时，及时指挥、组织疏散工作。

3）密切注视安全事故控制情况，组织召开事故现场会议，做好信息处理，同时协调做好稳定社会秩序和伤亡人员的善后及安抚工作。

4）根据《预案》实施过程中发生的变化，应及时对《预案》提出调整、修订和补充，确保应急救援预案不断得到规范和完善。

5）重大事故应急救援领导小组办公室设在项目安全部。

（2）组长的主要职责

1）全面负责生产安全事故应急救援指挥工作。根据事故情况，决定应急预案的启动，组织力量，全面指挥、开展应急救援。

2）负责发生重特大安全事故时及时向上级主管部门和地方安全生产监督管理部门报告。

3）根据事故灾害与发展情况，决定停止初始扑救，紧急撤离等措施，依据事态扩展状况，决定请求外部援助。

（3）副组长的主要职责

1）协助组长，具体负责应急响应救援行动。向应急小组组长提出控制事故扩大的应急救援对策和建议。

2）协调、组织和获取应急救援所需的资源，迅速有效地组织现场应急救援行动，努力降低事故损失，减少事故影响。

3）负责与项目外部应急人员、部门、组织和机构联络沟通，协调救援行动；采取有效措施保证事故影响区域的安全性，最大限度地保证现场人员、外援人员及相关人员的安全。

（4）各职能部门的主要职责

安全部：负责事故报告工作；负责向上级汇报和向有关单位通报事故情况；执行、传达应急救援命令，组织、实施应急救援行动；参与事故调查处理工作。

物资部：负责组织现场抢险救援，协调社会关系，必要时发出救援请求；负责组织应急物资、器材、设备的调配和项目应急物资、器材、设备的准备。

技术部：负责组织现场抢险、排险技术方案的拟定，提供技术支持；参与重特大事故技术性调查处理工作。

外协部：负责二次伤害的防范；负责心理引导及安抚慰问工作，负责善后及恢复工作；参与重特大事故调查处理工作。

财务部：负责组织应急资金的储备和落实工作。

工程部：负责组织现场伤员的抢救和医疗救治工作；负责事故现场的安全警戒与治安保卫工作。负责组织现场危险区域人员的疏散与安置和协调现场周围重要物资的转移；负责阻止未经批准的现场拍摄、采访。

综合部：负责应急人员培训的组织、协调工作；负责信息发布及接待工作；负责应急指挥车辆的准备和协调调度工作。

（五）预防与预警

1. 危险源监控

（1）安全部负责重大危险源信息的收集、调查、处理、统计、分析、总结和报告，建立生产安全事故监测、预警等资料信息。

（2）各部门应当依照国家有关法律、法规和企业有关规定，做好本部门事故预防工作，防止各类生产安全事故发生；对重大危险源进行重点监控，及时分析重点监控信息并跟踪整改情况，报公司安全保障部备案。

2. 预警行动

针对生产施工过程中可能发生的安全事故和突发紧急事件，结合实际情况，进行风险分析和安全评价工作，当发现存在重大安全隐患时，以隐患整改通知、通报等形式传递危险预警信息，并责令责任单位立即进行隐患整改，对整改落实情况进行复查，督促消除隐患，做到早发现、早报告、早处置，实现事前预防控制、降低损失的目的。

（六）信息报告程序

（1）事故发生后，事故现场有关人员应当立即向本项目负责人报告；项目负责人接到报告后，应立即采取相应措施，实施现场处置。如发生人员死亡、重伤或重大经济损失事故时，应立即向公司应急指挥中心报告，指挥中心或事故责任单位应于接到事故报告 1 小时内，向事故发生地县级以上人民政府安全生产监督管理部门和负有安全生产监督管理职责的有关部门报告。

事故报告应包括以下内容：

1）发生事故的单位名称及工程详细名称。

2）事故发生的时间、地点。

3）事故的简要经过、伤亡人数、直接经济损失的初步估计。

4）事故原因、性质的初步判断。

5）事故抢救处理的情况和采取的措施。

6）需要有关部门和单位协助事故抢救和处理的有关事宜。

7）事故的报告单位、签发人和时间。

（见附录二：事故快报表）

（2）事故发生后，事故单位必须严格保护事故现场。因抢救伤员、防止事故的扩大及疏通交通等原因需要移动现场物件时，必须做出标识、拍照、录像、详细记录和绘制事故现场图，并妥善保存现场重要痕迹、物证，封存内业资料，为事故调查提供原始资料。任何单位和个人不得隐瞒、谎报。

（3）当自有应急措施无法保证控制事态发展时，应寻求外部支援。

（4）为保证信息传递及时准确，应急小组须保持通信通畅。保卫实行 24 小时值班制度。

（七）应急响应

1. 响应分级

按安全事故灾难的可控性、严重程度和影响范围，应急响应级别原则上分为Ⅰ、Ⅱ、Ⅲ级。当达到本预案应急分级响应条件时，事故单位应按照应急响应程序，启动相应级别响应，开展应急行动，并根据事故等级及时上报。

（1）Ⅰ级应急响应

出现下列情况之一，应启动Ⅰ级应急响应：

1）造成 3 人及以上死亡（含失踪）、遇险事故。

2）造成 10 人及以上重伤（含中毒）事故。

3）特大火灾、爆炸事故。

4）直接经济损失 1000 万元以上的事故。

5）需要启动Ⅰ级应急响应的其他伤亡事故。

（2）Ⅱ级应急响应

出现下列情况之一，应启动Ⅱ级应急响应：

1）造成 1～2 人死亡（含失踪）、遇险事故。

2）造成 3 人以上、10 人以下重伤（含中毒）事故。

3）重大火灾、爆炸事故。

4）直接经济损失 100 万元以上、1000 万元以下的事故。

5）发生与安全生产有关的，被举报或被新闻媒体曝光，造成恶劣社会影响的事件。

6）需要启动Ⅱ级应急响应的其他伤亡事故。

（3）Ⅲ级应急响应

发生Ⅱ级应急响应条件以下的安全事故启动Ⅲ级应急响应。

2. 响应程序

（1）响应程序

应急响应程序一般为：接警通报、指挥控制、事态发展、有效控制、应急恢复、应急结束等几个程序。

（见附录三：应急响应流程图）

（2）应急响应行动

1）Ⅰ级响应行动。

①发生Ⅰ级事故及险情应由事故单位立即上报公司；

②公司接到事故报告后，立即召开紧急会议，启动公司级应急预案，通知指挥中心有关成员，组成事故应急救援领导小组，就有关重大应急事项做出决策和部署，并将有关情况向局里汇报；

③事故应急救援领导小组赶赴现场参加、指导现场应急救援；

④根据事故的类别和特点，事故应急救援领导小组通报、寻求地方主管部门应急救援指挥中心对现场救援提供支持；

⑤根据地方政府主管部门、应急救援指挥中心和局里的建议，确定事故救援方案；

⑥事故应急救援领导小组根据确定的应急救援方案指挥应急队伍实施应急救援；

⑦当出现救援人员及现场人员有可能受到伤害的紧急情况时，事故应急救援领导小组宣布应急避险命令；当初始救援困难，事态有进一步扩大、蔓延等紧急情况出现时，应立即决定扩大应急程序，请求外部支援。

2）Ⅱ级响应行动

①Ⅱ级应急响应由各项目负责启动，项目接到事故报告后，立即召开紧急会议，启动公司级应急预案，通知本项目指挥中心有关成员，组成事故应急救援领导小组，就有关重大应急事项做出决策和部署，并将有关情况向公司汇报；

②事故应急救援领导小组前往事故地点，指挥现场应急救援工作，并根据事故具体情况通报地方政府主管部门应急指挥中心指导救援行动；

③根据地方政府主管部门和公司应急指挥中心的建议，确定事故救援方案；

④依据确定的事故救援方案，组织应急救援队伍迅速控制事故扩大、蔓延，展开医疗救护、后勤保障、善后处理、信息发布、治安保卫、事故调查等应急救援工作；

⑤当出现救援人员及现场人员有可能受到伤害的紧急情况时，宣布应急避险命令；当救援困难，事态有进一步扩大等紧急情况出现时，向公司申请实施Ⅰ级响应行动；

⑥随时向公司报告有关事故进展情况。

3）Ⅲ级响应行动

发生Ⅱ级以下应急响应的安全事故，由事故项目按其制订的应急预案启动，采取相应措施，消除社会影响。当救援困难，事态有进一步扩大等紧急情况出现时，启动Ⅱ级响应行动。

3. 处置措施

(1) 坍塌事故应急

当事人：当施工发生坍塌事故，导致塌方、流沙、透水或中毒及窒息等意外情况时，除了高声呼救外，应及时逃离，或及时扣上安全带由井上人员提出井外；当边坡失稳、坍塌或高支模坍塌时能及时逃到安全地带，同时高声呼救。

目击者：第一时间高声呼救，并在安全状态下进行救援，同时拨打或要求其他人员拨打应急电话，报告事故情况，寻求应急救援。

(2) 深基坑潜在事故应急

1) 边坡失稳、基坑支护位移应急措施

基坑开挖时，应按基坑变形观测的方案进行，当出现桩顶或坡顶的水平位移大于开挖深度的3%时，地面沉降速度达到5mm/d时，附近建筑物倾斜超过警戒值1%时，基坑底面隆起达到150mm以上时，锚杆杆体应力突然增大或松弛、锚杆拉力超过设计拉力时和突降大雨或暴雨基坑有可能失稳或坍塌时，应立即起动应急预案，采取如下应急措施：

①负责观测的技术员马上把结果报告给项目经理和项目技术负责人，立即停止正在基坑进行土方平整和在同一区域施工的其他作业，人员撤离出基坑；

②项目技术负责人组织在施工现场的专职安全员、施工员马上赶到现场，检查基坑外围的电讯和供水等管线；

③基坑四周用警戒线围起来，专门安排人员看护，无关人员不得进入；

④安排人员，采用1∶2的水泥砂浆对基坑顶面的所有裂缝封闭处理；

⑤处理过程中继续观测基坑的变形，每4小时观测一次，直到变形稳定为止；处理完毕，支护桩变形稳定后，经总监、支护设计负责人验收确认后方可恢复施工。

2) 基坑边坡坍塌应急措施

①根据支护结构的特性，当发生支护坍塌时，会有锚杆发生断裂、支护桩倾斜的过程。当事故发生时，事故发现人员应立即高声呼叫，基坑内施工人员往基坑中部集中，任何人不得抢道乱跑；

②人员集中后，不要乱跑乱动，要安静，不要喧哗；各个班组长负责集中自己所管班组的人员并清点人数，安抚自己班组人员的情绪，如有人员失踪，要询问知情人员，确定出失踪人员的大概位置；

③基坑内负责人临时从施工人员中抽出一部分人员对出事部位进行警戒，每20m安排一个人，在坍塌部位的10m以内范围不准人员进入；

④项目经理或授权的应急领导人赶到现场后，如确认有人被埋压，应马上召集各应急小组负责人开会，在最短时间内了解现场情况，宣布启动应急救援预案。

A. 技术部应急

基坑坍塌时有可能危及邻近住宅楼的安全，由技术负责人派员对民房进行察看，并派变形监测员进行变形观测。

由技术负责人派技术员在基坑支护设计人的指导下对基坑进行不间断的观测，主要是观测已经坍塌的部分的变形情况和发展情况，以便给项目应急救援小组领导提供科学的客观数据；如有问题，应马上向技术负责人报告，并执行既定措施：排打型钢支柱，灌注砂石或混凝土，紧急加固维护。

B. 综合部应急

由后勤保卫组长指派人员检查基坑周围的电讯、水管线路，如水管破裂，要在最短的时间内关闭水闸，恢复通信；指派项目的保安队长或其他保安人员负责对现场进行警戒，防止无关人员靠近或进入现场。

C. 工程应急

由项目抢险组组长派一个10人小组把基坑周边上的钢筋和模板移到基坑安全处靠大门的场地临时堆放，由塔吊配合运输；在对坍塌部位进行清理时，先用沙包把基坑与坍塌部分支护桩进行反压；沙包压好后，再进行清理；清理时，先清理露在外面的预制桩和锚杆，预制桩采用机械切割，塔吊吊运的办法；为了防止桩切断后摆动伤人，桩头上必须绑上绳子，至少由2人拉住绳子，掌握切断后的桩头的摆动方向，避免伤人；当接到有人被掩埋的电话时，应在最短的时间内赶到现场，待坍塌稳定后，由项目安全主管、施工员组织抢救队投入抢险救治，先移除压在上面的大宗物体，扒开覆在其身上的土石方等杂物，解救出被困人员，或送医院进行治疗。

（3）人工挖孔桩事故应急

人工挖孔桩事故的防范措施与应急原则：1）人工挖孔桩施工前应配备鼓风机、安全绳、吊笼、手摇辘轳、水泵、防毒面具和急救用品（氧气等），配备有毒有害气体检测器。提土工具应配备安全设施的防坠落千斤顶、防护笼。容器不能装得过满，孔口边不得堆放零杂物，不得向孔内投扔任何物料。孔内与孔上人员应轮换作业，必须设置专项监护工作人员，并随时与孔下人员保持通话联系，不得擅自撤离岗位，注意孔壁变化。

2）人工挖孔（含清孔、验孔）时，凡下孔作业人员必须戴安全帽、系安全带且必须从专用爬梯上下，严禁沿孔壁乘运土设施上下。

3）人工挖扩桩孔，孔内扩壁应满足强度要求，砼强度不低于3MPa，24h后方可拆模。

4）深度超过5m或遇黑土、深灰色土层时，必须进行强制性通风，发现异常应停止作业，撤离危险区，保障施工人员安全。

5）人工挖孔内出现意外情况时，由于其井内空间小、救援存在很大困难的特点，当事人如何进行正确、有效的自救以及井上现场人员如何第一时间展开有效的救援是非常关键的。

①井内人员中毒或窒息时的应急措施

A. 在项目经理或其他应急小组人员赶到现场以前，在现场的项目管理人员应按以下程序进行救援活动：

a. 搞好警戒，清理闲杂人员。

b. 马上用鼓风机向井内送入新鲜空气，送风管应足够长，以便能到达中毒或窒息者的位置，以便中毒或窒息者能及时吸到新鲜空气。

c. 召集、安排人员做好必要的准备，包括戴好防毒面具、系好安全带；预备好救援器材、用具等。

d. 通报应急小组组长，主要说明中毒或窒息者在几号孔，目前孔深是多少，井下人数，采取了何种应急措施以及是否需要外部支援。

e. 如紧急需要，应急负责人可直接拨打“120”等求救电话。

B. 应急负责人应在最短时间内了解现场情况，与相关人员商讨后马上采取进一步的救援措施，避免盲目施救。

a. 向井内送入足够的新鲜空气，确保救援人员不会发生中毒或窒息事故时，地面救援人员系好安全带，戴好防毒面具，由卷扬机快速送入井下进行救援。

b. 救援人员到达井下时，首先要观测中毒或窒息者情况，如果发现中毒或窒息者倒下后姿势影响其呼吸时，应首先调整中毒或窒息者姿势，让其顺畅的呼吸送风机送进来的新鲜空气。

c. 救援人员到达井下时，应及时与井上人员联系。如发现送风量不够，应通知井上人员加大送风量，以确保本人在实施救援时的安全。

d. 在确认不会产生二次伤害后，救援者把钢丝绳扣到中毒或窒息者的安全带上，由地面人员用卷扬机拉上地面；如中毒或窒息者没按规定系有安全带，则应先用救援麻绳绑住中毒或窒息者，再用手动辘轳或人工拉出地面。捆绑时应要牢靠、正确，避免捆绑不牢或不正确引起中毒或窒息者的二次伤害。

e. 中毒或窒息者救出地面后，由现场医生初步检查中毒或窒息者的身体状况，如神志清醒，则简单处理后送到室内休养；如处于昏迷状态，要迅速送入医院抢救；如出现呼吸停止状况，要及时进行人工呼吸，同时迅速送往医院抢救。

②井内人员遇到流沙或透水时的应急措施

A. 人工挖孔桩发生流沙或透水紧急情况时，工人自救很关键。在现场项目部最高负责人赶到以前，要尽量按以下步骤进行自救或互救：

a. 当事人除了大声告知井上人员发生紧急情况外，本人要镇定，千万不要惊慌失措，要迅速抓住埋在护壁中的爬梯或放在井壁上的安全绳往上爬出地面或往上爬几节，在确定安全后，等待地面人员救援。

b. 如流沙突然涌出埋住了身子，要迅速抓住井内护壁上的预埋爬梯、安全绳、或其他能抓住的牢固的东西。当双手来不及抓住固定东西或够不着固定物体时也可以用手中锄头等工具勾住护壁或抱住井下装土的桶等大件物体，千万不要胡乱挣扎，避免加快人体的下沉。

c. 当大直径桩井下有两人以上施工时，流沙涌出时要互相照应，但不能抱在一起，在本人抓住了牢固的物体后才能对另外一人施救；万一同伴被埋，要迅速把自己绑在安全绳上第一时间进行挖掘。

B. 工程施工过程中的流沙或透水部位可能会发生在井下十 m 左右的地方，井上人员可以很清楚地看到井下的情况，所以在井下人员进行自救的同时，井上监护人员一定要迅速按以下步骤进行救援：

a. 大声提醒井下人员不要慌张，指挥其抓住牢固的东西或把井边的安全绳抛到其手边让其抓住，并往上拉。

b. 井上要迅速派身强体壮且有救援经验的人，在系好安全带后快速由卷扬机送入井内进行救援。

c. 施救者进入井下后，要凭经验迅速判断流沙情况，在确保自己不被伤害的情况下迅速采取救援措施。

d. 大直径挖孔桩井内有多人被埋时，在安全的情况下要派出多个救援者进行救援，避免井下人手不够延误时间。

e. 井下人员救出地面后，由现场医生初步检查当事者的身体状况。神志清醒的，则简单处理后送到室内进行休养；如处于昏迷状态的，要迅速送入医院抢救；出现呼吸停止状况的，要及时进行人工呼吸，同时迅速送往医院急救。

③其他情况的应急措施

在进行人工挖孔桩作业时，容易发生地面物体掉下井，吊桶装载过满桶中土石滑入井中或吊桶钢丝绳断裂吊桶坠入井中等物体打击；容易出现施工人员上下井时失手或钢丝绳断裂，以及在井中绑扎钢筋时发生坠落事故。出现这些情况时应有以下应急措施：

a. 当发生井下人员被坠物击中或发生坠落等事故时，地面人员应高声呼救，及时了解或察看井下人员受伤害情况，并通知在现场的项目部负责人；应急小组组长在接到紧急情况报告后，立即赶到现场进行指挥，承担起应急救援职责。

b. 井上人员要与井下人员保持联系，如果伤者神志清醒，自己能够行动，则由地面人员放下卷扬机的钢丝绳或吊笼，由伤者自己扣住安全带或爬入吊笼中，由地面人员拉出地面。

c. 当井下人员自己不能行动或呼喊不应时，现场指挥人员应第一时间派有经验且身体强壮的人员系好安全带后迅速进入井下实施救援。

d. 伤者救出地面后，应由现场医生马上组织抢救伤者，如伤员发生休克，应先处理休克。遇呼吸、心跳停止者，应立即进行人工呼吸，胸外心脏按压。处于休克状态的伤员要让其安静、保暖、平卧、少动，并将下肢抬高约20°左右，尽快送医院抢救治疗。出现颅脑损伤，必须维持呼吸道通畅。昏迷者应平卧，头部转向一侧，以防舌根下坠或分泌物、呕吐物吸入，发生喉阻塞。有骨折者，应初步固定后再搬运。遇有凹陷骨折、严重的颅底骨折及严重的脑损伤症状出现时，创伤处应用消毒的纱布或清洁布等覆盖，用绷带或布条包扎后，及时送就近有条件的医院治疗。

（4）高支模意外事故应急

1）高支模失稳的应急措施

为高支模浇灌混凝土时，应有专门的管理人员对架体进行观测，观测的内容有架体的变形和板面混凝土的沉降。当观测数据超过警戒值或目测架体变形有可能导致失稳破坏时，应采取如下应急措施：

①立即停止混凝土的浇灌，并把浇灌混凝土的施工人员从操作面疏散到安全地带部位或从安全通道疏散到地面上；

②立即把在架体内值班的人员或架体坍塌有可能影响到的范围内的所有人员疏散到安全地带，并划出危险区域，拉起警戒线，由保安负责，不准人员靠近；

③现场值班的项目最高级别负责人马上报告给应急小组组长及相关负责人，主要说明有可能失稳的部位、目前混凝土浇灌量、已经采取的应急措施；

④应急领导人赶到现场后，应快速了解现场的实际情况，检查人员是否全部疏散到了安全地带，检查已经采取的应急措施是否合理和有效；

⑤一般来说，高支模变形过大有可能导致失稳。采取以上措施使变形不会进一步扩大。在混凝土初凝后，随着时间的推移，架体会越来越安全。经过对现场察看，判断架体不会坍塌后，则可以对架体进行加固，然后对已浇混凝土进行处理。

2）高支模坍塌的应急措施

①发生坍塌事故时，事故发现人员应高声呼救，现场混凝土浇灌值班最高级别管理人员应立即按以下程序进行应急处理：

a. 立即停止混凝土的浇灌，并把施工人员从操作面上有组织的疏散到安全部位或从安全通道疏散到地面上；

b. 立即把架体再次坍塌有可能影响到的范围内的地面人员疏散到安全地带，并划出危险区域，拉起警戒线，由保安负责不准人员靠近；

c. 在安全区域立即组织抢救从操作面上掉下来的施工人员；

d. 立即指挥通讯组人员通知应急小组组长，主要说明坍塌部位、坍塌面积、有无伤亡、目前采取的应急措施，以及是否需要派救护车、消防车或警力支援到现场实施抢救；

e. 立即通知现场医生赶到出事地点，如需要可直接拨打“120”等求救电话。

f. 清点现场人数，确定被埋、压人员的数量和位置。

②应急小组组长在接到紧急情况报告后，如能在最短时间内赶往现场，则应向报告者下达下一步的应急指示，并当即赶到现场指挥；否则应授权给现场最高负责人或能及时赶往现场的项目最高负责人承担起应急救援职责。

③应急领导人赶到现场后，应快速了解现场的实际情况，检查人员是否全部疏散到了安全地带，检查已经采取的应急措施是否合理和有效；并召开紧急会议，确定下一步的救援措施，根据现场的实际情况确定是否向上一级主管部门报告。

④技术支持组根据事故情况尽快确定抢险技术措施，抢险组及时将参加抢险人员召集到事故现场，后勤保障组立即组织将救援物资设备调往事故现场。技术支持组将抢险技术措施准确无误地向抢险人员进行交底，抢险组根据抢险技术措施组织人员进入事故现场进行抢救。

⑤如果存在继续坍塌的可能，由组长决定是否撤离救援现场，如果坍塌有不断发生扩大的情况，组长应立即通知所有救援人员终止救援，迅速撤离到安全区域。

⑥在确定坍塌没有继续扩大的可能后，根据确定的被埋人员的位置和被埋的方式立即投入救援：

a. 首先自上而下清理被埋压者上方松散的模板、木枋、混凝土及其他有可能掉下伤人的小型物体；

b. 然后把被压或被埋人员扒出。

⑦人员救出后，由现场医生对伤者进行处理，对轻伤人员采取可行的应急抢救，如现场包扎止血等措施，防止受伤人员因流血过多造成死亡事故的发生；重伤人员由医疗救护组送外抢救。

⑧高支模坍塌事故所造成的伤害主要是机械性窒息引起的呼吸功能衰竭和颅脑损伤所致的中枢神经系统功能衰竭，因此紧急工作组成员必须熟练掌握止血包扎、骨折固定、伤员搬运及心肺复苏等急救知识与技术等。

⑨其他组员采取有效措施，防止事故发展扩大，控制事故影响。

⑩警戒保卫组应在事故现场周围建立警戒区域，实施交通管制，维护现场治安秩序。

4. 应急过程中避免二次伤害的措施

(1) 发生土石方坍塌的初始阶段，是无法判定其坍塌的范围和程度的。所以在坍塌没有稳定前，不得从通道或其他地方疏散人员，要等坍塌事故基本稳定不再扩展时才可组织施救和人员疏散，避免在施救和疏散过程中造成对人员的二次伤害事故。

(2) 井下发生中毒或窒息事故时，首先应往井下送风，戴防毒面具下井，尤其严防硫化氢逸散，防止救援人员下井后窒息引起二次事故的发生；井中发生流沙或透水事故时，井上救援人员不能贸然下井施救，必须有可靠的措施才能下井，避免二次伤害。

(3) 坍塌事故发生后，现场保卫组必须要做好警戒工作，凡是坍塌所影响的范围均要有专人看护，除了经允许的救援人员能进出外，所有非经允许的闲杂人员均不得靠近或进入。

(4) 组织救援时，要采取以人为本的方针，要不惜一切代价先救人；要注意动作幅度不能太大，避免伤及受害者的身体；在救援被重物压住的人员时，应采取一次成功的办法，避免在搬运过程中重物断裂、或绑捆不牢滑落等情形造成二次伤害的发生；受伤人员身体内如穿有钢筋等异物，救援人员不能擅自拔出，要在医生指导下处理，避免擅自处理引起大出血等导致二次伤害的发生。

（5）在割除变形的钢筋或钢管时，要注意有些弯曲变形的钢筋或钢管在割开时会反弹，人员不能站在反弹的方向进行切割，避免钢筋或钢管断开时突然的反弹力伤人，引起二次伤害。

（6）要对抢救出来的受伤人员进行及时的救治，并且要根据不同的受伤情况采用正确的方法进行救护，避免由于方法不正确或拖延时间造成受伤人员的二次伤害。

5. 应急心理辅导

（1）在基坑坍塌时，基坑内的管理人员要不停地高声喊话，快速往基坑中间集中人员，避免施工人员在慌乱中乱窜乱跑，劝其集中后能平静地等待救援。

（2）在基坑坍塌稳定后，对基坑内人员往外疏散时，管理人员要先对被疏散人员进行心理上的安慰，向被困者说明救援工作马上开始，要求其安静下来等待救援，避免其在慌乱中大喊大叫或用力挣扎，造成体力的消耗或加重自己的伤势。

（3）当井下人员被困，而井上人员又不能及时到达井底进行救援时，井上人员要对井下被困人员进行安慰，劝其不要慌张，告诉其救援人员马上下来，并根据井下情况由井上有经验的人员指导其做力所能及的自救；由管理人员对被压人员的亲友进行心理引导，告诉其在可能有二次坍塌前不能马上救援的理由，既要说服其本人不能冒险救援，还要说服其配合救援工作。

（4）如果被埋、压人员短时间内无法救出，对被埋、压者进行心理安慰，使其心情平静，便于救援者采取合理和有效的措施进行救援。

（5）对在事故中造成身体致残人员做好心理抚慰工作，使其树立生活的信心和勇气，以良好的心态接受医生的治疗。

（6）对有亲友在项目伤亡的人员，要调动其工作，由公司安排在其他项目工作或劝其休息一段时间，避免其在同一项目上工作有心理阴影，从而情绪低落引发意外事故。

（八）应急物资与装备保障

应急物资的准备是应急救援工作的重要保障，各单位应根据潜在事故性质和后果分析，配备应急救援中所需的物资器材、救援机械和设备、交通工具、医疗设备和药品、生活保障物资等。根据建筑工程事故类别、特点以及应急救援工作的实际需要，应急救援物资在施工现场配备，并应进行经常性维护、保养。要协调好社会资源，以保证应急状态时的调用和扩大应急之需。

1. 常用物资装备，如下表 9-1 所示

表 9-1　应急常用物资装备

名称	规格型号	数量	名称	规格型号	数量
安全帽		200 顶	安全带		50 付
电焊机		3 台	卷扬机	5T	1 台
电动葫芦	10T	1 台	气割工具		2 套
手动葫芦	5T	5 台	小型切割机		2 套
污水泵		3 台	清水泵	20m	10 台

续表

名称	规格型号	数量	名称	规格型号	数量
高压水泵	100m	2 台	灭火器	泡沫	50 个
电工工具		5 套	灭火器	干粉	50 个
应急灯		10 台	对讲机		30 部
担架		3 付	止血袋		10 个
氧气袋		5 个	防毒面具		10 付
麻袋		200 个	手电筒		20 个
麻绳（Φ20）	25m	若干	消毒药品		若干

2. 社会应急资源

挖掘机、装载机、起重机、切割器具、顶升机具、发电机设备等。

社会资源单位联系电话：项目确认应急资源联系电话。

（九）应急结束

当事故已得到控制，不再扩大发展，伤员已得到相应的救护，现场险情已排除，现场经检测没有危险，现场救援工作视为结束。此时可以由指挥中心发布指令，解除紧急状态，并通知相关单位或周边社区，事故危险已解除。

事发单位应配合政府有关部门进行现场取证、事故调查和事故原因分析，写出事故报告，拟定纠正预防措施并组织实施。

（十）应急恢复

应急结束后，经批准，事故责任单位应组织现场清理，尽快恢复生产，并做好善后处理工作。

（十一）检验与更新

应急预案检验的目的是检验应急预案的适宜性、有效性和充分性，以及响应过程的符合性和有效性。检验测试的方法有桌面推演、计算机模拟、功能性演练和现场实际演练。演练应做好记录。应急预案测试后，应根据测试结果对应急准备的充分性和应急响应的及时性、准确性和有效性评审，找出应急准备和响应过程中存在的不足，对于在抢险过程中发现的不当之处应对应急预案予以补充、修复、更新，改进应急准备和响应过程，使之完善。

（十二）发布与实施

本《预案》作为《综合应急救援预案》的附件，自公布之日起实施。

五、触电事故专项应急预案

（一）总则

1. 编制目的

为了应对项目施工现场发生的触电、漏电等意外伤害事故以及并发的其他安全事故，迅速做出安全应急反应，及时、高效、有序地组织开展事故发生后的抢险救灾处置工作，最大限度地控制局面，消除影响，减少人员伤亡，降低事故损失。

2. 适用范围

本预案适用于项目施工现场触电事故发生时采取的应急准备与响应的指导性措施。

3. 编制依据

（1）《中华人民共和国安全生产法》

（2）《中华人民共和国建筑法》

（3）《建设工程安全生产管理条例》

（4）《生产安全事故报告和调查处理条例》

（5）《建筑施工安全检查标准》（JGJ59—05）

（6）《施工现场临时用电安全技术规范》（JGJ46—2005）

（7）《职业健康安全管理体系规范》（GB/T28001—2001）

（8）国家、行业、地方有关安全生产的法规和强制性条文、标准

（9）《生产经营单位安全生产事故应急预案编制导则》（AQ/T9002—2006）

（二）事故类型和危害程度分析

危险源辨识应全面考虑三种时态、三种状态和六种类型，经过对施工生产全过程可能发生的事故类型和危害程度分析，确认可能发生触电事故的作业活动和作业内容等因素。

一旦发生触电事故，可能造成人员烧伤，甚至发生死亡事件。

（三）应急处置基本原则

按照“安全第一，以人为本；预防为主，常备不懈；资源共享，应急迅速”的基本方针，实行先近后远、先重后轻、先抢救后治疗基本原则。

（四）组织机构及职责

1. 应急组织体系

项目部重大事故应急救援领导小组由项目经理任组长，项目副经理、项目总工、综合部经理、安全部主管任副组长，成员由项目综合部、工程部、物资部、安全部、外协部、财务部、技术部等部门成员组成，担负相应应急职责。

（见附录一：应急组织体系图）

2. 指挥机构及职责

项目部重大事故应急救援领导小组具体负责项目重大风险的监控和应急准备、响应、救援、恢复、演练工作。对现场发生的安全事故实施应急救援。

（1）重大事故应急救援领导小组的主要职责

1）根据事故发生状态，全面部署安全事故应急救援预案的快速有效实施；组织有关部门和人员，迅速开展抢险救灾，救治伤员。并对应急行动中发生的不协调采取紧急处理措施。防止事故的扩大和蔓延，最大限度地降低事故损失。

2）根据事故灾害发展情况，当危及到周边的单位和人员时，应及时指挥、组织疏散工作。

3）密切注视安全事故控制情况，组织召开事故现场会议，做好信息处理，同时协调做好稳定社会秩序和伤亡人员的善后及安抚工作。

4）根据《预案》实施过程中发生的变化，应及时对《预案》提出调整、修订和补充，确保应急救援预案不断得到规范和完善。

5）重大事故应急救援领导小组办公室设在项目安全部。

（2）组长的主要职责

1）全面负责生产安全事故应急救援指挥工作。根据事故情况，决定应急预案的启动，组织力量，全面指挥、开展应急救援。

2）负责发生重特大安全事故时及时向上级主管部门和地方安全生产监督管理部门报告。

3. 根据事故灾害与发展情况，决定停止初始扑救，紧急撤离等措施。依据事态扩展状况，决定请求外部援助。

（3）副组长的主要职责

1）协助组长，具体负责应急响应救援行动。向应急小组组长提出控制事故扩大的应急救援对策和建议。

2）协调、组织和获取应急救援所需的资源，迅速有效的组织现场应急救援行动，努力降低事故损失，减少事故影响。

3）负责与项目外部应急人员、部门、组织和机构联络沟通，协调救援行动；采取有效措施保证事故影响区域的安全性，最大限度地保证现场人员、外援人员及相关人员的安全。

（4）各职能部门的主要职责

安全部：负责事故报告工作；负责向上级汇报和向有关单位通报事故情况；执行、传达应急救援命令，组织、实施应急救援行动；参与事故调查处理工作。

物资部：负责组织现场抢险救援，协调社会关系，必要时发出救援请求；负责组织应急物资、器材、设备的调配和项目应急物资、器材、设备的准备。

技术部：负责组织现场抢险、排险技术方案的拟定，提供技术支持；参与重特大事故技术性调查处理工作。

外协部：负责二次伤害的防范；负责心理引导及安抚慰问工作，负责善后及恢复工作；参与重特大事故调查处理工作。

财务部：负责组织应急资金的储备和落实工作。

工程部：负责组织现场伤员的抢救和医疗救治工作；负责事故现场的安全警戒与治安保卫工作。负责组织现场危险区域人员的疏散与安置和协调现场周围重要物资的转移；负责阻止未经批准的现场拍摄、采访。

综合部：负责应急人员培训的组织、协调工作。负责信息发布及接待工作；负责应急指挥车辆的准备和协调调度工作。

（五）预防与预警

1. 危险源监控

（1）安全部负责重大危险源信息的收集、调查、处理、统计、分析、总结和报告，建立生产安全事故监测、预警等资料信息。

（2）各部门应当依照国家有关法律、法规和企业有关规定，做好本部门事故预防工作，防止各类生产安全事故发生；对重大危险源重点监控，及时分析重点监控信息并跟踪整改情况，报公司安全保障部备案。

2. 预警行动

针对生产施工过程中可能发生的安全事故和突发紧急事件，结合实际情况，进行风险分析和安全评价工作，当发现存在重大安全隐患时，以隐患整改通知、通报等形式传递危险预警信息，并责令责任单位立即进行隐患整改，对整改落实情况进行复查，督促消除隐患，做到早发现、早报告、早处置，实现事前预防控制、降低损失的目的。

（六）信息报告程序

（1）事故发生后，事故现场有关人员应当立即向本项目负责人报告；项目负责人接到报告后，应立即采取相应措施，实施现场处置。如发生人员死亡、重伤或重大经济损失事故时，应立即向公司应急指挥中心报告，指挥中心或事故责任单位应于接到事故报告1小时内，向事故发生地县级以上人民政府安全生产监督管理部门和负有安全生产监督管理职责的有关部门报告。

事故报告应包括以下内容：

1）发生事故的单位名称及工程详细名称。

2）事故发生的时间、地点。

3）事故的简要经过、伤亡人数、直接经济损失的初步估计。

4）事故原因、性质的初步判断。

5）事故抢救处理的情况和采取的措施。

6）需要有关部门和单位协助事故抢救和处理的有关事宜。

7）事故的报告单位、签发人和时间。

（见附录二：事故快报表）

（2）事故发生后，事故单位必须严格保护事故现场。因抢救伤员、防止事故的扩大及疏通交通等原因需要移动现场物件时，必须做出标识、拍照、录像、详细记录和绘制事故现场图，并妥善保存现场重要痕迹、物证，封存内业资料，为事故调查提供原始资料。任何单位和个人不得隐瞒、谎报。

（3）当自有应急措施无法保证控制事态发展时，应寻求外部支援。

（4）为保证信息传递及时准确，应急小组须保持通信通畅。保卫实行24小时值班制度。

（七）应急响应

1. 响应分级

按安全事故灾难的可控性、严重程度和影响范围，应急响应级别原则上分为Ⅰ、Ⅱ、Ⅲ级。当达到本预案应急分级响应条件时，事故单位应按照应急响应程序，启动相应级别响应，开展应急行动，并根据事故等级及时上报。

（1）Ⅰ级应急响应

出现下列情况之一，应启动Ⅰ级应急响应：

1）造成3人及以上死亡（含失踪）、遇险事故。

2）造成10人及以上重伤（含中毒）事故。

3）特大火灾、爆炸事故。

4）直接经济损失1000万元以上的事故。

5）需要启动Ⅰ级应急响应的其他伤亡事故。

（2）Ⅱ级应急响应

出现下列情况之一，应启动Ⅱ级应急响应：

1）造成1～2人死亡（含失踪）、遇险事故。

2）造成3人以上、10人以下重伤（含中毒）事故。

3）重大火灾、爆炸事故。

4）直接经济损失100万元以上、1000万元以下的事故。

5）发生与安全生产有关的，被举报或被新闻媒体曝光，造成恶劣社会影响的事件。

6）需要启动Ⅱ级应急响应的其他伤亡事故。

（3）Ⅲ级应急响应

发生Ⅱ级应急响应条件以下的安全事故启动Ⅲ级应急响应。

2. 响应程序

（1）响应程序

应急响应程序一般为：接警通报、指挥控制、事态发展、有效控制、应急恢复、应急结束等几个程序。

（见附录三：应急响应流程图）

（2）应急响应行动

1）Ⅰ级响应行动

①发生Ⅰ级事故及险情应由事故单位立即上报公司；

②公司接到事故报告后，立即召开紧急会议，启动公司级应急预案，通知指挥中心有关成员，组成事故应急救援领导小组，就有关重大应急事项做出决策和部署，并将有关情况向局里汇报；

③事故应急救援领导小组赶赴现场参加、指导现场应急救援；

④根据事故的类别和特点，事故应急救援领导小组通报、寻求地方主管部门应急救援指挥中心对现场救援提供支持；

⑤根据地方政府主管部门、应急救援指挥中心和局里的建议，确定事故救援方案；

⑥事故应急救援领导小组根据确定的应急救援方案指挥应急队伍实施应急救援；

⑦当出现救援人员及现场人员有可能受到伤害的紧急情况时，事故应急救援领导小组宣布应急避险命令；当初始救援困难，事态有进一步扩大、蔓延等紧急情况出现时，应立即决定扩大应急程序，请求外部支援。

2）Ⅱ级响应行动

①Ⅱ级应急响应由各项目负责启动，项目接到事故报告后，立即召开紧急会议，启动公司级应急预案，通知本项目指挥中心有关成员，组成事故应急救援领导小组，就有关重大应急事项做出决策和部署，并将有关情况向公司汇报；

②事故应急救援领导小组前往事故地点，指挥现场应急救援工作，并根据事故具体情况通报地方政府主管部门应急指挥中心指导救援行动；

③根据地方政府主管部门和公司应急指挥中心的建议，确定事故救援方案；

④依据确定的事故救援方案，组织应急救援队伍迅速控制事故扩大、蔓延，展开医疗救护、后勤保障、善后处理、信息发布、治安保卫、事故调查等应急救援工作；

⑤当出现救援人员及现场人员有可能受到伤害的紧急情况时，宣布应急避险命令；当救援困难，事态有进一步扩大等紧急情况出现时，向公司申请实施Ⅰ级响应行动；⑥随时向公司报告有关事故进展情况。

3）Ⅲ级响应行动

发生Ⅱ级以下应急响应的安全事故，由事故项目按其制订的应急预案启动，采取相应措施，消除社会影响。当救援困难，事态有进一步扩大等紧急情况出现时，启动Ⅱ级响应行动。

3. 处置措施

在工作场所发现有人触电时，要沉着冷静，首先要马上就近切断电源，使触电人摆脱电击伤害后，迅速急救。

（1）切断电源的方法

1）就近迅速关掉电源开关，或拔下插销。

2）如果触电地点附近没有电源开关或电源插销，可用有绝缘柄的电工钳或有干燥木柄的斧子、锤子切断电线，断开电源。断线时应将触电回路的导线单根迅速切断，不可将几根导线同时断开，以免引起相间短路，使救护人受到伤害。

3）当电线搭落在触电人身上或被压在身下时，救护人不得用手直接牵拉电线或用金属棒撬动触电人，可用干燥的衣服、手套、绳索、木板、木棒等绝缘物品作为救护工具，拉开触电者或挑开电线，使触电人脱离电源。

4）如触电者接触的是高压电源，要立即通知有关部门停电；或戴绝缘手套，穿绝缘靴，用相应电压等级的绝缘工具按顺序拉开电源开关；或向电源侧抛掷裸金属导体，使线路短路接地，迫使保护装置动作，断开电源。

（2）触电事故现场应急措施

1）触电者神志清醒，心跳、呼吸都正常时，要使触电者就地仰面平躺，在通风处静卧、休息，并严密观察其变化。

2）触电者神志昏迷，心跳、呼吸都停止时，应使触电者就地仰面平躺，且确保气道畅通。禁止摇动伤员头部呼叫伤员，应用5秒时间，呼叫伤员或轻拍其肩部，以判断伤员是否意识丧失，并立即按心肺复苏法中支持生命的三项基本措施进行抢救：交替采取通畅气道、人工呼吸和胸外心脏挤压法进行急救。

3）触电后又摔伤的人员，应就地仰面平躺，保持脊柱伸直状态，不得弯曲；如需搬运，应用硬模板保持伤员仰面平躺，使其身体处于平直状态。根据触电者情况，在现场急救的同时，通知医务人员到现场参与抢救或在抢救同时将触电者送往医院治疗。

4. 应急过程中避免二次伤害的措施

（1）迅速及时处置危险源，防止抢救现场因混乱而造成抢救人员的二次伤害。

（2）在尚未切断电源的情况下，切忌徒手拉扯触电者身体，以防电击。

5. 应急心理辅导

（1）在抢救人员时，尽量用语言安慰受伤人员，保持其情绪稳定。

（2）尽早通知家属，与其一同在治疗期间做好受伤人员的心理工作，使其积极接受治疗，早日恢复健康。

（八）应急物资与装备保障

根据建筑工程事故类别、特点以及应急救援工作的实际需要，应急常用救援物资装备在施工现场配备，并进行经常性维护、保养。要协调好社会资源，以保证应急状态时的调用和扩大应急之需。

1. 常用物资装备

（1）抢险工具：铁锹、撬棍、气割工具、电工用具、锤子、绝缘拉杆、绝缘防护用品等。

（2）抢险用具：安全带、安全绳、梯子、应急灯、对讲机等。

（3）消防器具：各类灭火器、消防水源、水管、消防袋等。

（4）医疗器械：消毒用品、急救物品（创可贴、绷带、无菌敷料）、各种小夹板、担架、止血带、氧气袋等。

2. 社会应急资源

救护车、挖掘机、装载机、运输车、汽车起重机、发电设备等。

社会资源单位联系电话：项目确认应急资源联系电话。

（九）应急结束

当事故已得到控制，不再扩大发展，伤员已得到相应的救护，现场险情已排除，现场经检测没有危险，现场救援工作视为结束，此时可以由指挥中心发布指令，解除紧急状态，并通知相关单位或周边社区，事故危险已解除。

事发单位应配合政府有关部门进行现场取证、事故调查和事故原因分析，写出事故报告，拟定纠正预防措施并组织实施。

（十）应急恢复

应急结束后，经批准，事故责任单位应组织现场清理，尽快恢复生产，并做好善后处理工作。

（十一）检验与更新

应急预案检验的目的是检验应急预案的适宜性、有效性和充分性，以及响应过程的符合性和有效性。检验测试的方法有桌面推演、计算机模拟、功能性演练和现场实际演练。演练应做好记录。应急预案测试后，应根据测试结果对应急准备的充分性和应急响应的及时性、准确性和有效性评审，找出应急准备和响应过程中存在的不足，对于在抢险过程中发现的不当之处应对应急预案予以补充、修复、更新，改进应急准备和响应过程，使之完善。

（十二）发布与实施

本《预案》作为《综合应急救援预案》的附件，自公布之日起实施。

六、火灾事故专项应急预案

（一）总则

1. 编制目的

预防和减少火灾事故的发生，减少事故发生的可能性和危害程度，并对可能出现的火灾事故及紧急情况进行预防和控制，及时、高效、有序地组织开展事故发生后的抢险救灾处置工作，最大限度地减少人员伤亡和财产损失及对环境的影响，及时恢复正常的工作、生产秩序，降低事故损失。

2. 适用范围

本预案适用于项目施工现场火灾预防和应急。

3. 编制依据

(1)《中华人民共和国安全生产法》

(2)《中华人民共和国消防法》

(3)《中华人民共和国建筑法》

(4)《生产安全事故报告和调查处理条例》

(5)《建设工程安全生产管理条例》

(6)《建筑施工安全检查标准》(JGJ59—05)

(7)《危险化学品名录》

(8)《职业健康安全管理体系规范》(GB/T28001—2001)

(9) 国家、行业、地方有关安全生产的法规和强制性条文、标准

(10)《生产经营单位安全生产事故应急预案编制导则》(AQ/T9002—2006)

（二）事故类型和危害程度分析

危险源辨识应全面考虑三种时态、三种状态和六种类型，经过对施工生产全过程可能发生的事故类型和危害程度分析，确认可能发生火灾事故的作业活动和作业内容等因素。

火灾事故可造成人员重伤，引发窒息、死亡事件，甚至造成对环境的不良影响。

（三）应急处置基本原则

按照“安全第一，以人为本；预防为主，常备不懈；资源共享，应急迅速”的基本方针，实行先近后远、先重后轻、先抢救后治疗基本原则。

（四）组织机构及职责

1. 应急组织体系

项目部重大事故应急救援领导小组由项目经理任组长，项目副经理、项目总工、综合部经理、安全部主管任副组长，成员由项目综合部、工程部、物资部、安全部、外协部、财务部、技术部等部门成员组成，担负相应应急职责。

（见附录一：应急组织体系图）

2. 指挥机构及职责

项目部重大事故应急救援领导小组具体负责项目重大风险的监控、应急准备、响应、救援、恢复和演练工作。对现场发生的安全事故实施应急救援。

（1）重大事故应急救援领导小组的主要职责

1）根据事故发生状态，全面部署安全事故应急救援预案的快速有效实施；组织有关部门和人员，迅速开展抢险救灾，救治伤员。并对应急行动中发生的不协调采取紧急处理措施。防止事故的扩大和蔓延，最大限度地降低事故损失。

2）根据事故灾害发展情况，当危及到周边的单位和人员时，应及时指挥、组织疏散工作。

3）密切注视安全事故控制情况，组织召开事故现场会议，做好信息处理，同时协调做好稳定社会秩序和伤亡人员的善后及安抚工作。

4）根据《预案》实施过程中发生的变化，应及时对《预案》提出调整、修订和补充，确保应急救援预案不断得到规范和完善。

5）重大事故应急救援领导小组办公室设在项目安全部。

（2）组长的主要职责

1）全面负责生产安全事故应急救援指挥工作。根据事故情况，决定应急预案的启动，组织力量，全面指挥、开展应急救援。

2）负责发生重特大安全事故时及时向上级主管部门和地方安全生产监督管理部门报告。

3）根据事故灾害与发展情况，决定停止初始扑救，紧急撤离等措施，依据事态扩展状况，决定请求外部援助。

（3）副组长的主要职责

1）协助组长，具体负责应急响应救援行动。向应急小组组长提出控制事故扩大的应急救援对策和建议。

2）协调、组织和获取应急救援所需的资源，迅速有效地组织现场应急救援行动，努力降低事故损失，减少事故影响。

3）负责与项目外部应急人员、部门、组织和机构联络沟通，协调救援行动；采取有效措施保证事故影响区域的安全性，最大限度地保证现场人员、外援人员及相关人员的安全。

（4）各职能部门的主要职责

安全部：负责事故报告工作；负责向上级汇报和向有关单位通报事故情况；执行、传达应急救援命令，组织、实施应急救援行动；参与事故调查处理工作。

物资部：负责组织现场抢险救援，协调社会关系，必要时发出救援请求；负责组织应急物资、器材、设备的调配和项目应急物资、器材、设备的准备。

技术部：负责组织现场抢险、排险技术方案的拟定，提供技术支持；参与重特大事故技术性调查处理工作。

外协部：负责二次伤害的防范；负责心理引导及安抚慰问工作，负责善后及恢复工作；参与重特大事故调查处理工作。

财务部：负责组织应急资金的储备和落实工作。

工程部：负责组织现场伤员的抢救和医疗救治工作；负责事故现场的安全警戒与治安保卫工作；负责组织现场危险区域人员的疏散与安置和协调现场周围重要物资的转移；负责阻止未经批准的现场拍摄、采访。

综合部：负责应急人员培训的组织、协调工作；负责信息发布及接待工作；负责应急指挥车辆的准备和协调调度工作。

（五）预防与预警

1. 危险源监控

(1) 安全部负责重大危险源信息的收集、调查、处理、统计、分析、总结和报告，建立生产安全事故监测、预警等资料信息。

(2) 各部门应当依照国家有关法律、法规和企业有关规定，做好本部门事故预防工作，防止各类生产安全事故发生；对重大危险源重点监控，及时分析重点监控信息并跟踪整改情况，报公司安全保障部备案。

2. 预警行动

针对生产施工过程中可能发生的安全事故和突发紧急事件，结合实际情况，进行风险分析和安全评价工作，当发现存在重大安全隐患时，以隐患整改通知、通报等形式传递危险预警信息，并责令责任单位立即进行隐患整改，对整改落实情况进行复查，督促消除隐患，做到早发现、早报告、早处置，实现事前预防控制、降低损失的目的。

（六）信息报告程序

(1) 事故发生后，事故现场有关人员应当立即向本项目负责人报告；项目负责人接到报告后，应立即采取相应措施，实施现场处置。如发生人员死亡、重伤或重大经济损失事故时，应立即向公司应急指挥中心报告，指挥中心或事故责任单位应于接到事故报告 1 小时内，向事故发生地县级以上人民政府安全生产监督管理部门和负有安全生产监督管理职责的有关部门报告。

事故报告应包括以下内容：

1) 发生事故的单位名称及工程详细名称。

2) 事故发生的时间、地点。

3) 事故的简要经过、伤亡人数、直接经济损失的初步估计。

4) 事故原因、性质的初步判断。

5) 事故抢救处理的情况和采取的措施。

6) 需要有关部门和单位协助事故抢救和处理的有关事宜。

7) 事故的报告单位、签发人和时间。

(见附录二：事故快报表)

(2) 事故发生后，事故单位必须严格保护事故现场。因抢救伤员、防止事故的扩大及疏通交通等原因需要移动现场物件时，必须做出标识、拍照、录像、详细记录和绘制事故现场图，并妥善保存现场重要痕迹、物证，封存内业资料，为事故调查提供原始资料。任何单位和个人不得隐瞒、谎报。

(3) 当自有应急措施无法保证控制事态发展时，应寻求外部支援。

（4）为保证信息传递及时准确，应急小组须保持通信通畅。保卫实行24小时值班制度。

（七）应急响应

1. 响应分级

按安全事故灾难的可控性、严重程度和影响范围，应急响应级别原则上分为Ⅰ、Ⅱ、Ⅲ级。当达到本预案应急分级响应条件时，事故单位应按照应急响应程序，启动相应级别响应，开展应急行动，并根据事故等级及时上报。

（1）Ⅰ级应急响应

出现下列情况之一，应启动Ⅰ级应急响应：

1）造成3人及以上死亡（含失踪）、遇险事故。

2）造成10人及以上重伤（含中毒）事故。

3）特大火灾、爆炸事故。

4）直接经济损失1000万元以上的事故。

5）需要启动Ⅰ级应急响应的其他伤亡事故。

（2）Ⅱ级应急响应

出现下列情况之一，应启动Ⅱ级应急响应：

1）造成1～2人死亡（含失踪）、遇险事故。

2）造成3人以上、10人以下重伤（含中毒）事故。

3）重大火灾、爆炸事故。

4）直接经济损失100万元以上、1000万元以下的事故。

5）发生与安全生产有关的，被举报或被新闻媒体曝光，造成恶劣社会影响的事件。

6）需要启动Ⅱ级应急响应的其他伤亡事故。

（3）Ⅲ级应急响应

发生Ⅱ级应急响应条件以下的安全事故启动Ⅲ级应急响应。

2. 响应程序

（1）响应程序

应急响应程序一般为：接警通报、指挥控制、事态发展、有效控制、应急恢复、应急结束等几个程序。

（见附录三：应急响应流程图）

（2）应急响应行动

1）Ⅰ级响应行动

①发生Ⅰ级事故及险情应由事故单位立即上报公司；

②公司接到事故报告后，立即召开紧急会议，启动公司级应急预案，通知指挥中心有关成员，组成事故应急救援领导小组，就有关重大应急事项做出决策和部署，并将有关情况向局里汇报；

③事故应急救援领导小组赶赴现场参加、指导现场应急救援；

④根据事故的类别和特点，事故应急救援领导小组通报、寻求地方主管部门应急救援指挥中心对现场救援提供支持；

⑤根据地方政府主管部门、应急救援指挥中心和局里的建议，确定事故救援方案；

⑥事故应急救援领导小组根据确定的应急救援方案指挥应急队伍实施应急救援；

⑦当出现救援人员及现场人员有可能受到伤害的紧急情况时，事故应急救援领导小组宣布应急避险命令；当初始救援困难，事态有进一步扩大、蔓延等紧急情况出现时，应立即决定扩大应急程序，请求外部支援。

2）Ⅱ级响应行动

①Ⅱ级应急响应由各项目负责启动，项目接到事故报告后，立即召开紧急会议，启动公司级应急预案，通知本项目指挥中心有关成员，组成事故应急救援领导小组，就有关重大应急事项做出决策和部署，并将有关情况向公司汇报；

②事故应急救援领导小组前往事故地点，指挥现场应急救援工作，并根据事故具体情况通报地方政府主管部门应急指挥中心指导救援行动；

③根据地方政府主管部门和公司应急指挥中心的建议，确定事故救援方案；

④依据确定的事故救援方案，组织应急救援队伍迅速控制事故扩大、蔓延，展开医疗救护、后勤保障、善后处理、信息发布、治安保卫、事故调查等应急救援工作；

⑤当出现救援人员及现场人员有可能受到伤害的紧急情况时，宣布应急避险命令；当救援困难，事态有进一步扩大等紧急情况出现时，向公司申请实施Ⅰ级响应行动；

⑥随时向公司报告有关事故进展情况。

3）Ⅲ级响应行动。

发生Ⅱ级以下应急响应的安全事故，由事故项目按其制订的应急预案启动，采取相应措施，消除社会影响。当救援困难，事态有进一步扩大等紧急情况出现时，启动Ⅱ级响应行动。

3．处置措施

（1）当火灾或紧急情况发生后，当事人或目击者应立即拨打119报警，同时报告“应急指挥中心”，并采取初始应急措施，防止事态扩大。

（2）应急指挥中心接到火灾或紧急情况报告后，工作人员应在10分钟内迅速进入各自工作岗位，视情况同地方政府管理部门取得联系，汇报情况。

（3）根据事故的性质，组织应急队伍抢险救援，按各自分工，依据现场实际情形，制订临时应急处理措施，有效控制，防止事故的蔓延、扩大。并视情况及时与外部相关方联系寻求外部支援，扩大应急。

1）应急领导小组：得知火灾或紧急情况发生或接到火灾警报后，立即报警，同时负责应急工作的各项联系工作。报警应详细准确报告出事地点、单位、电话、事态状况及报警人姓名、单位、地址、电话。组织应急队伍进行初始扑救。根据事态发展状况，决定是否扩大应急。

2）安全部：在现场指挥员的指挥下，利用各种灭火器材，扑灭初起火灾，抢救贵重物资和处置易燃、易爆物品。在应急困难时，应立即避险，请求社会支援。

3）物资部：根据现场情况，打开消防通道，对人员进行疏散引导工作。

4）综合部：负责现场伤员的搜救和紧急处理，并把伤员护送至医院进行紧急治疗。

5）工程部：当火灾或紧急情况发生后，立即组织人员对现场实施警戒保卫工作。严禁无关人员随意进入现场，避免不必要的伤亡发生。守护好贵重物品和贵重物资，严防盗窃及哄抢的现象发生。

（4）灭火应急措施

1）防火、灭火的基本方法

①控制可燃物法：基本原理是限制燃烧的基础或缩小可能燃烧的范围。具体方法是：

a. 以难燃烧或不燃烧的代替易燃或可燃材料（如用不燃材料或难燃材料做建筑结构、装修材料）。

b. 加强通风，采取可燃气体、可燃物体或爆炸物品分开存放、隔离放置等措施。

c. 用防火涂料浸涂可燃材料，改变其燃烧性能。

d. 对性质上相互作用能发生燃烧或爆炸的物品采取分开存放、隔离放置等措施。

②消除着火源法：其原理是消除或控制燃烧的着火源。具体方法是：

a. 在危险场所禁止吸烟和动用明火。

b. 用电设备应安装保险器，防止因电线短路或超负荷而起火。

c. 严禁私自乱接乱拉电线，严禁使用办公设备以外的电器设备。

d. 严禁在办公室放存放易燃易爆及其他危险品，楼道内严禁堆放可燃物。

e. 下班前必须关闭计算机系统，关闭室内的照灯，彻底消除起火隐患。

③阻止火势蔓延法：将正在燃烧的物质和周围未燃烧的可燃物质隔离或移开，中断可燃物质的供给，使燃烧因缺少可燃物而停止。其原理是不使新的燃烧条件形成，防止或限制火灾扩大。

④冷却灭火法：原理是将灭火剂直接喷射到燃烧的物体上，以降低燃烧物的温度于燃点之下，使燃烧停止。或者将灭火剂喷洒在火源附近的物质上，使其不因火焰热辐射作用而形成新的火点。冷却灭火法是灭火的一种主要方法，常用水和二氧化碳作灭火剂冷却降温灭火。灭火剂在灭火过程中不参与燃烧过程中的化学反应。这种方法属于物理灭火方法。

⑤窒息灭火法：是阻止空气流入燃烧区，或用不燃物质冲淡空气，使燃烧物得不到足够的氧气而熄灭的灭火方法。

2）气体灭火系统的分类

气体灭火系统分类如下图 9-1 所示：

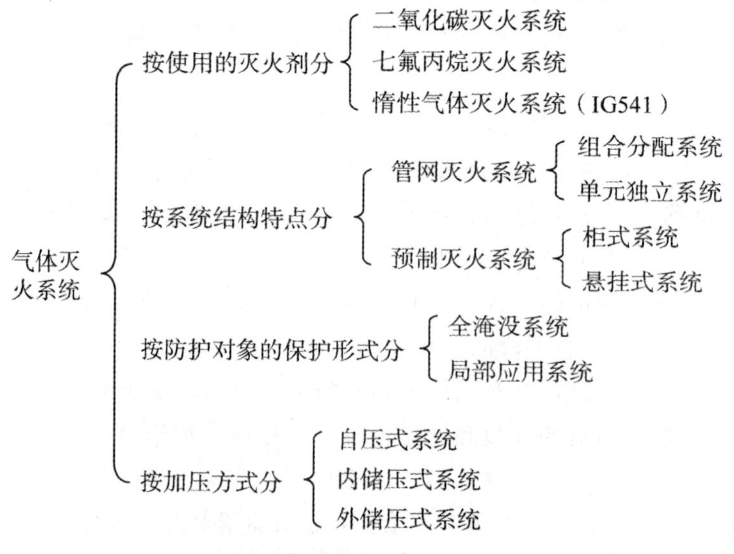

图 9-1　气体灭火系统分类

3）根据火灾类型，选用不同的灭火器材

①由于燃烧物质的不同，火灾类型大体分为四种类型：

A 类火灾为固体可燃材料的火灾，包括木材、布料、纸张、橡胶以及塑料等。

扑救 A 类火灾：一般可采用水冷却法，但对于忌水的物质，如布、纸等应尽量减少水渍所造成的损失。对珍贵图书、档案应使用二氧化碳、干粉灭火剂灭火。

B 类火灾为易燃可燃液体、易燃气体和油脂类火灾。

扑救 B 类火灾：首先应切断可燃液体的来源，同时将燃烧区容器内可燃液体排至安全地区，并用水冷却燃烧区可燃液体的容器壁，减慢蒸发速度；及时使用大剂量泡沫灭火剂、干粉灭火剂将液体火灾扑灭。

C 类火灾为带电电气设备火灾。

扑救 C 类火灾：首先应断开电源，防止电击伤害和可燃气发生爆炸，然后选用干粉、二氧化碳灭火器灭火。

D 类火灾为部分可燃金属，如镁、钠、钾及其合金等的火灾。

扑救 D 类火灾：如镁、铝燃烧时温度非常高，水及其他普通灭火剂对其无效。钠和钾的火灾切忌用水扑救，水与钠、钾起反应放出大量热和氢，会促进火灾猛烈发展，应用特殊的灭火剂，如干砂等。

②各类灭火器的使用方法：

a. 干粉灭火器（如下图 9-2 所示）：

灭火时，可手提或肩扛灭火器快速奔赴火场，在距燃烧处 5m 左右，放下灭火器。如在室外，应选择在上风方向喷射。使用手提式干粉灭火器时，应撕去头上铅封，拔去保险销，一只手握住胶管，将喷嘴对准火焰的根部，另一只手按下压把或提起拉环，干粉即可喷出灭火。喷粉要由近而远，向前平推，左右横扫，不使火焰蹿回。使用外挂式储压式灭火器时，操作者应一手紧握喷枪，另一手提起储气瓶上的开启提环。如果储气瓶的开启是手轮式的，则向逆时针方向旋开，并旋到最高位置，随即提起灭火器。当干粉喷出后，迅速对准火焰的根部扫射。使用的干粉灭火器若是内置式储气瓶的或者是储压式的，操作者应先将开启把上的保险销拔下，一只手握住喷射软管前端喷嘴部，另一只手将开启压把压下，打开灭火器灭火。有喷射软管的灭火器或储压式灭火器在使用时，一手应始终压下压把，不能放开，否则会中断喷射。

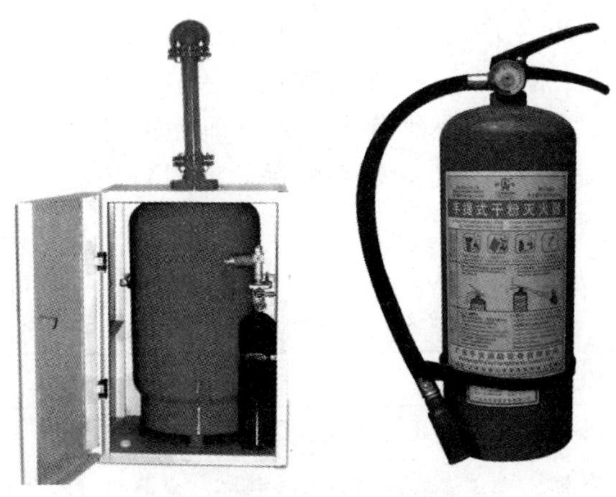

图 9-2　干粉灭火器

干粉灭火器扑救可燃、易燃液体火灾时，应对准火焰腰部扫射，如果被扑救的液体火灾呈流淌燃烧时，应对准火焰根部由近而远左右扫射，直至把火焰全部扑灭。如果可燃液体在容器内燃烧，使用者应对准火焰根部左右晃动扫射，使喷射出的干粉流覆盖整个容器开口表面；当火焰被赶出容器时，使用者仍应继续喷射，直至将火焰全部扑灭。在扑救容器内可燃液体火灾时，应注意不能将喷嘴直接对准液面喷射，防止喷流的冲击力使可燃液体溅出而扩大火势，造成灭火困难。如果可燃液体在金属容器中燃烧时间过长，容器的壁温已高于扑救可燃液体的自燃点，此时的可燃液体是极易发生灭火后再复燃现象的。若与泡沫类灭火器联用，则灭火效果更佳。

使用磷酸铵盐干粉灭火器扑救固体可燃物火灾时，应对准燃烧最猛烈处喷射，并上下左右扫射。如条件许可，使用者可提着灭火器沿着燃烧物的四周边走边喷，使干粉灭火剂均匀地喷在燃烧物的表面，直至将火焰全部扑灭。

b. 泡沫灭火器（如下图 9-3 所示）：

图 9-3　泡沫灭火器

要将灭火器平稳地提到火场，注意筒身不宜过度倾斜，以免两种药液混合。然后用手指压紧喷嘴口，颠倒筒身，上下摇晃几次，向火源喷射，如是油火，使用手提式化学泡沫灭火器时，应向容器内壁喷射，让泡沫覆盖油面使火熄灭。在使用舟车式灭火器时，先将器盖上的手柄向上扳转，待中轴即自动弹出后，再启瓶口，用手指压紧喷嘴口，颠倒器身，上下摇晃几次，松开手指，按照上述方法灭火即可。

c. 二氧化碳灭火器：

手提式二氧化碳灭火器开启方式不同，使用方法也不同。如果是手动开启式（即鸭嘴式）的灭火器，使用时先拔去保险销，一手持喷筒把手，一手紧压压把，二氧化碳即自行喷出，不用时将手放松即可关闭。如果是螺旋开启式（即手轮式）的二氧化碳灭火器，使用时，先将铅封去掉，翘起喷筒，一手提提把，—手将手轮顺时针方向旋转开启，高压气体即自行喷出。

③各灭火剂的特点如下表 9-2 所示

表 9-2　灭火剂种类及特点

灭火剂种类	灭火机理	特点
二氧化碳	窒息、气化冷却	有温室效应。
七氟丙烷	窒息、气化冷却、分解吸热	无温室效应和臭氧层损坏。分解物对人体和精密设备有伤害，提高浓度和降低减少喷放时间，可减少分解物的产生。
惰性气体（IG541）	窒息	无温室效应和臭氧层损坏。

④使用灭火器应注意的事项：

a. 金属钾、钠、镁、铝和金属氢化物等物质火灾，禁止使用二氧化碳扑救。因为这些物质的性质十分活泼，能夺取二氧化碳中的氧而燃烧。

b. 二氧化碳灭火，主要是隔绝空气，窒息灭火，而干粉则是通过中断燃烧的链式反应，使火熄灭。用干粉灭火器灭火时，喷嘴要对准火源上方往下扫射；而用二氧化碳灭火器灭火时，喷嘴要从侧面从火源上方往下喷射，喷射的方向要保持一定的角度，使二氧化碳能迅速覆盖火源。灭火器应放置在被保护物品附近，干燥通风和取用方便的地方；要注意防止受潮和日晒；灭火器各连接部件不得松动，喷嘴塞盖不能脱落，保证密封性能良好；灭火器应按规定的时间检查；使用后必须再充装。

(5) 现场伤员急救

1) 休克的急救处理

火场休克是由于严重创伤、烧伤、触电、骨折的剧烈疼痛和大出血等引起的一种威胁伤员生命，极危险的严重综合证。虽然有些伤不能直接置人于死地，但如果救治不及时，其引起的严重休克常常可以使人致命。休克的症状是口唇及面色苍白，四肢发凉，脉搏微弱，呼吸加快，出冷汗，表情淡漠，口渴。严重者可出现反应迟钝，甚至神志不清或昏迷，口唇肢端发绀，四肢冰凉，脉搏摸不清，血压下降，无尿。

预防休克和急救的主要方法：①在火场上要尽快地发现和抢救受伤人员，及时妥善地包扎伤口，减少出血、感染和疼痛。尤其对骨折、大关节伤和大块软组织伤，要及时地进行良好的固定。一切外出血都要及时有效地止血。凡确定有内出血的伤员，要迅速送往医院救治。②对需急救的伤员，要安置在安全可靠的地方，让伤员平卧休息，并给予亲切安慰和照顾，以消除伤员思想上的顾虑。待伤员得到短时间的休息后，尽快送医院治疗。③对没有昏迷或无内脏损伤的伤员，要多次少量给予液体补给，如姜汤、米汤、热茶水或淡盐水等。此外，冬季要注意保暖，夏季要注意防暑，有条件时要及时更换衣服。伤员应平卧，保持呼吸通畅，必要时还应做人工呼吸。

2) 烧伤急救处理

烧伤急救基本原则：消除热源、灭火、自救互救。

①烧伤发生时，最好的救治方法是用冷水冲洗，或将伤员浸入附近水池，防止烧伤面积进一步扩大；②衣服着火时应立即脱去用水浇灭，或就地躺下滚压灭火。冬天身穿棉衣时，有时明火熄灭，暗火仍燃，衣服如有冒烟现象应立即脱下或剪去部分衣料以免继续燃烧引起烧伤。身上起火不可惊慌奔跑，以免风助火旺，也不要站立呼叫造成呼吸道烧伤；③烧伤经过初步处理后，要及时将伤员送往就近医院进一步治疗。

(八) 应急物资与装备保障

根据建筑工程事故类别、特点以及应急救援工作的实际需要，应急救援物资在施工现场配备，并进行经常性维护、保养。要协调好社会资源，以保证应急状态时的调用和扩大应急之需。

1. 常用物资装备

(1) 抢险工具：铁锹、撬棍、刀斧、锤子、气割工具等。

(2) 抢险用具：安全带、安全绳、梯子、应急灯、对讲机等。

(3) 消防器具：各类灭火器具、消防水源、水管、消防带等。

(4) 医疗器械：消毒用品、急救物品（创可贴、绷带、无菌敷料、解毒剂等)、各种小夹板、担架、止血带、氧气袋等。

2. 社会应急资源

救护车、消防车、挖掘机、装载机、运输车、汽车起重机、发电设备等。

社会资源单位联系电话：项目确认应急资源联系电话。

（九）应急结束

当事故已得到控制，不再扩大发展，伤员已得到相应的救护，现场险情已排除，现场经检测没有危险，现场救援工作视为结束。此时可以由指挥中心发布指令，解除紧急状态，并通知相关单位或周边社区，事故危险已解除。

事发单位应配合政府有关部门进行现场取证、事故调查和事故原因分析，写出事故报告，拟定纠正预防措施并组织实施。

（十）应急恢复

应急结束后，经批准，事故责任单位应组织现场清理，尽快恢复生产，并做好善后处理工作。

（十一）检验与更新

应急预案检验的目的是检验应急预案的适宜性、有效性和充分性，以及响应过程的符合性和有效性。检验测试的方法有桌面推演、计算机模拟、功能性演练和现场实际演练。演练应做好记录。应急预案测试后，应根据测试结果对应急准备的充分性和应急响应的及时性、准确性和有效性进行评审，找出应急准备和响应过程中存在的不足，对于在抢险过程中发现的不当之处应及时对应急预案予以补充、修复、更新，改进应急准备和响应过程，使之完善。

（十二）发布与实施

本《预案》作为《项目综合应急救援预案》的附件，自公布之日起实施。

七、中毒事故专项应急预案

（一）总则

1. 编制目的

为了有效预防和应对施工现场食物中毒的发生，保障施工作业人员的身体健康和生命安全，维护施工进度的顺利进行和社会秩序的稳定，及时、高效、有序地组织开展事故发生后的抢险救灾处置工作，迅速处理中毒事故带来的不良后果，消除不良影响，最大限度地减少人员伤亡，及时恢复正常的工作、生产秩序，降低事故损失。

2. 适用范围

本预案适用于项目部及施工工地食物中毒事故的应急救援。

3. 编制依据

（1）《中华人民共和国安全生产法》

（2）《中华人民共和国消防法》

（3）《中华人民共和国建筑法》

（4）《生产安全事故报告和调查处理条例》

（5）《建设工程安全生产管理条例》

（6）《建筑施工安全检查标准》（JGJ59—05）

（7）《中华人民共和国食品卫生法》

（8）《职业健康安全管理体系规范》（GB/T28001—2001）

（9）《生产经营单位安全生产事故应急预案编制导则》

（10）国家、行业、地方有关安全生产的法规和强制性条文、标准

（二）事故类型和危害程度分析

危险源辨识应全面考虑三种时态、三种状态和六种类型，经过对施工生产全过程可能发生的事故类型和危害程度分析，确认可能发生中毒事故的作业活动和作业内容等因素。食品的品质、饮用水的品质，食品放置场所的卫生条件、饮用水存储设备的卫生条件、食堂内部及周围的环境状况，食堂用具的卫生状况、员工餐具的卫生状况，烹饪方法等，如果某个环节出现问题，均有可能导致中毒事故发生。

一旦发生中毒事故，可能造成人员重伤，甚至发生窒息、死亡事件以及社会影响。

（三）应急处置基本原则

按照“安全第一，以人为本；预防为主，常备不懈；资源共享，应急迅速”的基本方针，实行统一领导，分级负责制，依靠科学，依靠群众。采取先近后远、先重后轻、先抢救后治疗基本原则。

（四）组织机构及职责

1. 应急组织体系

项目部重大事故应急救援领导小组内项目经理任组长，项目副经理、项目总工、综合部经理、安全部主管任副组长，成员由项目综合部、工程部、物资部、安全部、外协部、财务部、技术部等部门成员组成，担负相应应急职责。

（见附录一：应急组织体系图）

2. 指挥机构及职责

项目部重大事故应急救援领导小组具体负责项目重大风险的监控、应急准备、响应、救援、恢复和演练工作。对现场发生的安全事故实施应急救援。

（1）重大事故应急救援领导小组的主要职责

1）根据事故发生状态，全面部署安全事故应急救援预案的快速有效实施；组织有关部门和人员，迅速开展抢险救灾，救治伤员。并对应急行动中发生的不协调采取紧急处理措施。防止事故的扩大和蔓延，最大限度地降低事故损失。

2）根据事故灾害发展情况，当危及到周边的单位和人员时，应及时指挥、组织疏散工作。

3）密切注视安全事故控制情况，组织召开事故现场会议，做好信息处理，同时协调做好稳定社会秩序和伤亡人员的善后及安抚工作。

4）根据《预案》实施过程中发生的变化，应及时对《预案》提出调整、修订和补充，确保应急救援预案不断得到规范和完善。

5）重大事故应急救援领导小组办公室设在项目安全部。

（2）组长的主要职责

1）全面负责生产安全事故应急救援指挥工作。根据事故情况，决定应急预案的启动，组织力量，全面指挥、开展应急救援。

2）负责发生重特大安全事故时及时向上级主管部门和地方安全生产监督管理部门报告。

3）根据事故灾害与发展情况，决定停止初始扑救，紧急撤离等措施，依据事态扩展状况，决定请求外部援助。

（3）副组长的主要职责

1）协助组长，具体负责应急响应救援行动。向应急小组组长提出控制事故扩大的应急救援对策和建议。

2）协调、组织和获取应急救援所需的资源，迅速有效的组织现场应急救援行动，努力降低事故损失，减少事故影响。

3）负责与项目外部应急人员、部门、组织和机构联络沟通，协调救援行动；采取有效措施保证事故影响区域的安全性，最大限度地保证现场人员、外援人员及相关人员的安全。

（4）各职能部门的主要职责

安全部：负责事故报告工作；负责向上级汇报和向有关单位通报事故情况；执行、传达应急救援命令，组织、实施应急救援行动；参与事故调查处理工作。

物资部：负责组织现场抢险救援，协调社会关系，必要时发出救援请求；负责组织应急物资、器材、设备的调配和项目应急物资、器材、设备的准备。

技术部：负责组织现场抢险、排险技术方案的拟定，提供技术支持；参与重特大事故技术性调查处理工作。

外协部：负责二次伤害的防范；负责心理引导及安抚慰问工作，负责善后及恢复工作；参与重特大事故调查处理工作。

财务部：负责组织应急资金的储备和落实工作。

工程部：负责组织现场伤员的抢救和医疗救治工作；负责事故现场的安全警戒与治安保卫工作；负责组织现场危险区域人员的疏散与安置和协调现场周围重要物资的转移；负责阻止未经批准的现场拍摄、采访。

综合部：负责应急人员培训的组织、协调工作；负责信息发布及接待工作；负责应急指挥车辆的准备和协调调度工作。

（五）预防与预警

1. 危险源监控

（1）安全部负责重大危险源信息的收集、调查、处理、统计、分析、总结和报告，建立生产安全事故监测、预警等资料信息。

（2）各部门应当依照国家有关法律、法规和企业有关规定，做好本部门事故预防工作，防止各类生产安全事故发生；对重大危险源重点监控，及时分析重点监控信息并跟踪整改情况，报公司安全保障部备案。

2. 预警行动

针对生产施工过程中可能发生的安全事故和突发紧急事件，结合实际情况，进行风险分析和安全评价工作，当发现存在重大安全隐患时，以隐患整改通知、通报等形式传递危险预警信息，并责令责任单位立即进行隐患整改，对整改落实情况进行复查，督促消除隐患，做到早发现、早报告、早处置，实现事前预防控制、降低损失的目的。

（六）信息报告程序

（1）事故发生后，事故现场有关人员应当立即向本项目负责人报告；项目负责人接到报告后，应立即采取相应措施，实施现场处置。如发生人员死亡、重伤或重大经济损失事故时，应立即向公司应急指挥中心报告，指挥中心或事故责任单位应于接到事故报告1小时内，向事故发生地县级以上人民政府安全生产监督管理部门和负有安全生产监督管理职责的有关部门报告。

事故报告应包括以下内容：

1）发生事故的单位名称及工程详细名称。

2）事故发生的时间、地点。

3）事故的简要经过、伤亡人数、直接经济损失的初步估计。

4）事故原因、性质的初步判断。

5）事故抢救处理的情况和采取的措施。

6）需要有关部门和单位协助事故抢救和处理的有关事宜。

7）事故的报告单位、签发人和时间。

（见附录二：事故快报表）

（2）事故发生后，事故单位必须严格保护事故现场。因抢救伤员、防止事故的扩大及疏通交通等原因需要移动现场物件时，必须做出标识、拍照、录像、详细记录和绘制事故现场图，并妥善保存现场重要痕迹、物证，封存内业资料，为事故调查提供原始资料。任何单位和个人不得隐瞒、谎报。

（3）当自有应急无法保证控制事态发展时，应寻求外部支援。

（4）为保证信息传递及时准确，应急小组须保持通信通畅。保卫实行 24 小时值班制度。

（七）应急响应

1. 响应分级

按安全事故灾难的可控性、严重程度和影响范围，应急响应级别原则上分为Ⅰ、Ⅱ、Ⅲ级。当达到本预案应急分级响应条件时，事故单位应按照应急响应程序，启动相应级别响应，开展应急行动，并根据事故等级及时上报。

（1）Ⅰ级应急响应

出现下列情况之一，应启动Ⅰ级应急响应：

1）造成 3 人及以上死亡（含失踪）、遇险事故。

2）造成 10 人及以上重伤（含中毒）事故。

3）特大火灾、爆炸事故。

4）直接经济损失 1000 万元以上的事故。

5）需要启动Ⅰ级应急响应的其他伤亡事故。

（2）Ⅱ级应急响应

出现下列情况之一，应启动Ⅱ级应急响应：

1）造成 1～2 人死亡（含失踪）、遇险事故。

2）造成 3 人以上、10 人以下重伤（含中毒）事故。

3）重大火灾、爆炸事故。

4）直接经济损失 100 万元以上、1000 万元以下的事故。

5）发生与安全生产有关的，被举报或被新闻媒体曝光，造成恶劣社会影响的事件。

6）需要启动Ⅱ级应急响应的其他伤亡事故。

（3）Ⅲ级应急响应

发生Ⅱ级应急响应条件以下的安全事故启动Ⅲ级应急响应。

2. 响应程序

（1）响应程序

应急响应程序一般为：接警通报、指挥控制、事态发展、有效控制、应急恢复、应急结束等几个程序。

（见附录三：应急响应流程图）

（2）应急响应行动

1）Ⅰ级响应行动

①发生Ⅰ级事故及险情应由事故单位立即上报公司；

②公司接到事故报告后，立即召开紧急会议，启动公司级应急预案，通知指挥中心有关成员，组成事故应急救援领导小组，就有关重大应急事项做出决策和部署，并将有关情况向局里汇报；

③事故应急救援领导小组赶赴现场参加、指导现场应急救援；

④根据事故的类别和特点，事故应急救援领导小组通报、寻求地方主管部门应急救援指挥中心对现场救援提供支持；

⑤根据地方政府主管部门、应急救援指挥中心和局里的建议，确定事故救援方案；

⑥事故应急救援领导小组根据确定的应急救援方案指挥应急队伍实施应急救援；

⑦当出现救援人员及现场人员有可能受到伤害的紧急情况时，事故应急救援领导小组宣布应急避险命令；当初始救援困难，事态有进一步扩大、蔓延等紧急情况出现时，应立即决定扩大应急程序，请求外部支援。

2）Ⅱ级响应行动

①Ⅱ级应急响应由各项目负责启动，项目接到事故报告后，立即召开紧急会议，启动公司级应急预案，通知本项目指挥中心有关成员，组成事故应急救援领导小组，就有关重大应急事项做出决策和部署，并将有关情况向公司汇报；

②事故应急救援领导小组前往事故地点，指挥现场应急救援工作，并根据事故具体情况通报地方政府主管部门应急指挥中心指导救援行动；

③根据地方政府主管部门和公司应急指挥中心的建议，确定事故救援方案；

④依据确定的事故救援方案，组织应急救援队伍迅速控制事故扩大、蔓延，展开医疗救护、后勤保障、善后处理、信息发布、治安保卫、事故调查等应急救援工作；

⑤当出现救援人员及现场人员有可能受到伤害的紧急情况时，宣布应急避险命令；当救援困难，事态有进一步扩大等紧急情况出现时，向公司申请实施Ⅰ级响应行动；

⑥随时向公司报告有关事故进展情况。

3）Ⅲ级响应行动

发生Ⅱ级以下应急响应的安全事故，由事故项目按其制订的应急预案启动，采取相应措施，消除社会影响。当救援困难，事态有进一步扩大等紧急情况出现时，启动Ⅱ级响应行动。

3. 处置措施

（1）预防措施

1）建立健全各项食品卫生管理规章制度，并认真落实到位。

2）加强食堂卫生管理。严把索证关、验收关、消毒关。加强索证管理，凡大宗物品必须索证；加强环节管理，注重提高环节管理质量；加强餐具管理，严格清洗消毒程序。

3）实行销售食物留样、登记制度。

4）为食堂工作人员开展经常性的食品卫生教育，并重点进行食品卫生法制教育培训，提高食堂工作人员的卫生意识和法制意识，做到持证上岗。

5）重视食堂的环境卫生和食堂工作人员的个人卫生，并定期对食堂工作人员进行体检，发现有不适合从事食品工作的人员，应及时调离岗位。

6）控制细菌的污染繁殖，按照食品分类、低温保藏和生熟分开的卫生要求贮存食品，防止食品腐烂变质。

7）在食品供应过程中或员工用餐时发现食品感官性状可疑或疑似变质时，应经确认后撤收并处理该批全部食品，并立即通知所有员工停止食用。

（2）应急救援措施

各单位加强施工管理的同时，要加强对食堂卫生工作的管理，避免一切食物中毒事件的发生。一旦发生员工中毒或疑似食物中毒事故，应立即采取以下措施：

食物中毒发生后，要及时采取各种方法对病人进行催吐，并迅速将病人和疑似病人送附近医院，向医院提供饮食成分，以便尽快应用解毒剂，消除病人体内毒物。在送往医院途中，对呼吸、心跳停止者必须不间断地进行人工急救。发生集体中毒事件，应立即采取措施，封闭现场，迅速报告公安机关和防疫部门，做出正确判断，并做好预防，避免类似事件发生。

1）立即停止食堂的生产活动，向应急指挥中心和政府卫生防疫站报告。

2）以最快速度将中毒人员送往附近医院，或由应急负责人拨打急救中心电话“120”请求救助，积极配合协助卫生机构救助病人。

3）保护好现场，封存一切剩余可疑食物及原料、工具及设备，保护好中毒现场并对食品留样，无关人员不允许到操作间或留样处。防止人为破坏现场，等候卫生执法部门处理。

4）配合卫生行政部门调查，按卫生行政部门的要求如实提供有关材料和样品。

5）落实卫生行政部门要求采取的其他措施，把事态控制在最小范围。

6）收集相关病情信息，协助卫生、防疫部门进行事件调查、处理。

7）事故发生后，要注意维护正常的工作秩序和生活秩序，各管理人员要做好食物中毒人员的思想工作。稳定员工情绪，要求各类人员不得以个人名义向外界扩散消息，以免引起不必要的混乱。

8）事件发生后，应立即采取紧急措施，未经允许，一切外来人员禁止进入施工场地。

9）发生食物中毒事件后，应寻找原因和分析后果，自觉查找工作中存在的不足，进行总结与完善、强化管理，杜绝类似事件的再次发生，同时向上级有关部门做出书面报告。

10）如有新闻媒体要求采访，必须经过应急中心同意，未经许可，任何个人不得接受采访，以避免报道失实。

（八）应急物资与装备保障

根据建筑工程事故类别、特点以及应急救援工作的实际需要，应急救援物资在施工现场配备，并进行经常性维护、保养。要协调好社会资源，以保证应急状态时的调用和扩大应急之需。

1. 常用物资装备

（1）抢险工具：铁锹、撬棍、锤子、电工工具、气割工具等。

（2）抢险用具：安全带、安全绳、梯子、应急灯、对讲机等。

（3）消防器具：各类灭火器、消防水源、水管、消防袋等。

（4）医疗器械：消毒用品、解毒剂、急救物品（创可贴、绷带、无菌敷料）、各种小夹板、担架、止血带、氧气袋、防毒面具等。

2. 社会应急资源

救护车、挖掘机、装载机、运输车、汽车起重机、发电机等。

社会资源单位联系电话：项目确认应急资源联系电话。

（九）应急结束

当事故已得到控制，不再扩大发展，伤员已得到相应的救护，现场险情已排除，现场经检测没有危险，现场救援工作视为结束。此时可以由指挥中心发布指令，解除紧急状态，并通知相关单位或周边社区，事故危险已解除。

事发单位应配合政府有关部门进行现场取证、事故调查和事故原因分析，写出事故报告，拟定纠正预防措施并组织实施。

（十）应急恢复

应急结束后，经批准，事故责任单位应组织现场清理，尽快恢复生产，并做好善后处理工作。

（十一）检验与更新

应急预案检验的目的是检验应急预案的适宜性、有效性和充分性，以及响应过程的符合性和有效性。检验测试的方法有桌面推演、计算机模拟、功能性演练和现场实际演练。演练应做好记录。应急预案测试后，应根据测试结果对应急准备的充分性和应急响应的及时性、准确性和有效性评审，找出应急准备和响应过程中存在的不足，对于在抢险过程中发现的不当之处应对应急预案予以补充、修复、更新，改进应急准备和响应过程，使之完善。

（十二）发布与实施

本《预案》作为《综合应急救援预案》的附件，自公布之日起实施。

八、应急预案的演练

（一）定义

应急演练是指各级政府部门、企事业单位、社会团体，组织相关应急人员与群众，针对待定的突发事件假想情景，按照应急预案所规定的职责和程序，在特定的时间和地域，执行应急响应任务的训练活动。

（二）目的

1. 检验预案

通过开展应急演练，查找应急预案中存在的问题，进而完善应急预案，提高应急预案的实用性和可操作性。

2. 完善准备

通过开展应急演练，检查应对突发事件所需应急队伍、物资、装备、技术等方面的准备情况，发现不足及时予以调整补充，做好应急准备工作。

3. 锻炼队伍

通过开展应急演练，增强演练组织单位、参与单位和人员等对应急预案的熟悉程度，提高其应急处置能力。

4. 磨合机制

通过开展应急演练，进一步明确相关单位和人员的职责任务，理顺工作关系，完善应急机制。

5. 科普宣教

通过开展应急演练，普及应急知识，提高公众风险防范意识和自救互救等灾害应对能力。

（三）原则

1. 结合实际、合理定位

紧密结合应急管理工作实际，明确演练目的，根据资源条件确定演练方式和规模。

2. 着眼实战、讲求实效

以提高应急指挥人员的指挥协调能力、应急队伍的实战能力为着眼点。重视对演练效果及组织工作的评估、考核，总结推广好经验，及时整改存在问题。

3. 精心组织、确保安全

围绕演练目的，精心策划演练内容，科学设计演练方案，周密组织演练活动，制订并严格遵守有关安全措施，确保演练参与人员及演练装备设施的安全。

4. 统筹规划、厉行节约

统筹规划应急演练活动，适当开展跨地区、跨部门、跨行业的综合性演练，充分利用现有资源，努力提高应急演练效果。

九、应急演练的类型

（一）按组织方式分类

应急演练按照组织方式及目标重点的不同，可以分为桌面演练和实战等。

1. 桌面演练

桌面演练是一种圆桌讨论或演习活动，其目的是使各级应急部门、组织和个人在较轻松的环境下，明确和熟悉应急预案中所规定的职责和程序，提高协调配合及解决问题的能力。

2. 实战演练

是以现场实战操作的形式开展的演练活动。参演人员在贴近实际状况和高度紧张的环境下，根据演练情景的要求，通过实际操作完成应急响应任务，检验和提高相关应急人员的组织指挥、应急处置以及后勤保障等综合应急能力。

（二）按演练内容分类

应急演练按其内容，可以分为单项演练和综合演练两类：

1. 单项演练

单项演练是指只涉及应急预案中特定应急响应功能或现场处置方案中一系列应急响应功能的演练活动。注重针对一个或少数几个参与单位（岗位）的特定环节和功能检验。

2. 综合演练

综合演练是指涉及应急预案中多项或全部应急响应功能的演练活动。注重对多个环节和功能检验，特别是对不同单位之间应急机制和联合应对能力的检验。

（三）按演练目的和作用分类

应急演练按其目的与作用，可以分为检验性演练、示范性演练和研究性演练。

1. 检验性演练

主要是指为了检验应急预案的可行性及应急准备的充分性而组织的演练。

2. 示范性演练

主要是指为了向参观、学习人员提供示范，为普及宣传应急知识而组织的观摩性演练。

3. 研究型演练

主要是为了研究突发事件应急处置的有效方法，试验应急技术、设施和设备，探索存在问题的解决方案等而组织的演练。

不同演练组织形式、内容及目的的交叉组合，可以形成多种多样的演练方式，如：单项桌面演练、综合桌面演练、单项实战演练、综合实战演练、单项示范演练、综合示范演练等。

十、应急演练的组织与实施

如下表 9-3 所示，一次完整的应急演练活动包括计划、准备、实施、评估总结和改进五个阶段。

表 9-3 应急演练的组织与实施

计划阶段	1. 梳理需求 2. 明确任务 3. 编制计划 4. 计划审批
准备阶段	1. 成立演练组织机构（演练领导小组、策划部、保障部、评估组、参演队伍）2. 确定演练目标 3. 演练情景事件设计 4. 演练流程设计 5. 技术保障方案设计 6. 评估标准和方法选择 7. 编写演练方案文件 8. 方案审批 9. 落实各项保障工作（人员保障、经费保障、场地保障、物资和器材保障、技术保障、安全保障）10. 培训 11. 预演
实施阶段	1. 演练前检查 2. 演练前情况说明和动员 3. 演练启动 4. 演练执行 5. 演练结束与意外终止 6. 现场点评会
评估总结阶段	1. 评估 2. 总结报告 3. 文件归档与备案
改进阶段	1. 改进行动 2. 跟踪检查与反馈

十一、演练执行

演练组织形式不同，其演练执行程序也有差异。

（1）实战演练

应急演练活动一般始于报警消息，在此过程中，参演应急组织和人员应尽可能按实际紧急事件发生时的响应要求演示，即“自由演示”。参演应急组织和人员根据自己关于最佳解决办法的理解，对情景事件做出响应行动。

（2）桌面演练

桌面演练的执行通常是五个环节的循环往复：演练信息注入、问题提出、决策分析、决策结果表达和点评。

补充：《生产安全事故应急预案管理办法》的相关规定：

第三十二条　各级安全生产监督管理部门应当定期组织应急预案演练，提高本部门、本地区生产安全事故应急处置能力。

第三十三条　生产经营单位应当制订本单位的应急预案演练计划，根据本单位的事故风险特点，每年至少组织一次综合应急预案演练或者专项应急预案演练，每半年至少组织一次现场处置方案演练。

第三十四条　应急预案演练结束后，应急预案演练组织单位应当对应急预案演练效果进行评估，撰写应急预案演练评估报告，分析存在的问题，并对应急预案提出修订意见。

典型例题

1. 某生产经营单位组织急救知识专题培训，培训教师模拟事故现场有伤员小腿动脉出血，采用止血带止血时，止血带应扎在（　　）。

A. 大腿中下 1/3 处

B. 大腿根处

C. 大腿上 1/3 处

D. 出血部位处

【答案】 A

【解析】 止血带应绑扎在大腿中下 1/3 处。

典型例题

2. 某钢铁集团冷轧厂罩式炉退火作业区脱脂机组试生产时，某操作工在配置碱液过程中发生意外，造成碱液喷射至其面部。针对上述意外事件，应第一时间采取的应急措施是(　　)。

A. 保护现场，同时拨打120，等待医生前来救护

B. 使用大量清水冲洗，同时拨打120救护或就近送往医院

C. 使用低浓度的酸性液体中和，同时拨打120救护或就近送往医院

D. 用酒精擦拭，同时拨打120救护或就近送往医院

【答案】 B

【解析】 本题属安全生产教育培训的基本要求。要立即用大量水冲洗，然后涂上低浓度酸溶液，以中和碱液。

本章练习

1. 某单位编制应急预案的下列说法中，正确的是（　　）。

A. 由本单位工会领导组织成立应急预案编制工作组

B. 应急预案的评审均由上级主管部门或地方政府安全监管部门组织

C. 预案评审后，经主要负责人签署发布并上报有关部门备案

D. 除评估本单位应急能力外，还评估相邻单位应急能力

【答案】 C

【解析】 应急预案的评审与发布。评审由本单位主要负责人组织有关部门和人员进行。外部评审由上级主管部门或地方政府负责安全管理的部门组织审查。评审后，按规定报有关部门备案，并经生产经营单位主要负责人签署发布。

2. 应急演练实施是将演练方案付诸行动的过程，是整个演练程序中的核心环节。下列内容中，属于应急演练实施阶段的是（　　）。

A. 演练方案培训、演练现场检查、演练执行、演练结束和领导点评

B. 现场检查确认、演练情况说明、演练执行、演练结束和现场点评

C. 落实演练保障措施、启动演练执行程序、结束演练和专家点评

D. 介绍演练人员及规则、演练启动与执行、演练结束和预案评审

【答案】 B

【解析】 实施阶段：1. 演练前检查 2. 演练前情况说明和动员 3. 演练启动 4. 演练执行 5. 演练结束与意外终止 6. 现场点评会

3. 按演练组织方式不同，应急演练可分为（　　）。

A. 桌面演练和实战演练　　B. 单项演练和综合演练

C. 检验性演练和示范性演练　　D. 功能演练和全面演练

【答案】 A

【解析】 应急演练按照组织方式及目标重点的不同，可以分为桌面演练和实战演练等。

4. 应急管理进入现场恢复阶段，主要工作内容包括（　　）及事故调查与后果评价等。

A. 宣布应急结束　　B. 撤离和交接

C. 恢复生产生活　　D. 疏散相关人员

E. 污染物收容

【答案】 A、B、C、E

【解析】 现场恢复也可称为紧急恢复，是指事故被控制住后所进行的短期恢复，从应急过程来说意味着应急救援工作的结束，进入到另一个工作阶段，即将现场恢复到一个基本稳定的状态。大量的经验教训表明，在现场恢复的过程中仍存在潜在的危险，如余烬复燃、受损建筑倒塌等，所以应充分考虑现场恢复过程中可能的危险。该部分主要内容应包括：宣布应急结束的程序；撤离和交接程序；恢复正常状态的程序；现场清理和受影响区域的连续检测；事故调查与后果评价等。

5. 应急预案演练的主要参与人员包括（　　）。

A. 参演人员　　B. 服务人员　　C. 模拟人员　　D. 评价人员

E. 控制人员

【答案】 A、C、D、E

【解析】 演练参与人员一般包括演练领导小组、演练总指挥、总策划、文案人员、控制人员、评估人员、保障人员、参演人员、模拟人员等，有时还会有观摩人员等其他人员。

附 录

附录一 应急组织体系图

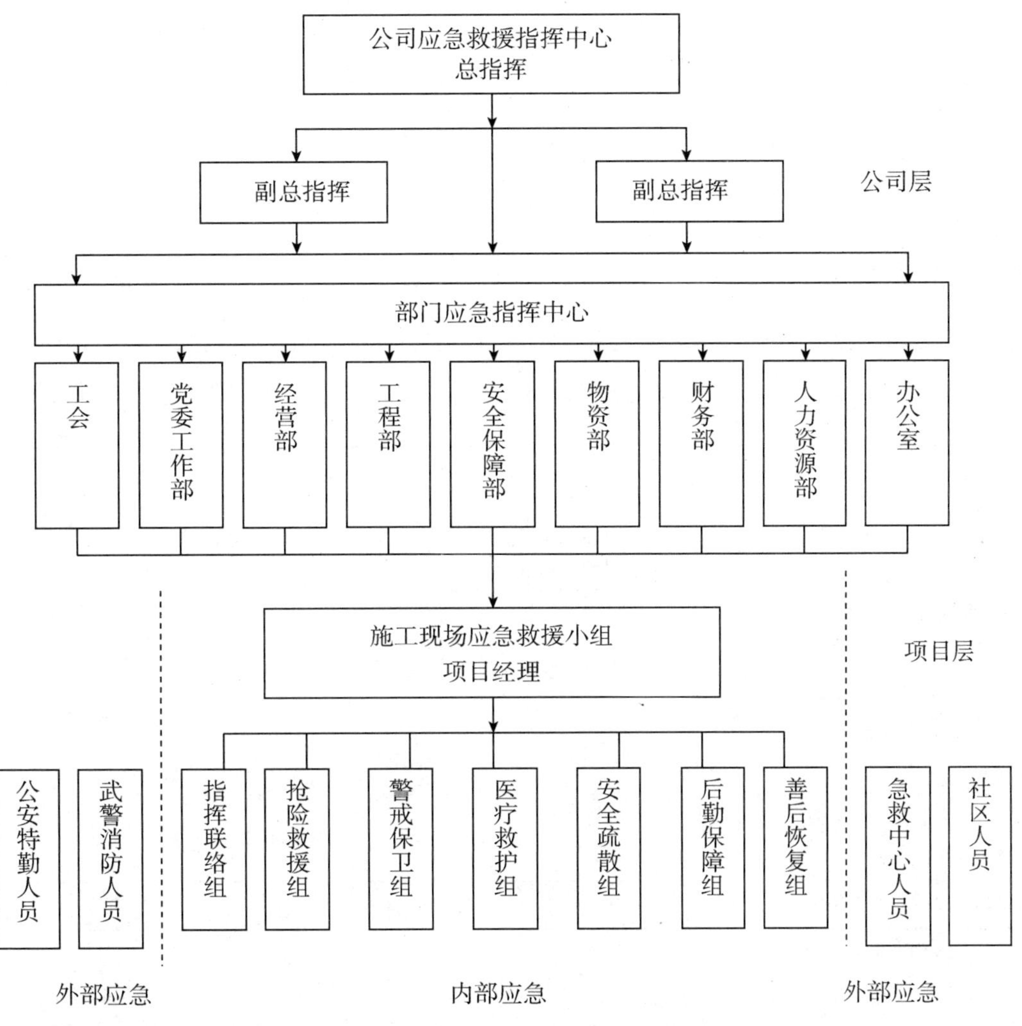

重大事故应急救援领导小组：

组　长：＊＊＊　　副组长：＊＊＊

组　员：各本门成员　　指挥联络组长：＊＊＊

抢险救援组长：＊＊＊　　警戒保卫组长：＊＊＊

医疗救护组长：＊＊＊　　安全疏散组长：＊＊＊

后勤保障组长：＊＊＊

善后恢复组长：＊＊＊

附录二　事故快报表

建设工程施工企业职工伤亡事故快报表

<table>
<tr><td colspan="2">事故发生的工程名称</td><td colspan="6"></td></tr>
<tr><td colspan="2">事故发生的时间</td><td colspan="6">年　　月　　日　　时　　分</td></tr>
<tr><td colspan="2">事故发生的地点</td><td colspan="6"></td></tr>
<tr><td colspan="8">事故发生的企业（包括总、分包企业）</td></tr>
<tr><td colspan="2">名称</td><td>经济性质</td><td colspan="2">资质等级</td><td colspan="2">直接主管部门</td><td>业别</td></tr>
<tr><td colspan="2">总包：</td><td></td><td colspan="2"></td><td colspan="2"></td><td></td></tr>
<tr><td colspan="2">分包：</td><td></td><td colspan="2"></td><td colspan="2"></td><td></td></tr>
<tr><td colspan="8">事故伤亡人员________人，其中：死亡________人，重伤________人，轻伤________人。</td></tr>
<tr><td>姓名</td><td>伤亡程度</td><td>用工形式</td><td>工种</td><td>级别</td><td>性别</td><td>年龄</td><td>事故类别</td></tr>
<tr><td></td><td></td><td></td><td></td><td></td><td></td><td></td><td></td></tr>
<tr><td></td><td></td><td></td><td></td><td></td><td></td><td></td><td></td></tr>
<tr><td></td><td></td><td></td><td></td><td></td><td></td><td></td><td></td></tr>
<tr><td></td><td></td><td></td><td></td><td></td><td></td><td></td><td></td></tr>
<tr><td></td><td></td><td></td><td></td><td></td><td></td><td></td><td></td></tr>
<tr><td></td><td></td><td></td><td></td><td></td><td></td><td></td><td></td></tr>
<tr><td colspan="2">事故的简要经过及原因初步分析（必须说明从事何种工作时发生的事故，发生事故的单位及起因）</td><td colspan="6"></td></tr>
<tr><td colspan="2">事故发生后采取的措施及事故控制的情况</td><td colspan="6"></td></tr>
<tr><td>报告单位</td><td colspan="3"></td><td>报告时间</td><td colspan="3"></td></tr>
</table>

附录三　应急响应流程图

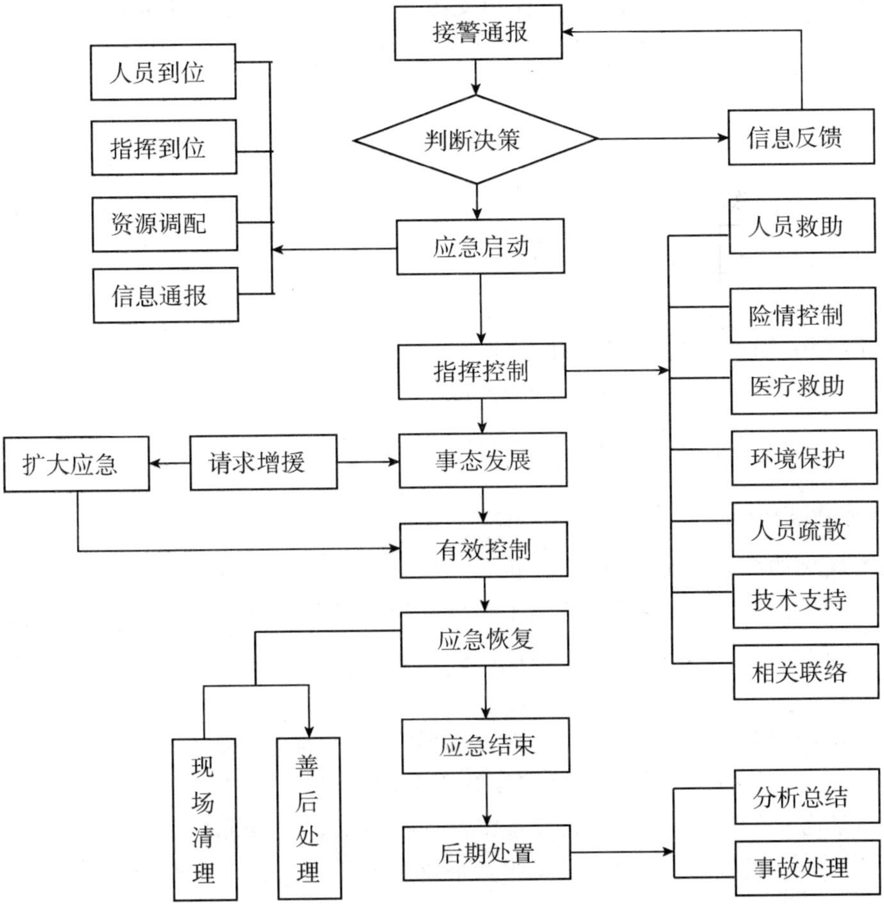

接警通报
判断决策
信息反馈
人员到位
指挥到位
资源调配
信息通报
应急启动
人员救助
险情控制
医疗救助
环境保护
人员疏散
技术支持
相关联络
指挥控制
扩大应急
请求增援
事态发展
有效控制
应急恢复
现场清理
善后处理
应急结束
后期处置
分析总结
事故处理

附录四　典型事故案例分析

案例一　某施工现场安全检查

1. 情景描述

某施工现场为两幢学生宿舍楼，建筑面积 $18244m^2$，建筑物总高 31.77m，地下一层，地上九层。施工任务为土方开挖至工程竣工前的全过程施工，合同总工期 452 日历天。

两栋楼东西排列，施工现场西侧和南侧各设一个出入口，西侧主要为人员通行，南侧主要是运输车辆通行施工。现场南侧堆放有钢筋、模板等材料及加工区域。有两台 TC5015 型塔吊设置在楼体南侧，一台 HBT80 混凝土泵设置在两个楼体之间，当浇筑大体积混凝土时以混凝土泵车做补充。办公区设置在现场北侧，生活区设置在现场外南侧与施工区分开。

主体施工阶段，施工现场共有管理人员及作业人员 306 人。现场管理人员 16 人，包括项目经理 1 人、副经理 2 人、安全员 2 人等；劳动力投入 290 人，包括架子工 14 人、电焊工 8

人、电工10人、塔吊司机4人等。该工程选用了三支专业分包队伍，主要施工顺序为土方施工、基础施工、结构施工、防水施工及室内外装修施工。

现场施工用外脚手架采用悬挑式双排脚手架，满足结构、装修期间的施工要求。悬挑式双排脚手架在首层施工时，在首层顶板挑出工字钢，随地上结构逐层搭设，直至装修完成后拆除。上料平台为定型悬挑卸料钢平台，模板支撑为碗扣式脚手架。根据施工现场布置及主要机械用电量计算，需要一台200kVA变压器，采用TN－S接零保护系统对办公区、施工现场照明、施工机械等供电。

2. 案例说明

本案例包含或涉及下列内容：

（1）季节性施工的基本要求。

（2）施工机械的安全使用要求。

（3）不同种类脚手架的搭设和安全使用要求。

（4）施工现场的临时用电安全基本要求。

（5）法律法规对各类人员的安全资格要求。

（6）特种作业及特种设备的安全使用要求。

（7）施工现场防火要求。

3. 关键知识点及依据

（1）施工现场的综合安全检查：《建筑施工安全检查标准》（JGJ59—1999）

（2）各种脚手架专业检查：《建筑施工扣件式钢管脚手架安全技术规范》（JGJ130—2001），《建筑施工碗扣式钢管脚手架安全技术规范》（JGJ166—2008）《建筑施工高处作业安全技术规范》（JGJ80—1991）

（3）施工现场用电安全专项检查：《施工现场临时用电安全技术规范》（JGJ46—2005）

（4）特种作业及特种设备的种类及安全管理要求：《特种设备安全管理条例》《特种作业人员安全技术培训考核管理规定》《塔式起重机》（GB/T5031—2008）

（5）消防安全专项检查：《机关、团体、企业、事业单位消防安全管理规定》（公安部令第61号）

4. 注意事项

（1）案例中存在高处作业。

（2）案例中有大型塔吊等特种设备。

（3）应特别关注各种脚手架作业防火安全问题。

（4）注意施工现场在室内装修、防水作业时的防火安全。

案例二　某化工厂施工工人中毒事故

1. 情景描述

甲公司在进行乙化工厂澄清池防腐工程施工过程中发生中毒事故，造成1人轻伤，1人因抢救无效死亡，直接经济损失60万元。

事故经过如下：

乙化工厂在将自己生产区域内深4m的澄清池防腐工程外包过程中，选择了报价最低的施工单位甲公司，与之签订了工程施工合同和安全协议。安全协议规定，甲公司如在澄清池防腐工程施工中发生事故，其事故后果由甲公司自行负责。

事发当天，气候闷热，室外气温在 25～27℃，气压低。施工前，甲公司没有将施工方案、应采取的安全技术措施和施工人员资质报乙化工厂审查，也没有办理相关危险作业许可。此防腐工程使用的防腐涂料为环氧树脂，其稀释剂应为丙酮，但施工人员没有买到丙酮，就用苯作为替代品，调配施工。

施工过程中，乙化工厂没有安排人员现场监护。甲公司作业人员违规操作，没有按照《化学品生产单位受限空间作业安全规范》（AQ3028—2008）规定穿戴防毒口罩等劳动防护用品、设置排风通风设备，致使池内有毒气体含量超过极限浓度，发生中毒事故。

事故调查组发现：

甲公司在施工前没有将施工方案和安全措施交给乙化工厂审查；没有进行风险分析；没有对操作人员进行安全技术教育；没有督促从业人员穿戴防毒口罩等劳动防护用品；项目负责人、施工人员没有按法规取得相应的执业资格；没有按法规配备专职安全生产管理人员进行安全管理：违反合同约定和技术规范规定，擅自使用其他材料代替丙酮做稀释剂，与环氧树脂调和涂刷防腐施工。

甲公司施工技术人员张某某，施工前没有进行安全技术交底；作为现场监护人员，在作业人员从事受限空间作业时，擅自离开现场。

乙化工厂没有对甲公司现场作业进行安全培训和安全确认；没有要求甲公司办理相关危险作业证；对其擅自施工的行为，没有及时制止；虽然与甲公司签订了安全协议，但协议中没有约定安全教育、工作许可、现场监护等内容，存在“以包代管”的现象。

乙化工厂和甲公司在上述问题上均没有遵守相应安全生产规章制度。

2. 案例说明

本案例包含或涉及下列内容：

（1）安全生产法律、法规关于安全生产制度的规定和要求。

（2）企业主要安全生产规章制度。

（3）企业基本安全生产制度和安全操作规程内容。

（4）企业基本安全生产制度和危险作业、主要岗位的安全操作规程。

3. 关键知识点及依据

（1）企业主要安全生产规章制度一般包括安全生产责任制度、安全管理定期例行工作制度、承包与发包工程安全管理制度、安全措施和费用管理制度、重大危险源管理制度、危险物品使用管理制度、安全隐患排查和治理制度、事故调查报告处理制度、消防安全管理制度、应急管理制度、安全奖惩制度、安全教育培训制度、劳动防护用品管理制度、安全设施设备管理制度、特种作业及特殊作业管理制度、岗位安全规范、职业健康管理度、“三同时”制度、安全检查制度、定期维护检修制度、定期检测检验制度、安全操作规程、安全标志管理制度、作业环境管理制度、工业卫生管理制度等。

（2）安全生产责任制是各项安全生产规章制度的核心，是按照“安全第一，预防为主，综合治理”的安全生产方针和“管生产的同时必须管安全”原则，将各级负责人员、各职能部门及其工作人员和各岗位生产人员在安全生产方面应做的事情和应负的责任加以明确规定的一种制度。

（3）安全规章制度建设的主要依据：

1）以安全生产法律法规、国家和行业标准、地方政府的法规和标准为依据。

2）以生产、经营过程的危险有害因素辨识和事故教训为依据。

3）以国际、国内先进的安全管理方法为依据。

（4）危险作业管理主要应考虑动火作业、进入容器（或受限空间）作业、高处作业、起重吊装作业、动土作业、检修作业等。

4. 注意事项

（1）危险作业、主要岗位的安全操作规程不是操作法或安全规定，它一般应包括以下内容：

1）作业、岗位的危险性分析。

2）一般规定。

3）主要工艺指标和操作要点。

4）异常情况处理。

（2）熟悉承包商安全管理的相关要求，包括资质认定、安全协议、施工方案的审查、施工风险分析及安全措施、现场监护和管理、危险作业许可等要求。

案例三　某公司起重伤害事故分析

1. 情景描述

2008 年某月，某城建集团有限责任公司在工程施工过程中发生一起起重伤害事故，导致一名工人死亡，直接经济损失 34.72 万元。

施工现场吊卸多层木模板作业时，信号工甲某指挥时未注意到在吊物下方的丙某正在装卸作业，指挥塔吊司机起钩，造成被吊多层木模板侧滑，木模板直接击中丙某头部导致其死亡。事后调查发现甲某刚刚入职 3 天，在经过简单的口头培训后就上岗。甲某对周围环境观察不细，在对被吊物体是否平稳落实、吊物绳索是否被吊物卡压确认不清的情况下，与摘钩操作工乙某配合不当，致使多层模板侧滑。区安监局对公司主要负责人，给予上一年年收入 30%罚款的行政处罚，合计人民币 1.8 万元。

2. 案例说明

本案例包含以下内容：

（1）生产安全事故等级和分类。

（2）事故的调查处理。

（3）特种设备安全管理，特种作业人员持证上岗。

（4）安全生产责任制和安全生产教育培训。

（5）安全技术措施。

3. 关键知识点及依据

（1）生产事故的分类标准：《生产安全事故报告和调查处理条例》。

（2）事故发生的直接原因和间接原因。

（3）对特种设备和特种作业人员的要求：《特种设备安全管理条例》。

（4）企业对从业人员的教育和岗前培训要求：《起重机械吊具与索具安全规程（LD48—1993）。

（5）企业安全生产责任制的建立：《安全生产法》相关条款。

4. 注意事项

（1）《安全生产法》中对主要责任人的处置力度。

（2）特种作业人员的培训教育力度和持证上岗。

（3）建筑企业的安全技术措施。

案例四 某矿区重大坍塌事故调查处理

1. 情景描述

某石膏矿区在不足 0.6km^{2}的范围内，设立有甲、乙、丙、丁、戊 5 座矿山，其中甲、乙、丙 3 座石膏矿无安全生产许可证。5 座矿山各自为政，缺乏统一协调，开采影响范围重叠，且地面建筑物建在地下开采的影响范围内，为矿山安全生产埋下了隐患。

2005 年 11 月 6 日 19 时 36 分左右，该石膏矿区发生井下采空区顶板大面积冒落，引起地表塌陷，形成一长轴约 300m，短轴约 210m，面积约 53km^2 的近似椭圆形的塌陷区，以及 245km^2 的移动区。造成甲、乙、丙 3 座石膏矿井下 48 名作业人员被困，地面 88 间房屋倒塌，29 名矿山员工和家属被困，矿山工业设施严重受损。

事故发生后，各石膏矿立即向当地县级安全生产监督管理部门报告，同时各自积极展开自救。当地县、市政府接到报告后，及时组织有关部门负责人赶到事故现场，启动应急预案，紧急调集 400 多名武警、消防、驻地部队官兵和 5 个专业矿山救护队 90 多名队员，以及部分市、县两级政府机关工作人员和当地村民参加救援工作，并按事故报告程序上报。

此次事故最终造成 33 人死亡（井下 16 人，地面 17 人），38 人受伤（井下 26 人，地面 12 人），井下 4 人失踪，直接经济损失 774 万元。

2. 案例说明

本案例包含或涉及下列内容：

（1）事故的性质。

（2）事故的分类、分级。

（3）事故报告程序、内容和要求。

（4）事故调查的程序和方法。

（5）事故发生后，单位负责人的职责。

3. 关键知识点及依据

（1）事故的性质和分类：《企业职工伤亡事故分类标准》（GB6441—1986）。

（2）事故分级，事故报告程序、内容和要求：《生产安全事故报告和调查处理条例》（国务院令第 493 号）。

（3）事故调查程序和方法：《生产安全事故报告和调查处理条例》。

（4）从业人员的权利和义务，单位负责人接到事故报告后应该履行的职责：《安全生产法》《生产安全事故报告和调查处理条例》。

4. 注意事项

（1）采矿权设置不合理，在不足 0.6km^{2}的范围内设立了 5 个矿，开采影响范围重叠。

（2）事故矿山属非法开采，工人有权拒绝下井作业。

（3）采空区未按照《金属非金属矿山安全规程》（GB16423—2006）的规定及时处理。

案例五 起重机倾覆事故分析

某日上午，在某工程现场、一台起重量为 50t、起重臂为 25m 的履带式起重机准备配合基坑土方挖运及钢支撑安装施工。9 时吊装结束，起重机停车熄火。10 时左右，司机甲又发动了该起重机主机充气。此时该起重机的位置是：起重臂与履带平行，方向朝南，起重臂与水平方向的角度约 67°。甲见到位于前方 10 多米处另一台起重量 25t 的履带式起重机转向无法到位，便擅自跳离自己的驾驶室，上到 25t 起重机驾驶室帮忙操纵。10 时 15 分，无人操纵的 50t 起重机由于未停机，起重臂由南向北后仰倾覆，砸垮施工现场临时围墙（起重臂伸出围墙外 6.1m），倒向路面。这次事故造成 6 名行人伤亡，其中两名死亡、1 名重伤、3 名轻伤。

单项选择题

1. 从人机安全的角度来讲，这次事故的直接原因是（　　）。

1. 机械设备存在先天性潜在缺陷

B. 设备磨损或老化

C. 人的不安全行为

D. 公司安全管理体系不健全

【答案】C

2. 由案例可推断事故发生时起重机处于（　　）时期。

A. 早期故障期　　B. 偶发故障期

C. 磨损故障期　　D. 应用故障期

【答案】A

多项选择题

1. 按人机工程学的理论，该起重机不符合人机工程学设计原则的有（　　）。

A. 起重机零件缺乏合理的安全系数

B. 没有备用机构

C. 缺乏结构安全设计

D. 安全装置不齐全

【答案】C、D

2. 司机甲的行为反映了人的（　　）心理特性。

A. 注意力不能长时间集中　　B. 操作能力差

C. 情绪上急躁　　D. 意志力不坚定

【答案】A、C

3. 司机甲在人一起重机系统中的主要系统是（　　）

A. 传感功能　　B. 信息处理功能

C. 事故预感功能　　D. 操作功能

【答案】A、B、D

案例六　建筑施工高处作业坠落事故分析

某建筑安装公司承包了某市某街 3 号楼（6 层）建筑工程项目，并将该工程项目转包给某建筑施工队。该建筑施工队在主体施工过程中不执行《建筑安装工程安全技术规程》和有关安全施工之规定，未设斜道、工人爬架杆、乘提升吊篮作业。某年 4 月 12 日，施工队队长王某发现提升吊篮的钢丝绳有点毛，但未及时采取措施，继续安排工人施工。

15 日，工人向副队长徐某反映钢丝绳“毛得厉害”，徐某检查发现有约 30cm 长的毛头，便指派钟某更换钢丝绳。而钟某为了追求进度，轻信钢丝绳不可能马上断，决定先把 7 名工人送上楼施工，再换钢丝绳。当吊篮接近 4 层时，钢丝绳突然断裂，导致重大人员伤亡事故的发生。

1. 简述建筑施工企业主要的伤亡事故类型。

参考答案

建筑施工行业伤亡事故类型主要有以下5类：

(1) 高处坠落。

(2) 物体打击。

(3) 触电事故。

(4) 机械伤害。

(5) 坍塌。

2. 如何防止施工过程中发生高处坠落事故？

【参考答案】

防止高处坠落事故的安全措施有：

(1) 脚手架搭设符合标准。

(2) 临边作业时设置防护栏杆，架设安全网，装设安全门。

(3) 施工现场的洞口设置围栏或盖板，架网防护。

(4) 高处作业人员定期体检。

(5) 高处作业人员正确穿戴工作服和工作鞋。

(6) 6级及以上强风或大雨、雪、雾天不得从事高处作业。

(7) 无法架设防护设施时，采用安全带。

3. 简述钢丝绳的正确使用和维护方法。

【参考答案】

钢丝绳的正确使用和维护方法有：

(1) 使用检验合格的钢丝绳，保证其机械性能和规格符合设计要求。

(2) 保证足够的安全系数，必要时使用前要做受力计算，不得使用报废钢丝绳。

(3) 坚持每个作业班次对钢丝绳的检查并形成制度。

(4) 使用中避免两钢丝绳的交叉、叠压受力，防止打结、扭曲、过度弯曲和划磨。

(5) 应注意减少钢丝绳弯折次数，尽量避免反向弯折。

(6) 不在不洁净的地方拖拉，防止外界因素对钢丝绳的损伤、腐蚀，使钢丝绳性能降低。

(7) 保持钢丝绳表面的清洁和良好的润滑状态，加强对钢丝绳的保养和维护。

案例七　某小区建筑施工重大伤亡事故分析

(一) 工程概况

某小区建筑面积为8000m^2，工程总造价为8000万元。由某房地产开发有限公司开发建设，某建设集团有限公司总承包，某建筑安装工程有限公司分包室内外装饰、外脚手架及升降机拆除等工程。该工程于2000年12月25日开工，2001年12月31日主体工程完工，2002年9月2日装饰工程完工，2002年9月9日开始拆除外脚手架及升降机。

(二) 设备情况

升降机是某机械工具有限公司制造的人货两用施工升降机（以下简称升降机），该升降机经技术鉴定后，于2001年7月取得质量技术监督局颁发的特种设备制造安全认可证，价值300万元。根据其产品说明书，该升降机的拆卸程序为：

(1) 将吊笼提升到高处，停放在顶部向下数第三排的横杆上，并用脚手架钢管加固。

（2）拆除曳引机和对重笼围栏。

（3）拆卸对重箱。

（4）拆卸曳引钢丝绳、吊笼、安全钢丝绳及安全绳坠重。

（5）切断主电源，拆除电控箱的电源线和控制线等。

（6）拆卸中间滑轮、对重滑轮和上下滑轮。

（7）卸天梁、顶横梁、横杆、斜杆、吊笼导轨和对重导轨、立角钢、附墙装置、井架门。

（8）拆卸曳引机。

该升降机吊笼防坠装置共有 4 种：悬停系统、防坠安全器、应急防坠和防松装置、断绳保护装置。这 4 种安全防护装置最终都将通过安全钢丝绳发挥作用。

（三）事故经过

2 年 9 月 9 日 14 时 30 分左右，机修班组负责人王一带领王二、王三、王四进入施工现场，对升降机降层拆卸（从 17 层降至 15 层）。王一在一层看护，其余 3 人到升降机顶进行拆卸工作，拆去了用于防止吊笼坠落的安全钢丝绳。15 时 30 分，在执行上述拆卸程序（4）的时候，曳引机卷筒钢丝绳突然在卷筒处断裂，吊笼坠落至 15 层，撞到垫设的 2 根钢管。垫设在 15 层上的 2 根钢管由于无法承受吊笼的冲击而弯曲，与吊笼一起坠落至楼底。吊笼内 3 人经医院抢救无效，先后死亡。3 人在医院的抢救费 5 万元，每人抚恤费 10 万元；公司停工 1 个月，损失 300 万元；升降机修复费用 100 万元。

1. 确定该事故的事故类别。

【参考答案】

起重伤害。

2. 确定该事故的起因物、致害物。

【参考答案】

起因物为曳引机卷筒钢丝绳（或起重机械），致害物为吊笼（或起重机械）。

3. 确定该事故存在的不安全状态和不安全行为。

【参考答案】

不安全状态是钢丝绳有缺陷（或设备、设施、工具、附件有缺陷）。不安全行为是违规先拆除了安全钢丝绳（或造成安全装置失效）。